新编高等职业教育电子信息、机电类规划教材·数控技术应用专业

金工实训（第3版）

（项目导向式）

邵　刚　主　编

汤伟文　主　审

電子工業出版社

Publishing House of Electronics Industry

北京·BEIJING

内容简介

本教材是根据“教育部技能型紧缺人才培养指导方案”的文件精神，贯彻新的国家标准，并且采用“基于工作过程的项目教学法”，集“教、学、做”为一体，使学生在学习过程中身临其境，培养学生的动手能力及解决零件加工的工艺能力，本书本着“淡化理论，够用为度”的指导思想，结合本课程的具体情况和教学实践、工程实践来编写，着力于激发学生的学习兴趣，力争做到图文并茂、易教易学。本书内容包括：实训基本知识、钳工、车削加工、铣削加工、刨削、拉削、镗削、磨削加工、铸造、锻压、焊接技能实训等，每章后面附有习题，本书最后还另外配了4套综合试题，便于广大师生复习总结。

本教材还可作为成人高校、夜大、职大、电大等大专层次的教学用书，以及近机类或非机类本科层次的教学用书。也适于作为有关工程技术人员的参考用书。

图书在版编目（CIP）数据

金工实训：项目导向式/邵刚主编．—3版．—北京：电子工业出版社，2015.5
新编高等职业教育电子信息、机电类规划教材·数控技术应用专业
ISBN 978-7-121-25833-6

Ⅰ．①金…　Ⅱ．①邵…　Ⅲ．①金属加工-实习-高等职业教育-教材　Ⅳ．①TG-45

中国版本图书馆CIP数据核字（2015）第071248号

策　　划：陈晓明
责任编辑：郭乃明
印　　刷：北京盛通数码印刷有限公司
装　　订：北京盛通数码印刷有限公司
出版发行：电子工业出版社
　　　　　北京市海淀区万寿路173信箱　邮编　100036
开　　本：787×1 092　1/16　印张：13.5　字数：346千字
版　　次：2004年9月第1版
　　　　　2015年5月第3版
印　　次：2024年7月第13次印刷
定　　价：32.00元

凡所购买电子工业出版社的图书，如有缺损问题，请向购买书店调换。若书店售缺，请与本社发行部联系，联系及邮购电话：（010）88254888。

质量投诉请发邮件至zlts@phei.com.cn，盗版侵权举报请发邮件至dbqq@phei.com.cn。

服务热线：（010）88258888。

前　言

为认真落实《关于全面提高高等职业教育教学质量的若干意见》，更好地提升高等职业教育质量，贯彻“突出技能，重在实用，淡化理论，够用为度”的指导思想，结合本课程的具体情况和教学实践、工程实践编写本书。

通过本书的学习实训，可以帮助学生了解毛坯和零件的加工工艺工程，零件的主要加工方法，指导实际操作，获得基本操作技能，同时使学生对机械制造的全过程有一个初步的整体概念，为以后的学习打下一定的实践基础。

书中内容注重理论和实践结合，以实训为重点，删去了一些工艺理论知识，突出技能的培养，强化实践教学。

本书的内容是基础知识和冷加工知识在前，热加工知识在后。如果各校实习顺序与本书所列工种顺序不同，可由教师指定上课内容。

由于目前大多数学校的数控实习都单独进行，此次改版删去了原2版书中数控实训的内容。

本教材由合肥通用职业技术学院邵刚主编，合肥学院徐滟，安徽职业技术学院安荣担任副主编。编写分工如下：邵刚（模块1、模块2、模块3、模块9）、徐滟（模块4、模块7、模块8）、安荣（模块5、模块6）。广州轻工高级技工学校汤伟文主审了全书。

本教材在编写过程中始终得到了合肥通用职业技术学院束蓓院长的关心和支持。此外谢超、李彦军、张荣花、张莉、胡传松、鲍家定、李洪山等同志对本书的编写也做了大量工作。编者参考了许多相关资料，在此对所有参与者及参考文献的作者一并表示感谢。

由于编者水平所限，时间亦十分仓促，书中难免存在缺点、错误，恳请广大读者批评指正，以求改进。

编　者

2015. 1

前　言

目　　录

模块1　安全、文明生产教育和金工实训基础知识

1. 安全实训、生产方针

“安全第一，预防为主”是组织实训和生产的方针。如果违背这个方针，会导致工伤事故发生，给人员和财产造成损失。因此，企业各类人员和学校师生员工对安全实训和安全生产的方针都必须认真了解，并贯彻到自己的实际行动中去。

“安全第一”是指在对待和处理安全与实训、安全与生产以及其他工作的关系时，要把安全工作放在首位。当实训、生产或其他工作与安全问题发生矛盾时，实训、生产或其他工作要服从安全。“安全第一”就是告诫各级管理者和全体师生员工，要高度重视安全实训和安全生产，将安全作为头等大事来抓，要把保证安全作为完成各项任务的前提条件。特别是各级领导和实习指导教师在规划、布置、实施各项实训工作时，要首先想到安全，采取必要和有效的防范措施，防止发生工伤事故。

2. 安全技术基础知识

“金工实训”是整个机械制造系列课程的重要组成部分，是学生进行工程实训获得机械制造基本知识和基本技能的一个必不可少的重要途径。“金工实训”又是一门实践性极强的专业基础课，需要学生在实训过程中通过独立操作和学习，获得有关机械制造方面的基本理论知识和基本的工艺技能。

实训是一个实践性很强的过程，如果在此过程中学生不遵守工艺操作规程或者缺乏一定的安全知识，就很容易产生人身安全事故和设备安全事故。因此，在进行金工实训中，必须遵守以下安全要求：

（1）虚心听从指导人员的指导，注意听课和示范。

（2）按指定地点工作，不得随便离岗走动，打闹嬉戏。

（3）实训时要穿工作服，女同学要戴工作帽，长头发要压入帽内，严禁戴手套操作机床，不准穿拖鞋、凉鞋、高跟鞋进实训教室或车间。

（4）机器设备未经许可严禁擅自动手操作。设备使用前要检查，发现损坏或其他故障应停止操作并及时向教师报告。

（5）操作机器须绝对遵守该设备的安全操作规程，严禁两人同时操作一台机床。

（6）卡盘扳手使用完毕后，必须及时取下，方可启动机器。

（7）开动机床后，人不要站在旋转件的切线方向，更不能用手触摸还在旋转的工件或刀具，严禁在机床开动过程中测量工件尺寸。

（8）不准用手直接清除铁屑。

（9）使用电气设备，必须严格遵守操作规程，防止触电。

（10）万一发生事故，应立即关闭机床电源。

（11）工作结束后关闭电源，清除切屑，擦拭机床，加注油润滑，使用的工件、工具、

量具、原材料应摆放整齐，工作场地要保持整洁。

1.1 实训项目1 金属材料常识

教学目的与要求

（1）了解金属材料的力学和工艺性能。

（2）掌握常用金属材料的分类和牌号。

（3）了解常用金属材料的热处理方法。

金属材料的性能分为使用性能和工艺性能两大类。使用性能反映材料在使用过程中所表现出来的特性，如物理性能、化学性能、力学性能等。工艺性能反映材料在加工制造过程中所表现出来的特性。

1.1.1 金属材料的力学性能

任何机器零件工作时都承受外力（载荷）的作用，材料在外力的作用下所表现出来的特性就显得格外重要，这种性能叫力学性能。金属材料的主要力学性能有：强度、塑性、硬度、冲击韧性等。

1. 强度

金属材料在外力作用下，抵抗塑性变形和断裂的能力称为强度。强度特性的指标主要是屈服强度和抗拉强度。屈服强度以符号 σ_s 表示，单位为 MPa。屈服强度表征材料抵抗微量塑性变形的能力。抗拉强度以符号 σ_b 表示，单位为 MPa。抗拉强度表征材料抵抗断裂的能力。

2. 塑性

金属材料在外力作用下发生塑性变形而不被破坏的能力称为塑性。常用的塑性指标是伸长率（用符号 δ 表示）和断面收缩率（用符号 ψ 表示）。伸长率和断面收缩率的数值越大，则材料的塑性越好。

3. 硬度

硬度通常是指金属材料抵抗比它更硬的物体压入其表面的能力。材料的硬度是用专门的硬度实验机测定的。常用的硬度实验指标有布氏硬度和洛氏硬度两种。

1.1.2 金属材料的工艺性能

金属材料的工艺性能主要有铸造性、锻造性、焊接性和切削加工性。

1. 铸造性

指金属材料能否用铸造方法制成优质铸件的性能。铸造性的好坏取决于熔融金属的充型能力。影响熔融金属充型能力的主要因素之一是流动性。

2. 锻造性

指金属材料在锻压加工过程中能否获得优良锻压件的性能。它与金属材料的塑性和变形抗力有关，塑性越高，变形抗力越小，则锻造性越好。

3. 焊接性

主要指金属材料在一定的焊接工艺条件下，获得优质焊接接头的难易程度。焊接性好的材料，易于用一般的焊接方法和简单的工艺措施进行焊接。

4. 切削加工性

用刀具对金属材料进行切削加工时的难易程度称为切削加工性。切削加工性好的材料，在加工时刀具的磨损量小，切削用量大，加工的表面质量好。对一般钢材来说，硬度在200HBS左右的则具有完好的切削加工性。

1.1.3 常用金属材料的种类及牌号

1. 碳素钢

含碳量小于2.11%的铁碳合金称为碳素钢，简称碳钢。碳钢中除铁、碳外，还有硅、锰等有益元素和硫、磷等有害杂质。

（1）碳素钢的分类。按含碳量可分为：

① 低碳钢：含碳量<0.25%的钢。

② 中碳钢：含碳量>（0.25%～0.60%）的钢。

③ 高碳钢：含碳量>0.60%的钢。

按质量可分为：

① 普通碳素钢：硫、磷含量较高。

② 优质碳素钢：硫、磷含量较低。

③ 高级优质碳素钢：硫、磷含量很低。

按用途可分为：

① 碳素结构钢一般属于低碳钢和中碳钢。按质量可分为普通碳素结构钢和优质碳素结构钢两种。

② 碳素工具钢属于高碳钢。

（2）碳素钢的牌号。

① 碳素结构钢。

a. 普通碳素结构钢：以Q235-A·F为例，对普通碳素结构钢牌号的表示方法说明如下：

Q——代表“屈服点”。

235——表示屈服点数值，单位为N/mm^2。

A——质量等级代号，共分A、B、C、D四等，其区别在于钢的化学成分、脱氧方法及力学性能的冲击实验。

F——表示脱氧方法。标注 F 表示沸腾钢；标注 b 表示半镇静钢；不标注此符号则表示为镇静钢（Z）或特殊镇静钢（TZ）。

b. 优质碳素结构钢：优质碳素结构钢是严格按化学成分和力学性能生产的，质量比普通碳素结构钢高。钢号用两位数字表示，它表示钢平均含碳量的万分之几。例如，30 号钢表示钢的含碳量为 0.30%。

含锰量较高的优质碳素结构钢还应将锰元素在钢号后面标出，如 15Mn，30Mn 等。

② 碳素工具钢：碳素工具钢均为优质钢，含碳量在 0.60%～1.35% 范围内。碳素工具钢的牌号用 T + 数字表示，数字表示含碳量的千分之几。高级优质碳素工具钢在钢号后加一个“A”。例如，T7 表示含碳量为 0.7% 的碳素工具钢。T10A 表示含碳量为 1.0% 的高级优质碳素工具钢

③ 铸钢：一般用于制造形状复杂、机械性能较高的零件。其牌号用字母 ZG + 两组数字表示。第一组数字表示最低屈服强度值，第二组数字表示最低抗拉强度值，例如，ZG270-500 表示屈服点为 $270N/mm^2$，最低抗拉强度为 $500N/mm^2$ 的铸造碳素钢。

2. 合金钢

合金钢是在碳素钢中加入一些合金元素的钢。钢中加入的合金元素常有 Si、Mn、Cr、Ni、W、V、Mo、Ti 等。

（1）合金钢的分类。按用途可分为以下几种。

① 合金结构钢：用于制造工程构件及各种机械零件，如齿轮、连杆、轴、桥梁等。

② 合金工具钢：用于制造各种工具、刃具、模具和量具。

③ 特殊性能钢：具有某种特殊的物理、化学性能的钢，包括不锈钢、耐热钢、耐磨钢等。

按合金元素总量可分为以下几种。

① 低合金钢：合金元素总量 <5%。

② 中合金钢：合金元素总量在 5%～10% 以内。

③ 高合金钢：合金元素总量 >10%。

（2）合金钢的牌号。

① 合金结构钢：合金结构钢的牌号用“两位数字 + 元素符号 + 数字”表示。前两位数字表示钢中含碳量的万分数；元素符号表示所含合金元素；后面数字表示合金元素平均含量的百分数，当合金元素的平均含量小于 1.5% 时，只标明元素不标明含量。含量等于或大于 1.5%、2.5%、3.5% 时相应的以 2，3，4，…来表示，如 60Si2Mn（60 硅 2 锰）表示平均含碳量为 0.6%，硅含量为 2.1%，锰含量小于 1.5%。

② 合金工具钢：合金工具钢的含碳量比较高（0.8%～1.5%），钢中还加入 Cr、Mo、W、V 等合金元素。合金工具钢的牌号与合金结构钢大体相同。不同的是，合金工具钢的含碳量大于 1.0% 时不标出，小于 1.0% 时以千分数表示。如 9Mn2V 表示平均含碳量为 0.9%，锰含量为 2%，钒含量小于 1.5%。

③ 特殊性能钢：特殊性能钢的编号方法基本与合金工具钢相同。如 2Cr13，表示含有 0.2% 的碳、13% 铬的不锈钢。

3. 铸铁

（1）铸铁的分类。含碳量大于2.1%的铁碳合金称为铸铁。根据碳在铸铁中存在的形态不同，通常可将铸铁分为白铸铁、灰铸铁、可锻铸铁及球墨铸铁等。

① 白铸铁：这类铸铁中的碳，绝大多数以 Fe3C 的形式存在，断口呈亮白色，其硬度高、脆性大，很难进行切削加工，主要用来作为炼钢或制造可锻铸铁的原料。

② 灰铸铁：铸铁中的碳大部分以片状石墨形式存在，其断口呈暗灰色，故称灰铸铁。

③ 球墨铸铁：铸铁中的碳绝大部分以球状石墨存在，故称球墨铸铁。

④ 可锻铸铁：由白铸铁经高温石墨化退火而制得，其组织中的碳呈团絮状。

（2）铸铁的牌号。灰铸铁的牌号由“HT”及后面的一组数字组成，数字表示其最低抗拉强度。可锻铸铁由“KT”及两组数字组成，从前到后分别表示最低抗拉强度和延伸率。球墨铸铁的牌号由“QT”和两组数字组成，其含义和可锻铸铁完全相同。各种铸铁的机械性能及用途可查阅有关手册。

4. 有色金属及其合金

（1）铝及铝合金。

① 纯铝：纯铝为银白色，熔点为660℃，导电、导热性好，强度和硬度低，切削加工性好。铝的牌号由“L＋数字”表示，数字表示顺序号，工业纯铝的牌号为 L1、L2、…L7，编号越大，纯度越低。

② 铝合金：在铝中加入铜、锰、硅、镁等合金元素即可成为铝合金。根据加工方法的不同铝合金又可分为形变铝合金和铸造铝合金两类。形变铝合金具有良好的塑性，适用于压力加工；铸造铝合金塑性较差，只适用于成形铸造。

（2）铜及铜合金。

① 纯铜：纯铜又称紫铜，熔点为1083℃，具有良好的导电性、导热性和塑性。根据杂质含量的不同，纯铜的牌号有 T1、T2、T3 和 T4 四种，编号越大，纯度越低。

② 铜合金：在铜中加入锌、锡、镍、铅和铝等合金元素即可成为铜合金。铜合金可分为黄铜和青铜两大类。

1.1.4 金属材料的热处理

金属材料的热处理是利用对金属材料进行固态加温、保温及冷却的过程，而使金属材料内部结构和晶粒的粗细发生变化，从而获得需要的机械性能（强度、硬度、塑性、韧性等）和化学性能（抗热、抗氧化、耐腐蚀等）的工艺方法。

常用的金属材料的热处理方法有以下几种。

1. 退火

将钢加热到一定温度并在此温度下进行保温，然后缓冷到室温，这一热处理工艺称为退火。

（1）完全退火：可以降低材料的硬度，消除钢中的不均匀组织和内应力。

（2）球化退火：目的在于降低硬度，改善切屑加工性能，主要用于高碳钢。

（3）去应力退火：主要用于消除金属材料的内应力。

2. 正火

将钢加热到一定温度，保温一段时间在空气中冷却的方法，称为正火。正火可以得到较细的组织，其硬度、强度均较退火高。

3. 淬火

将钢加热到一定温度，经保温后在水或油中快速冷却的热处理方法。它是提高材料的硬度及耐磨性的重要热处理工艺。

4. 回火

将淬火后的工件加热到临界点以下的温度，并保温一段时间，然后以一定的方式冷却到室温，这种热处理方法称为回火。回火是淬火的继续，经淬火的钢件须经回火处理。回火可减少或消除工件淬火后产生的内应力，调整钢件的强度和硬度，使工件获得所需的综合力学性能及稳定组织。常见的“调质处理”就是“淬火+高温回火”。

5. 表面淬火

通过快速加热（火焰或感应加热）使工件表层迅速达到淬火温度，不等到热量传到心部就立即冷却的热处理方法。可使工件获得高硬度的表层及有韧度的心部。

6. 化学热处理

将工件置于化学介质中加热保温，改变表层的化学成分和组织，从而改善表层性能的热处理工艺即为化学热处理。

（1）渗碳：提高工件表层的含碳量，达到表面淬火提高硬度的目的。

（2）渗氮：将氮渗入钢件表层，可提高工件表面的硬度及耐磨性。

（3）氰化：在钢件表层同时渗入碳原子和氮原子的过程称为氰化。

1.1.5 钢铁材料现场鉴别方法

1. 火花鉴别

火花鉴别是将钢铁材料轻轻压在旋转的砂轮上打磨，观察迸射出的火花形状和颜色，以判断钢铁成分范围的方法。

（1）碳素钢的火花特点。碳素钢的含碳量越高，则流线越多，火花束变短，爆花增加，花粉也增多，火花亮度增加，硬度越高。

20 钢：火花束长，颜色橙黄带红，流线呈弧形，芒线多叉，为一次爆花，见图 1.1 所示。

45 钢：火花束稍短，颜色橙黄，流线较细长且多，芒线多叉，花粉较多，见图 1.2 所示。

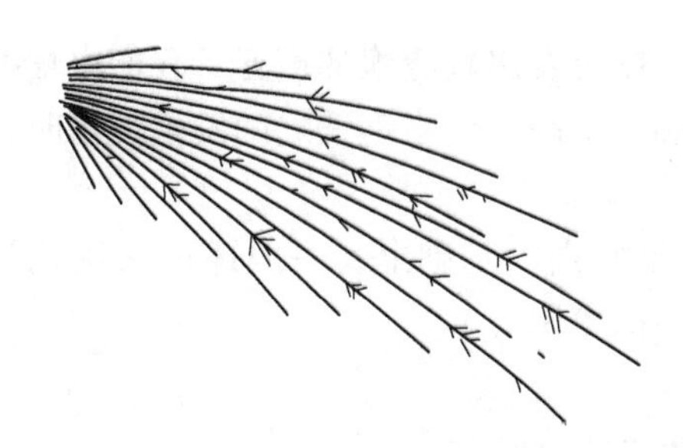

图 1.1　20 钢的火花特征

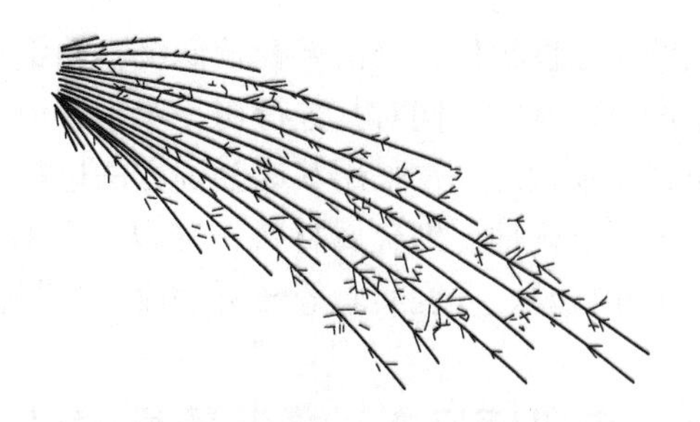

图 1.2　45 钢的火花特征

T12 钢：火花束短粗，颜色暗红，流线细密，碎花，花粉多，为多次爆花，见图 1.3 所示。

（2）铸铁的火花特征。铸铁的火花束较粗，颜色多为橙红带橘红，流线较多，尾部较粗，下垂呈弧形，花粉较多，火花实验时手感较软，一般为 2 次爆花。图 1.4 所示为 HT200 的火花特征图。

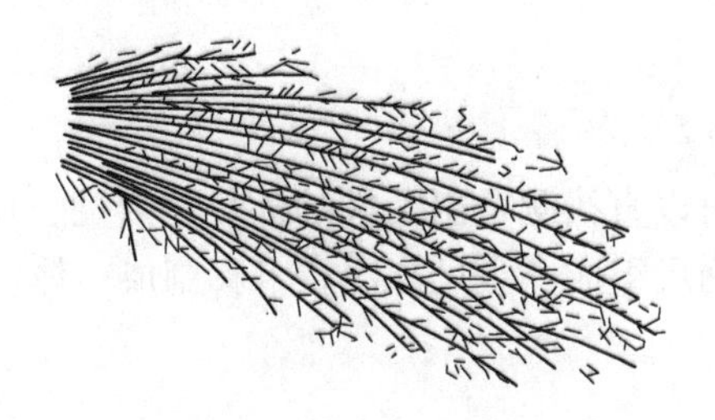

图 1.3　T12 钢的火花特征

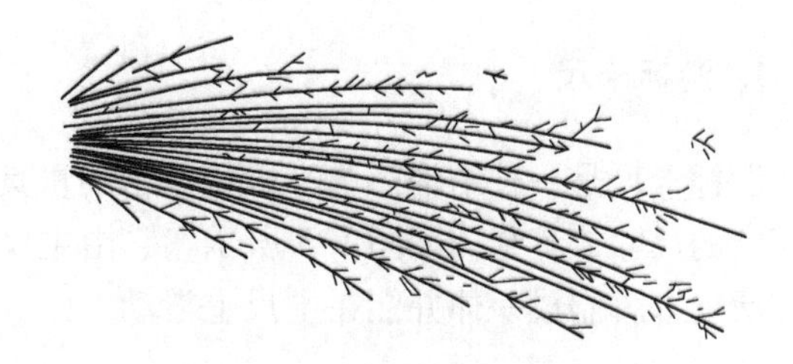

图 1.4　HT200 的火花特征

2. 色标鉴别

生产中为了表明金属材料的牌号规格等，在材料上须做一定的标记，常用的标记方法有涂色、打印、挂牌等。金属材料的涂色标记是以表示钢种、钢号的颜色涂在材料的一端的端面或外侧。成捆交货的钢应涂在同一端的端面上，盘条则涂在卷的外侧。具体的涂色方法在有关标准中做了详细的规定，生产中可以根据材料的色标对钢铁材料进行鉴别。

3. 断口鉴别

金属材料或零部件因受某些物理、化学或机械因素的影响而导致破断所形成的自然表面称为断口。生产线上常根据断口的自然形态来判定材料的韧脆性，亦可具此判定相同热处理状态的材料含碳量的高低。若断口呈纤维状、无金属光泽、颜色发暗、无结晶颗粒、且断口边缘有明显的塑性变形特征，则表明钢材具有良好的塑性和韧性，含碳量较低；若材料断口齐平呈银灰色、具有明显的金属光泽和结晶颗粒，F 则表明材料金属脆性断裂；而过共析钢或合金钢经淬火及低温回火后，断口常呈亮灰色，具有绸缎光泽，类似于细瓷器断口的特征。

4. 音响鉴别

生产线上有时也采用敲击辨音来区分材料。例如，当原材料钢中混入铸铁材料时，由于铸铁的减振性较好，敲击声音较低沉，而钢材敲击时则可发出较清脆的声音。我们可根据钢铁敲击时声音的不同对其进行初步鉴别，但有时准确性不高。而当钢铁之间发生混淆时，因其声音比较接近，常采用其他鉴别方法进行判别。

若要准确地鉴别金属材料，在以上几种生产现场鉴别的基础上，一般还可采用化学分析、金相检验、硬度实验等分析手段对材料做进一步的鉴别。

1.2　实训项目2　常用量具的认知与使用

教学目的与要求

(1) 熟悉认知常用量具的结构及精度。

(2) 掌握常用量具的使用方法。

(3) 掌握切削加工的基本知识，理解切削三要素三者之间的关系。

1. 游标卡尺

游标卡尺是一种结构简单、比较精密的量具，可以直接测量出工件的外径、内径、长度和深度的尺寸，其结构如图1.5所示，它由主尺和副尺组成。主尺与固定卡脚制成一体，副尺和活动卡脚制成一体并能在主尺上滑动。

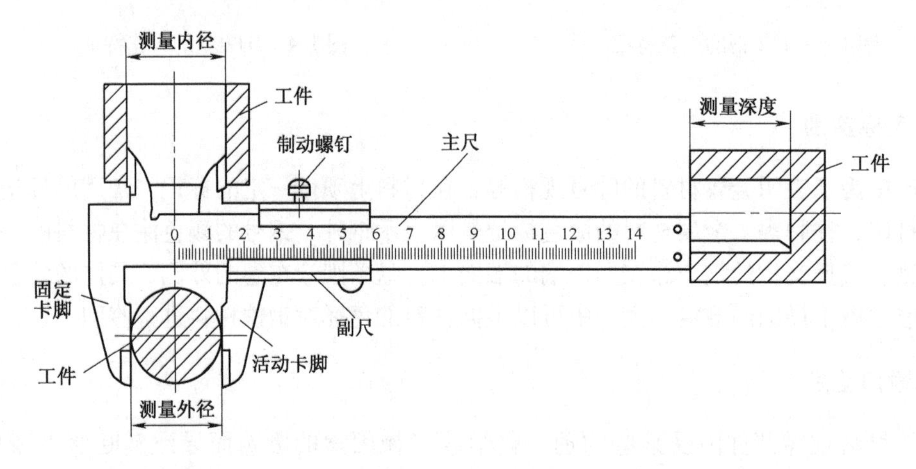

图1.5　游标卡尺

游标卡尺有0.02mm、0.05mm、0.1mm三种测量精度，常用的是精度为0.02mm的游标卡尺。

使用游标卡尺时应注意：

(1) 测量前应将卡尺擦干净，量爪贴合后游标和主尺零线应对齐。

(2) 测量时，所用的测力应使两量爪刚好接触零件表面为宜。

(3) 测量时，防止卡尺歪斜。

(4) 在游标上读数时，尽量避免视线误差。

测量步骤如下：

（1）读整数，即读出副尺零线左面主尺上的整毫米数。

（2）读小数，即读出副尺与主尺对齐刻线处的小数毫米数。

（3）把两次读数加起来。

图 1.6 是 0.02mm 游标卡尺的尺寸读法。图 1.7 是游标卡尺的使用方法。图 1.8 所示是专用于测量高度和深度的高度游标卡尺和深度游标卡尺。高度游标尺除用来测量工件高度外，也可以用来作为精密划线用。

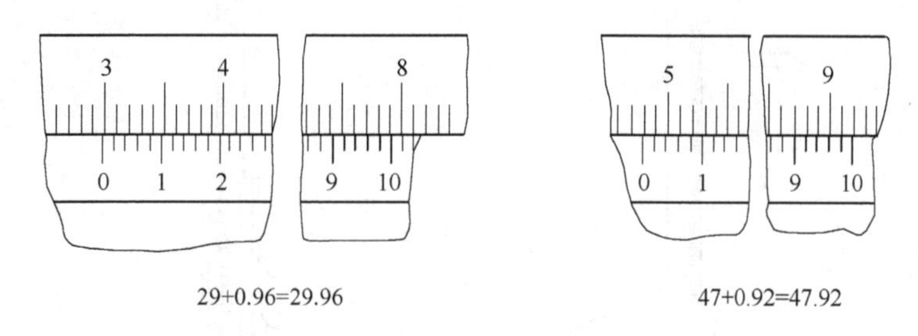

图 1.6　0.02mm 游标卡尺的尺寸读法

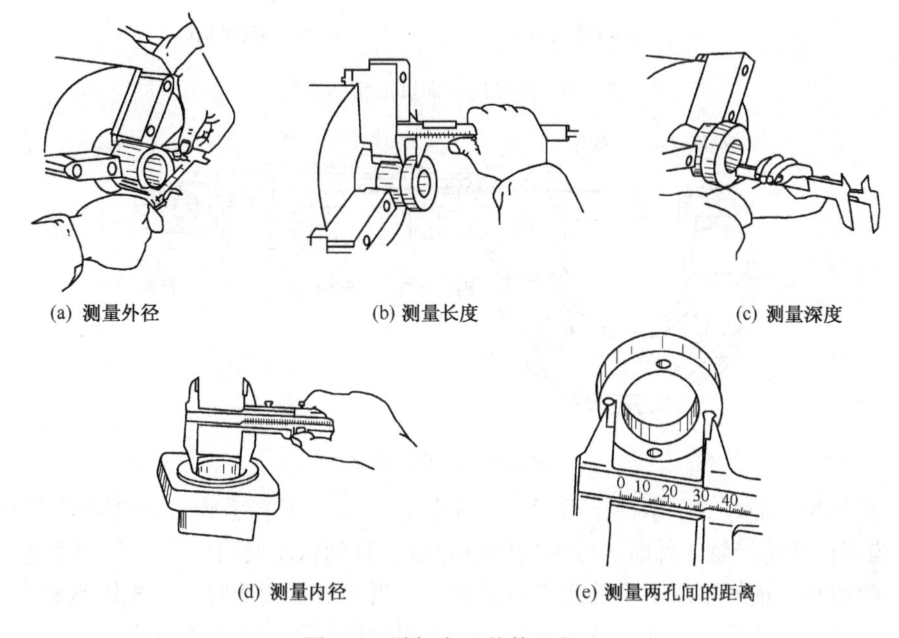

(a) 测量外径　(b) 测量长度　(c) 测量深度

(d) 测量内径　(e) 测量两孔间的距离

图 1.7　游标卡尺的使用方法

2. 千分尺

千分尺是一种精密的量具。生产中常用的千分尺的测量精度为 0.01mm。它的精度比游标卡尺高，并且比较灵敏，因此，对于加工精度要求较高的零件，要用千分尺来测量。千分尺的种类很多，有外径千分尺（见图 1.9 所示）、内径千分尺、深度千分尺等，以外径千分尺使用最为普遍。

千分尺的使用方法如下：

（1）测量前，转动千分尺的棘轮，使两侧砧面贴合，并检查是否密合，同时看活动套筒与固定套筒的零线是否对齐，如有偏差应调整固定套筒对零。

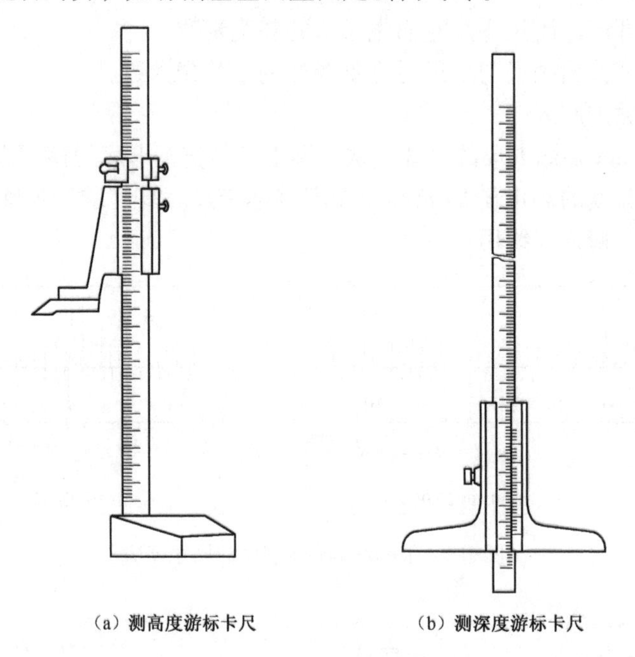

（a）测高度游标卡尺　　（b）测深度游标卡尺

图 1.8　测高度、深度的游标卡尺

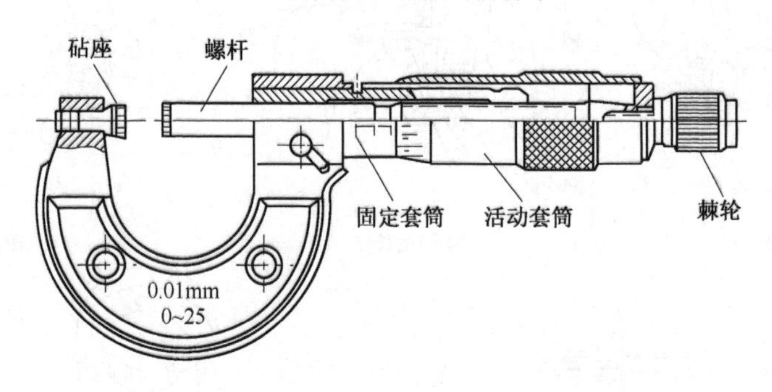

图 1.9　外径千分尺

（2）测量时，最好双手掌握千分尺，左手握住弓架，用右手旋转活动套筒（见图 1.11 所示），当螺杆即将接触工件时，改为旋转棘轮盘，直到棘轮发出“卡卡”声为止。

（3）读数时，最好不取下千分尺进行读数，如需要取下读数时，应先锁紧螺杆，然后轻轻取下千分尺，防止尺寸变动。读数要细心，看清刻度不要错读 0.5 毫米。

其读数方法如下：

被测工件的尺寸 = 副尺所指的主尺上的整数（应为 0.5mm 的整倍数） + 主尺中线所指副尺的格数 ×0.01

图 1.10 为千分尺的几种读数。图 1.11 为千分尺的使用方法说明。

3. 百分表

百分表是一种精度较高的比较量具，它只能测出相对的数值，不能测出绝对数值。主要用来检查工件的形状和位置误差（如圆度、平面度、垂直度、跳动等），也常用于工件的精密找正，其结构如图 1. 12 所示。

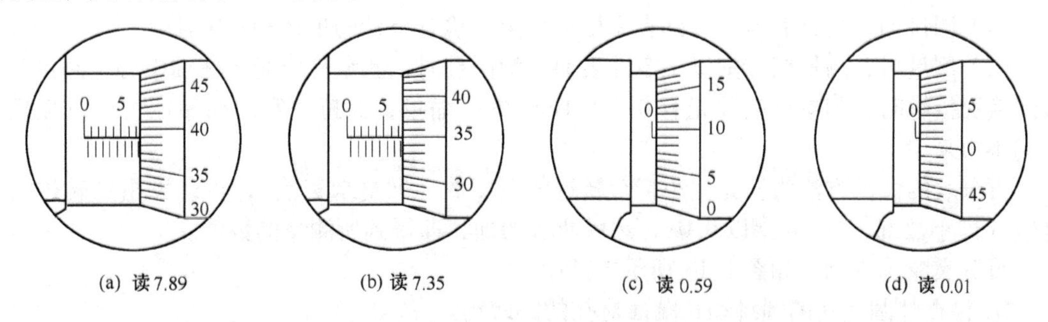

图 1. 10 千分尺读数

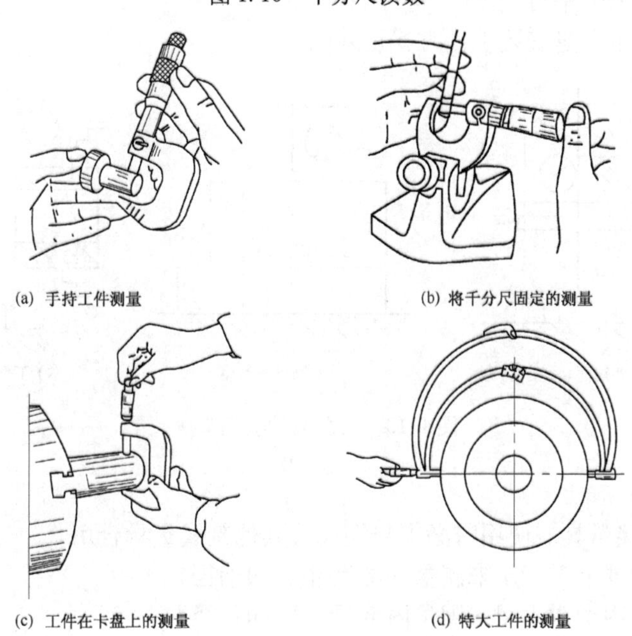

图 1. 11 千分尺的使用方法

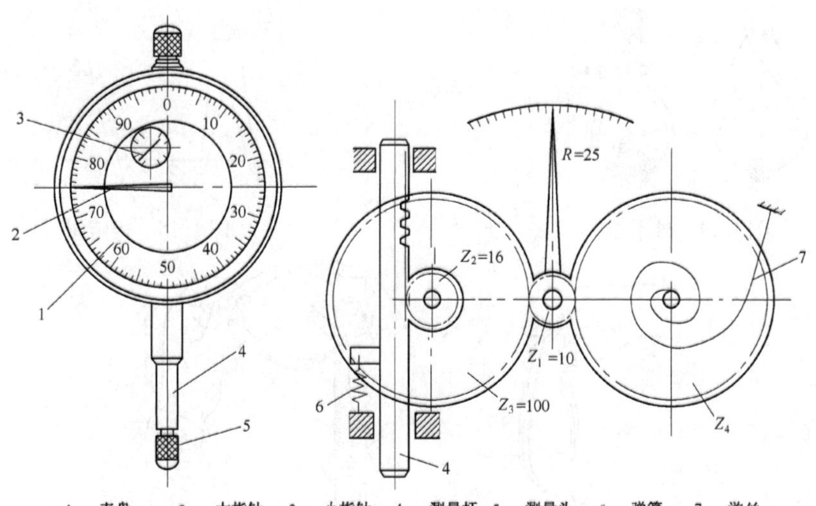

1 — 表盘； 2 — 大指针； 3 — 小指针； 4 — 测量杆；5 — 测量头； 6 — 弹簧； 7— 游丝

图 1. 12 百分表

百分表的使用方法如下：

（1）测量前，检查表盘和指针有无松动现象，检查指针的平稳和稳定性。

（2）测量时，测量杠应垂直于零件表面；测圆柱时，测量杠应对准柱轴中心。测量头与被测表面接触时，测量杠应预先有 0.3～1mm 的压缩量，保持一定的初始压力，以免负偏差测不出来。

百分表的读数方法为：先读小指针转过的刻度数（即毫米整数），再读大指针转过的刻度数（即小数部分），并乘以 0.01，然后两者相加，即得到所测量的数值。

百分表应用举例：如图 1.13 所示。其中：

① 检查外圆对孔的圆跳动；端面对孔的圆跳动。

② 检查工件两面的平行度。

③ 内圆磨上四爪卡盘安装工件时找正外圆。

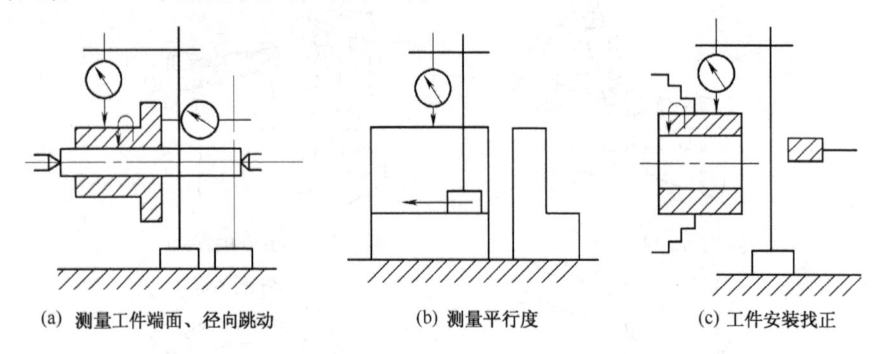

(a) 测量工件端面、径向跳动　　(b) 测量平行度　　(c) 工件安装找正

图 1.13　百分表的应用举例

4. 卡钳

卡钳是一种间接量具。使用时必须与钢尺或其他刻线量具合用。

图 1.14 所示为外卡钳，用来测量外部尺寸（如轴径）。

图 1.15 所示为内卡钳，用来测量内部尺寸（如孔径）。

卡钳测量方法如图 1.16 和图 1.17 所示。

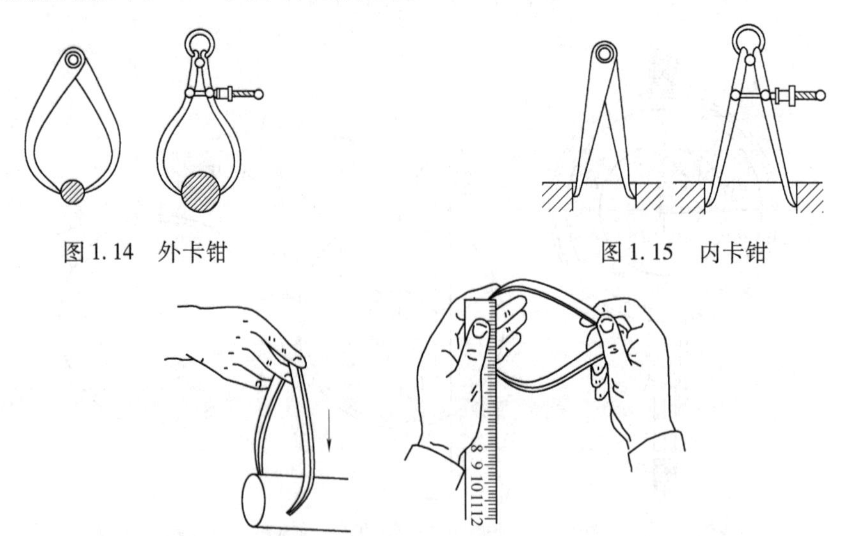

图 1.14　外卡钳　　　　图 1.15　内卡钳

图 1.16　用外卡钳测量的方法

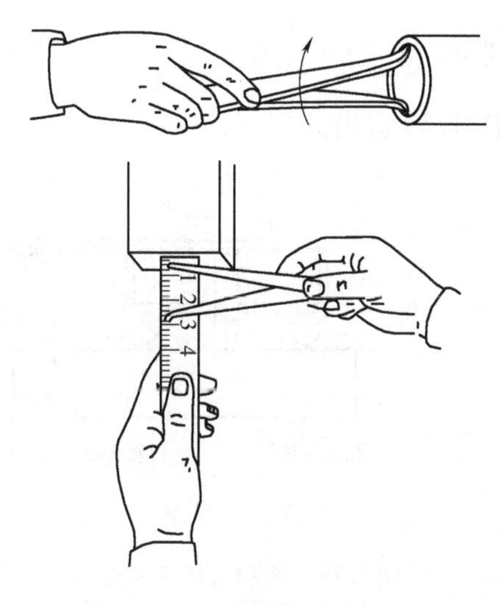

图 1.17　用内卡钳测量的方法

1.3　实训项目3　切削运动与切削用量

教学目的与要求

(1) 掌握切削加工的基本知识。

(2) 理解切削三要素三者之间的关系。

(3) 了解加工精度与表面质量的基本概念。

1.3.1　切削运动

金属切削加工是指在机床上，通过刀具与工件之间的相对运动，从工件上切下多余的余量，从而获得形状精度、尺寸精度和表面质量都符合技术要求的工件的加工方法。根据刀具与工件之间的相对运动对切削过程所起的不同作用，可以把切削运动分为主运动和进给运动。

1. 主运动

直接切除工件上的切削层，使之转变为切屑，从而形成已加工表面的运动称为主运动。主运动的特征是速度最高、消耗功率最多、切削加工只有一个主运动。可由工件完成，也可由刀具完成；可以是直线运动，也可以是旋转运动。如车床上工件的旋转；牛头刨上刨刀的移动；铣床上的铣刀、钻床上的钻头和磨床上的砂轮的旋转等。

2. 进给运动

配合主运动使新的切削层不断投入切削的运动称为进给运动，进给运动可以是连续的，也可以是步进的，还可以是有一个或几个进给运动。如车刀、钻头、刨刀（龙门刨）的移动，铣削时和刨削（牛头刨）时工件的移动，磨外圆时工件的旋转和轴向移动等。

1.3.2　切削用量三要素

切削用量三要素可以从图 1.18 看出。

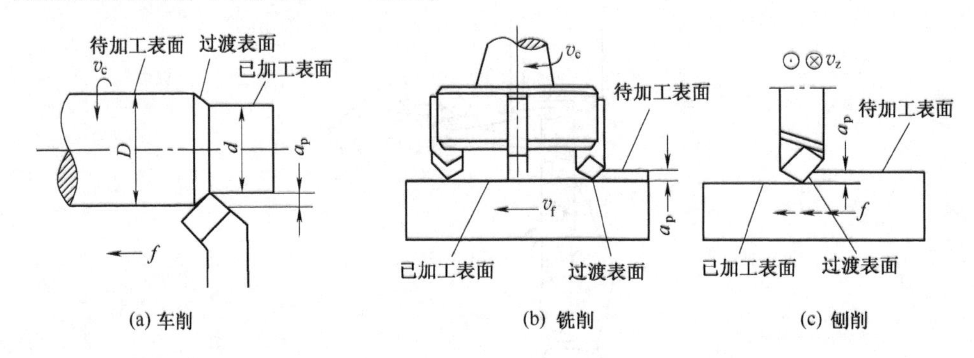

图 1.18　切削用量三要素

1. 切削速度 *v*

在单位时间内，工件和刀具沿主运动方向相对移动的距离，即

$$v=\frac{\pi Dn}{1000\times 60}\ (\mathrm{m/s})$$

式中，D——加工面或刀具的最大直径（mm）；

n——主运动每分钟转数（r/m）。

2. 进给量 *f*

在单位时间内（或一个工作循环），刀具或工件沿进给运动方向上的相对位移量。单位为 mm/r 或 mm/往复行程等。

3. 背吃刀量 a_p

已加工表面与待加工表面之间的垂直距离称为背吃刀量。单位为 mm。

4. 切削用量的选择原则

在选择切削用量时，首先选择最大的背吃刀量，其次选用较大的进给量，最后选定合理的切削速度。

1.3.3　加工精度与表面质量

通常所说的加工精度是指零部件的几何量精度，是指零件加工后的实际几何形体（尺寸、形状、位置）与设计要求的理想几何形体相一致的程度，它包括尺寸精度、形状精度和位置精度，它们直接影响产品的工作性能与质量。

1. 尺寸精度

尺寸精度是由尺寸公差来控制的。尺寸公差是指零件尺寸允许的变动量。

同一基本尺寸的零件，公差值的大小决定了零件尺寸的精度，公差值小的，精度高；公差值大的，精度低。这类精度叫做尺寸精度。

例如，一外圆直径标注尺寸为 $\phi50^{+0.01}_{-0.02}$ mm，表示基本尺寸为 50mm，最大允许加工到 ϕ50. 01mm，最小允许加工到 ϕ49. 98mm。尺寸公差为 50. 01 − 49. 98 = 0. 03mm。

2. 形状精度

形状精度是指同一表面的实际形状相对理想形状的符合程度，常用形状公差控制、形状公差有六项，见表 1. 1 所示。

表 1. 1

项　目	直线度	平面度	圆度	圆柱度	线轮廓度	面轮廓度
符号	—	▱	○	⌭	⌒	⌓

3. 位置精度

位置精度是指零件点、线、面的实际位置相对理想位置的符合程度，用位置公差来控制，位置公差有八项，见表 1. 2 所示。

表 1. 2

项目	平行度	垂直度	倾斜度	位置度	同轴度	对称度	圆跳动	全跳动
符号	//	⊥	∠	⌖	◎	⌯	↗	⌰

图 1. 19 为形位公差标注示例。

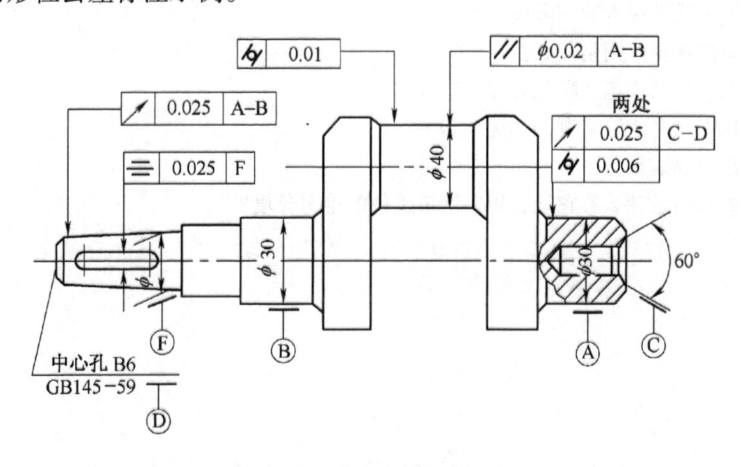

图 1. 19　形位公差标注示例

| ↗ | 0.025 | A-B |：表示左端锥体对组合基准有圆跳动公差要求，公差带形状为两同心圆。任意测量平面内对基准轴线的圆跳动误差不得大于 0. 025mm。

| ⌯ | 0.025 | F |：表示左端锥体上的键槽中心平面对 F 基准轴线有对称度公差要求，公差带形状为两平行平面。测量时对称度误差不得大于 0. 025mm。

| ⌭ | 0.01 |：表示 Φ40mm 圆柱面有圆柱度公差要求，公差带形状为两同轴圆柱。测量时圆柱度误差不得大于 0.01mm。

| ∥ | ϕ0.02 | A-B |：表示 Φ40mm 圆柱的轴线对组合基准 A + B 有平行度要求，公差带形状为一个圆柱体。测量时实际轴线在任何方向的倾斜或弯曲误差都不得超出 Φ0.02mm 的圆柱体。

4. 表面粗糙度

表面粗糙度是指加工表面上具有较小间距和微小峰谷所组成的微观几何形状特征。它与形状误差和表面波度都是指表面本身的几何形状误差。图纸上表面粗糙度符号含义如下：

√（带圆圈）：表示该表面粗糙度是用不去除材料的方法（如铸、锻、冲压变形等）获得的，或者是用于保持原供应状况的表面。

√（带横线）：表示该表面粗糙度是用去除材料的方法（如车、铣、刨、磨、钻、剪切等）获得的。

表面粗糙度 R_a 值的标注举例如下：

3.2√（带横线）：表示用去除材料方法获得的表面，R_a 的最大允许值为 3.2μm。

3.2√（带圆圈）：表示用不去除材料方法获得的表面，R_a 最大允许值为 3.2μm。

习 题 1

1.1 常用的钢的热处理方法有哪些？

1.2 切削用量的选择原则是什么？

1.3 通常说的加工精度包括哪几方面？

1.4 使用游标卡尺时应注意哪些问题？

1.5 切削用量三要素是什么？

1.6 百分表的作用是什么？它能否用来测量工件的绝对长度？

模块2　钳 工 实 训

2.1　实训项目4　钳工基础知识

实训目的与要求

(1) 了解钳工工作范围及其在工业生产中的作用和地位。

(2) 了解钳工常用设备、工具。

基本知识

钳工是利用各种手动工具进行切削加工的方法，它还包括钻孔以及对机械的装配调试和修理。其基本操作包括：划线，錾削，锯削，锉削，钻孔，铰孔，攻丝，套扣，刮削，研磨及装配，修理等。

钳工工具简单，操作灵活，对工人的技术要求高，钳工的操作主要在钳工台和台虎钳上进行，钳工台一般由木材制成，高度 800～900mm，上面装有防护网，如图 2.1 所示。

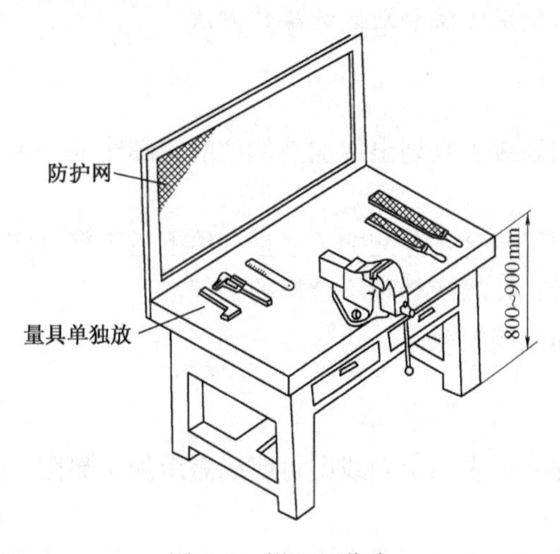

图 2.1　钳工工作台

台虎钳是用来夹持工件进行加工的常用工具。其规格是以钳口的宽度来表示的，常有的台虎钳有 100mm，125mm，150mm，如图 2.2 所示。

台虎钳的正确使用方法：

(1) 工件应夹在钳口的中部，以使钳口受力均匀。

(2) 夹持工件时，只允许用手的力量扳紧手柄，不允许在手柄上加套管或用手锤敲击，以免损坏丝杆、螺母和钳身。

(3) 夹紧时施力大小应视工件的精度、表面粗糙度、工件刚度等因素来决定，由操作者适度掌握。

（4）锤击工件只可在砧台面上进行，不可在活动钳口上用锤敲击。

（5）在进行加工作业时，应尽量使作用力朝向固定钳身，以免造成螺旋副损坏。

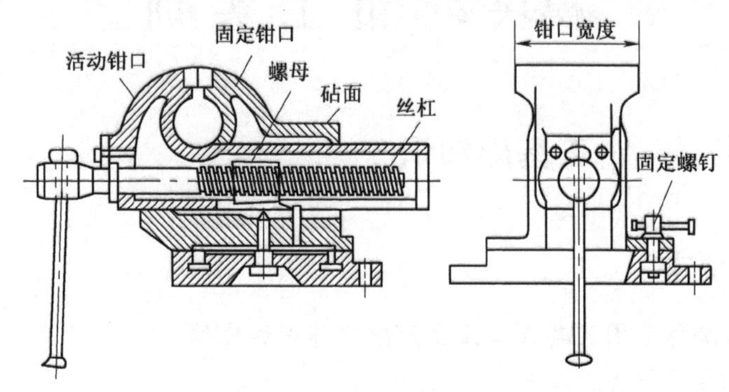

图 2.2　台虎钳

2.2　实训项目 5　划线

实训目的与要求

（1）了解钳工划线的要求。

（2）掌握划线工具的使用方法和划线的操作方法。

2.2.1　基本知识

在毛坯或工件上，用划线工具划出待加工部位的轮廓线或作为基准的点、线称为划线。划线的作用是：

（1）确定加工面的位置与合理分配加工余量，给下道工序划定加工的尺寸界限；

（2）检查毛坯的质量，补救或处理不合格的毛坯。

划线分为平面划线和立体划线。

1. 平面划线

平面划线是指在工件一个表面上划线即可明确表示加工界限。它包括几何划线法和样板划线法两种。

（1）几何划线法。是根据零件图要求直接在毛坯或工件上应用平面几何作图的方法，划出加工界限。

（2）样板划线。是根据已加工好的样板，放在毛坯的合理位置上再划出加工界限。它适用平面形状复杂，批量大，精度要求高的场合。

2. 立体划线

立体划线是在工件两个以上的表面上划加工界限，一般采用工件直接翻转法。

由于平面划线的方法基本与几何作图方法一样，故划线过程不再赘述，本书着重介绍立体划线。

2.2.2 划线工具

1. 划线平板

如图 2.3 所示，由铸铁或大理石制成，作为划线的基准平面。平板要安放牢固，保持水平，严禁敲打，撞击，用后擦干净，涂油防锈。

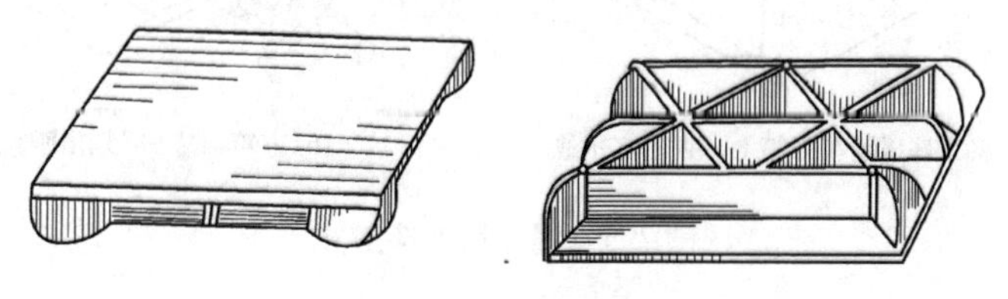

图 2.3 划线平板

2. 千斤顶

如图 2.4 所示，千斤顶是在平板上支撑工件用的，可调节高度，以找正工件，常用三个千斤顶支撑，支撑要平衡，支撑点间距尽可能大。

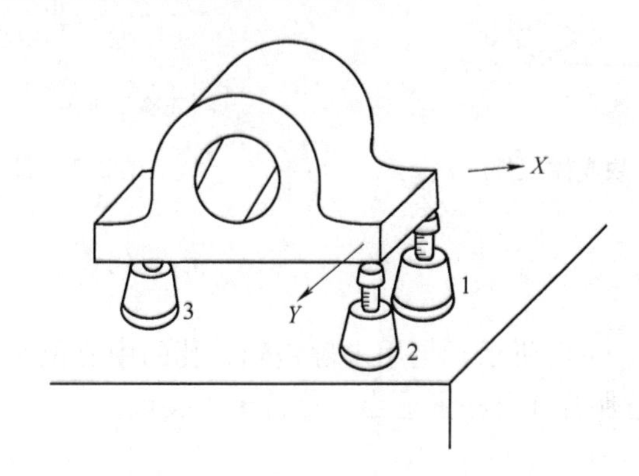

图 2.4 用千斤顶支撑工件

3. 方箱

如图 2.5 所示，用以夹持较小的工件，可划三个互成 90°方向的直线，V 形槽放置圆柱工件，垫角度垫板可划斜线。使用时严禁碰撞，夹持工件时紧固螺钉松紧要适当。

4. V 形铁

如图 2.6 所示，用于支撑轴类零件，使其轴线与平板平行。通常两个一组，形状和大小相同，V 形槽角度为 90°或 120°。

5. 划针

如图 2.7 所示，通常由高速钢或钢丝制成，用来在工件表面划线。

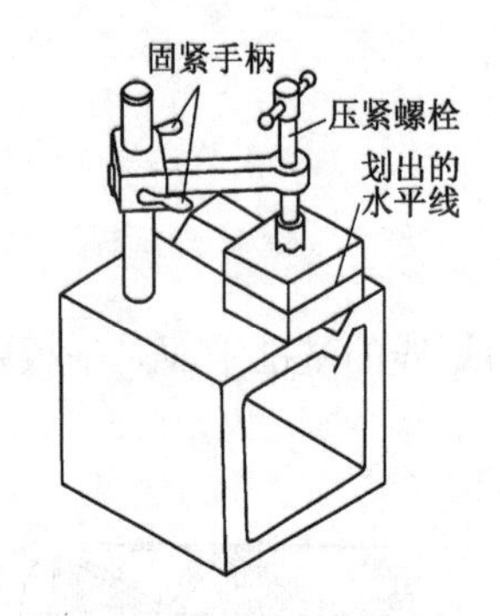

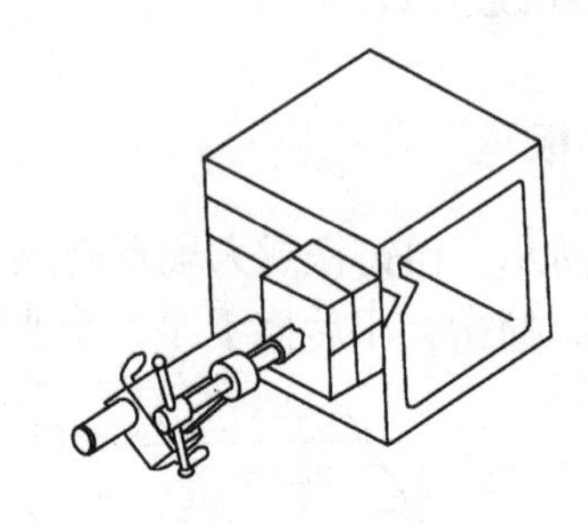

(a) 将工件压紧在方箱上，划出水平线　　(b) 方箱翻转 90° 划出垂直线

图 2.5　用方箱夹持工件

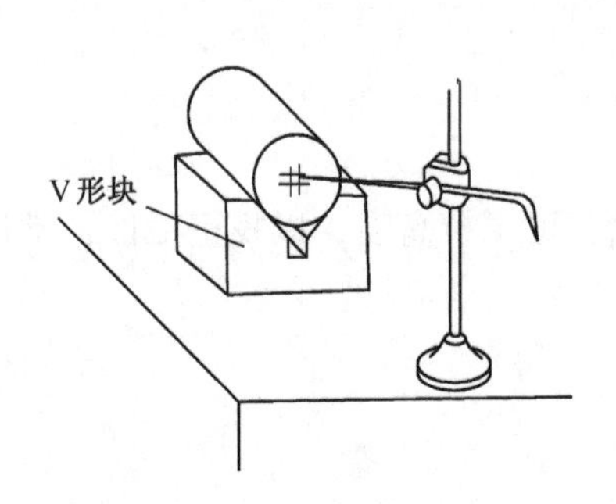

图 2.6　用 V 形块支撑工件

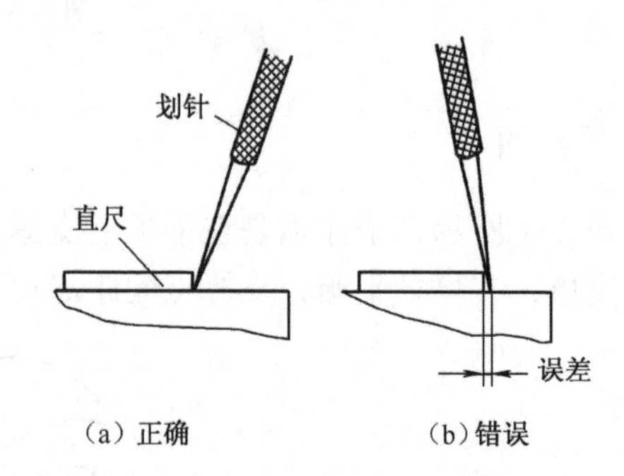

（a）正确　　（b）错误

图 2.7　划针的用法

6. 划卡

划卡如图 2. 8（b）、（c）所示，是用来确定轴、孔的中心位置，还可以划平行线，以及同心圆弧，使用时注意保持开合松紧适当，保持卡尖尖锐。

7. 划规

如图 2. 8（a）所示，划规用于划圆弧，截取尺寸等分线段或角度。

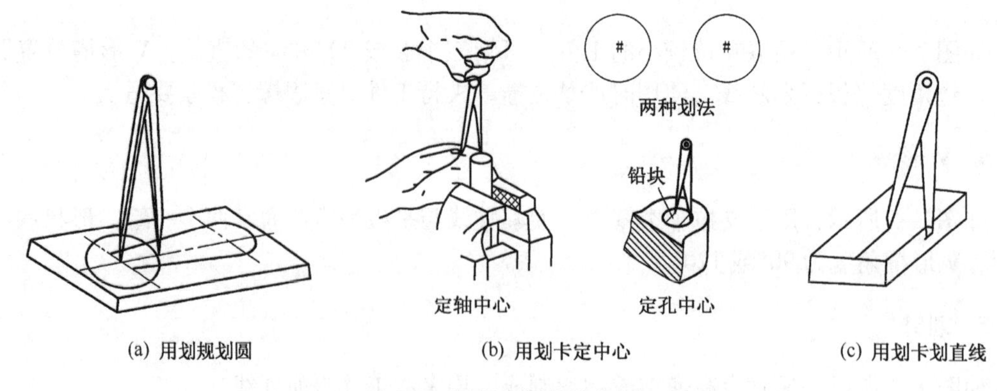

(a) 用划规划圆　　(b) 用划卡定中心　　(c) 用划卡划直线

图 2. 8　划规与划卡的使用

8. 划针盘

如图 2. 9 所示，划针盘是立体划线和校正工件位置的常用工具。它的划针尖用于划线，弯钩用于找正。工作中调节紧固螺母使划针水平，划针与工件表面成 45°角左右移动划线盘划线。

9. 高度游标尺

高度游标尺划线盘（见图 1. 8）用于精密划线和测量尺寸，不允许在毛坯上划线。在划线过程中使刀刃一侧成 45°角平稳接触工件，移动尺座划线。

10. 样冲

样冲如图 2. 10 所示，用于在划好的线上打出样冲眼，为了防止所划的线模糊后仍能找到原来的位置。

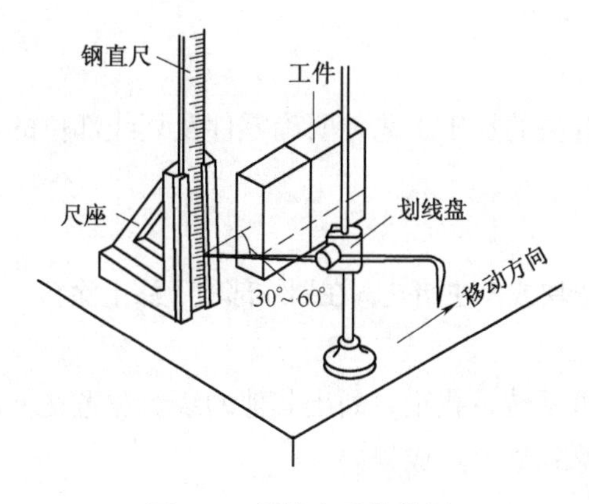

图 2. 9　划针盘及其使用

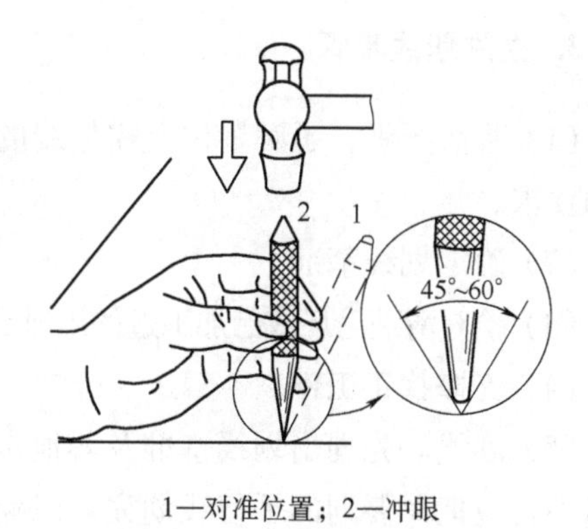

1—对准位置；2—冲眼

图 2. 10　样冲及其用法

11. 量具

主要有钢尺、高度尺及直角尺等。

12. 分度头

分度头可用于等分圆周，划角度线，直线分度（直线分割，如刻制标尺），详见模块四。

2. 2. 3　划线基准

1. 工件的放置

立体划线时，合理选择工件的放置，关系到划线的质量和效率，一般较复杂的工件需要三次或三次以上的放置，才能划完。第一次划线的位置尤其重要，其选择原则是；

（1）选择工件上主要的孔，凸台中心线或主要的加工面。

（2）选择相互关系最复杂及所划线最多的一组尺寸线。

（3）尽量选择工件中面积最大的一面。

2. 划线基准的选择

划线中用来确定零件各部分尺寸、几何形状及相对位置的依据称为划线基准。立体划线的每一划线位置都有一个划线基准，而且往往是在这一划线位置首先划出的，其选择原则是；

（1）尽量与设计基准重合。

（2）对称形状的工件，应以对称中心线为基准。

（3）有孔或凸台的工件，应以主要孔或凸台的中心线为基准。

（4）未加工的毛坯件，应以主要的面积较大的不加工面为基准。

（5）加工过的工件，应以加工后的较大表面为基准。

3. 立体划线步骤

（1）看清图纸，了解零件上需划线的部位和有关的加工工艺，明确零件及划线部位的作用和要求。

（2）确定划线基准。

（3）检查清理毛坯或已加工过的半成品，并用铅块或木块堵孔，在划线部位上涂上涂料。

（4）支撑找正工件。

（5）划线。先划出划线基准及其他水平线，再反转，找正，划出其他的线。注意在一次支撑中，应把需要划的平行线划完，以免再次支撑补划，造成误差。

（6）详细检查划线的准确性和线条有无漏划。

（7）在线条上打样冲眼。

4. 划线实例

划线实例如图 2. 11 所示。

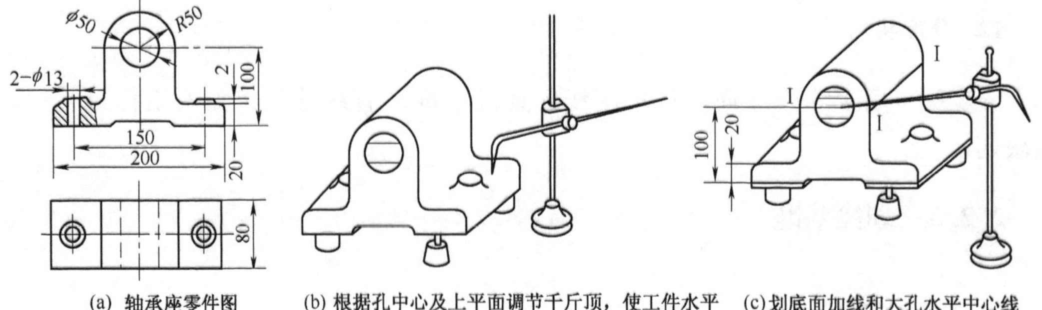

(a) 轴承座零件图　(b) 根据孔中心及上平面调节千斤顶，使工件水平　(c) 划底面加线和大孔水平中心线

图 2. 11　轴承座的立体划线

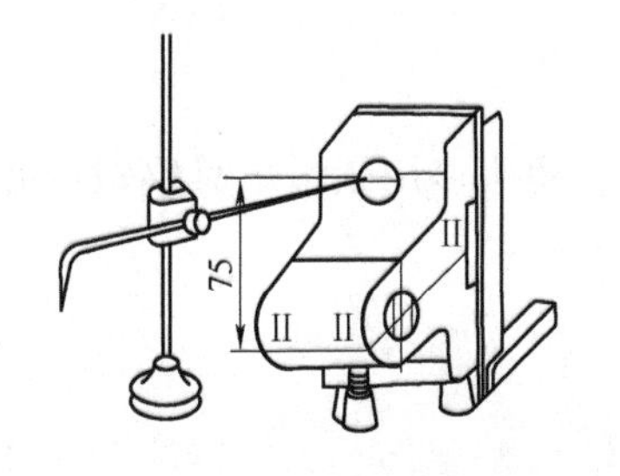

(d) 转90°，用角尺校正划大孔的垂直中心线及螺钉孔中心线

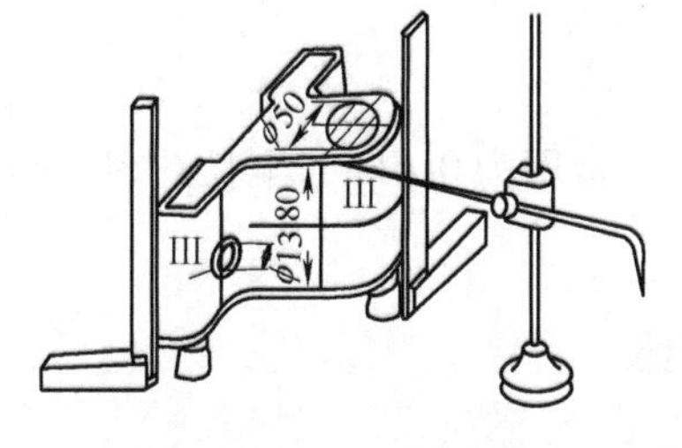

(e) 再翻90°，用直尺找正划螺钉孔另一方向的中心线及大端面加工线

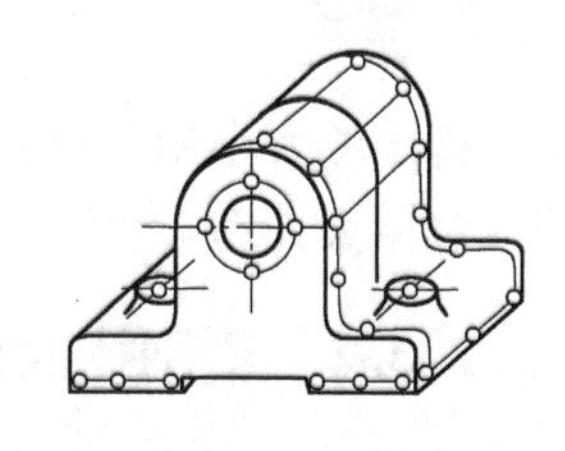

(f) 打样冲眼

图 2. 11　轴承座的立体划线（续）

2. 3　实训项目 6　錾削

实训目的与要求

（1）了解錾削角度及錾子的刃磨方法等基本知识。

（2）掌握錾削工具的使用方法以及錾削平面的方法与步骤。

2. 3. 1　基本知识

錾削是用锤子击打錾子对金属工件进行加工的方法。錾削可以加工平面、沟槽，并可进行切断及对铸锻件的清理等。每次錾削的金属厚度为 0. 5 ～ 2mm。主要用在不便于机械加工的场合。

1. 錾子

如图 2. 12（a）所示，根据被錾削面的形状、大小、宽度选用錾子。按使用场合不同可分为平錾、窄錾、油槽錾。平錾用于錾削平面和切断金属，刃宽一般为 10 ～ 15mm；窄錾用于錾削沟槽，刃宽约 5mm；油槽錾刃宽且呈圆弧状。錾子全长 125 ～ 150mm，多用碳素工具钢锻成，刃部经淬火和回火处理。錾刃楔角应根据加工材料的不同而异，錾削铸铁时为 70°左右；钢为 60°左右；铜、铝小于或等于 50°。

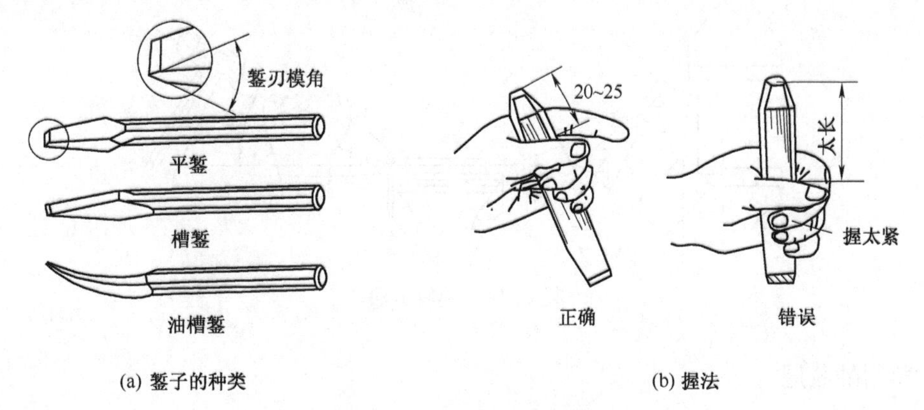

(a) 錾子的种类　(b) 握法

图 2. 12　錾子的种类及握法

2. 锤子

锤子的大小用质量表示，常用为0.5kg，全长约300mm，锤头多用碳素工具钢锻成并经淬火和回火处理。

2.3.2 錾削技能训练

1. 姿势

錾子应轻松自如地握着，主要用中指夹紧。錾头伸出约20～25mm，如图2.12（b）所示。握手锤主要靠拇指和食指，其余各指仅在锤击时才紧握。柄端只能伸出15～30mm，如图2.13所示。錾削时的姿势应便于用力，不易疲劳，挥锤要自然，眼睛应注意錾刃而不是錾头。

2. 錾削的起錾

窄槽起錾时将錾子刃口抵紧开槽部位的边缘，较宽平面起錾时将錾子刃口抵紧工件的边缘尖角处，如图2.14所示。选取后角 α_0 为0°，轻击錾子，卷起切屑后，后角逐渐变换为 α_0 为5°～8°的正常錾削。有些情况下，起錾时可取较大的负后角，将工件边缘尖角处剔出斜面后，再从斜面处起錾。

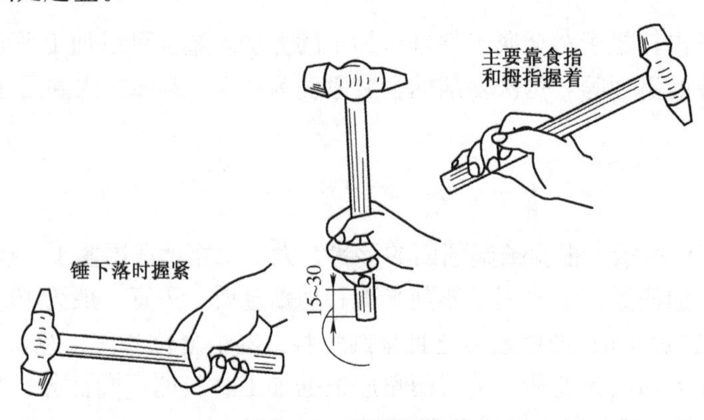

图2.13　锤子的握法

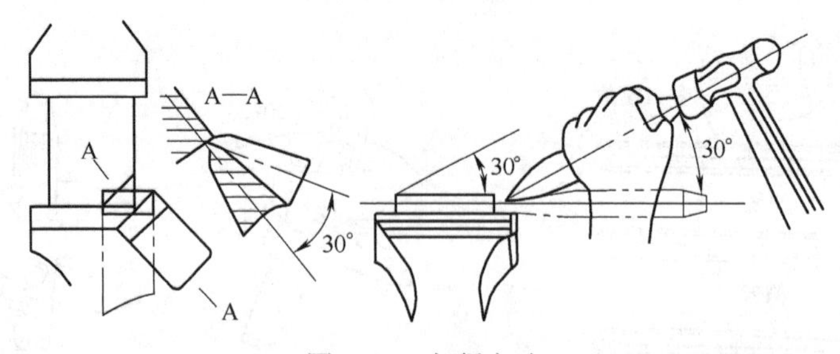

图2.14　起錾方法

3. 錾削的收尾

每次錾削至终端10mm左右时为防止边缘崩裂，应调头錾去残余的金属。

4. 錾削平面

较窄平面錾削时，錾子切削刃与前进方向应倾斜适当角度，如图 2. 15 所示，以使切削刃部与工件有较多接触，便于錾子容易掌握稳当。在錾削较宽的平面时，通常先用窄錾开槽数条，然后用宽錾錾去剩余的部分，如图 2. 16 所示。

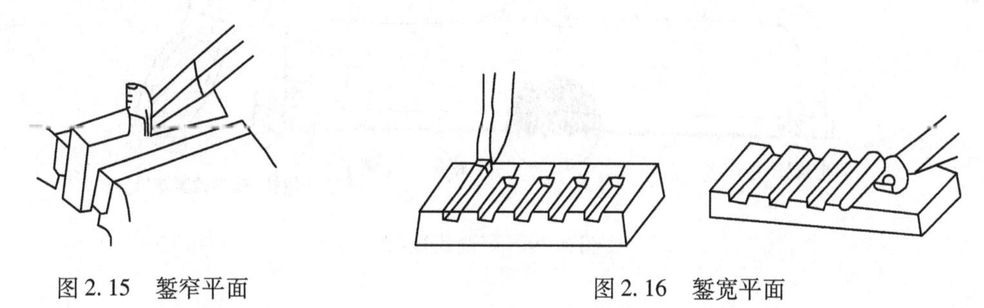

图 2. 15　錾窄平面　　图 2. 16　錾宽平面

5. 錾削板材

薄板小件可装在台虎钳上，用扁錾切削刃自右向左錾削，如图 2. 17 所示。厚度 4mm 以下的大型板材可在铁砧上垫上软铁后錾削，如图 2. 18 所示。形状复杂的工件，应先沿轮廓线钻排孔后，再用宽錾或用窄錾逐步錾削。

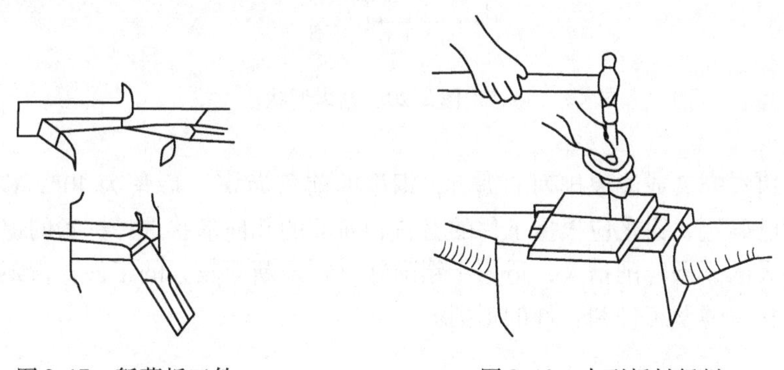

图 2. 17　錾薄板工件　　图 2. 18　大型板材錾削

2. 4　实训项目 7　锯削

实训目的与要求

（1）掌握正确选用锯条和熟练安装锯条的方法。

（2）掌握正确的锯削姿势；掌握锯削各种形状材料的方法，并能达到规定的精度要求。

锯削是指用手锯把材料或工件进行分割或切槽的加工方法。

2. 4. 1　手锯

手锯由锯弓和锯条两部分构成，是锯削使用的工具。锯弓用来夹持锯条，有固定式和可调式两种，如图 2.19 所示为可调式锯弓。锯条用碳素工具钢制成，常用的锯条长约 300mm，宽 12mm，厚 0.8mm。锯齿的形状如图 2.20 所示，锯齿按齿距 t 的大小可分为：粗齿（$t=1.6$mm），中齿（$t=1.2$mm）及细齿（$t=0.8$mm）三种。

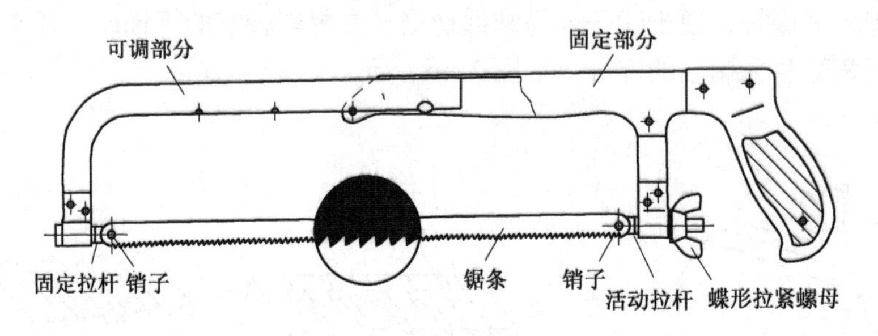

图 2.19　可调式锯弓

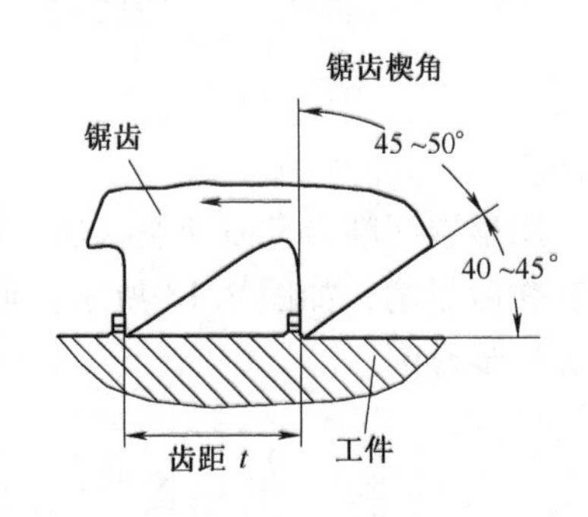

图 2.20　锯齿形状

锯条一边有交叉或波浪排列的锯齿，锯齿的前角为 0°，后角为 40°，楔角为 50°，制造厂家出厂时已确定，钳工应根据工件的材料和断面的几何形状选择锯条的锯齿。

齿距粗大的锯条容削槽大，适用于锯削软材料及断面较大的工件，齿距细小的锯条则适用于硬质材料、薄壁工件和管件的锯削。

2.4.2　锯削的操作要点

（1）锯条安装齿尖向前，松紧适中。

（2）工件装夹牢固，伸出台虎钳口不宜过长，锯缝应尽量靠近装夹部位。

（3）起锯时应以左手拇指靠住锯条，右手稳推手柄，起锯角应稍小于 15°，起锯角过大，锯齿易被工件棱角卡住，碰落锯齿；起锯角过小，锯齿不易切入工件，还可能打滑，损坏工件表面，见图 2.21 所示。起锯时锯弓往返行程应短，压力要小，锯条要与工件表面垂直。

（4）锯削时，左右手协调配合，推力和扶锯压力不宜过大过猛，回程不加压力。

（5）锯削速度一般每分钟 20～40 次为宜，锯软材料可快些，锯硬材料慢些，锯削时尽量使用锯条的全长。

（6）锯削硬材料时可加适量切削液。

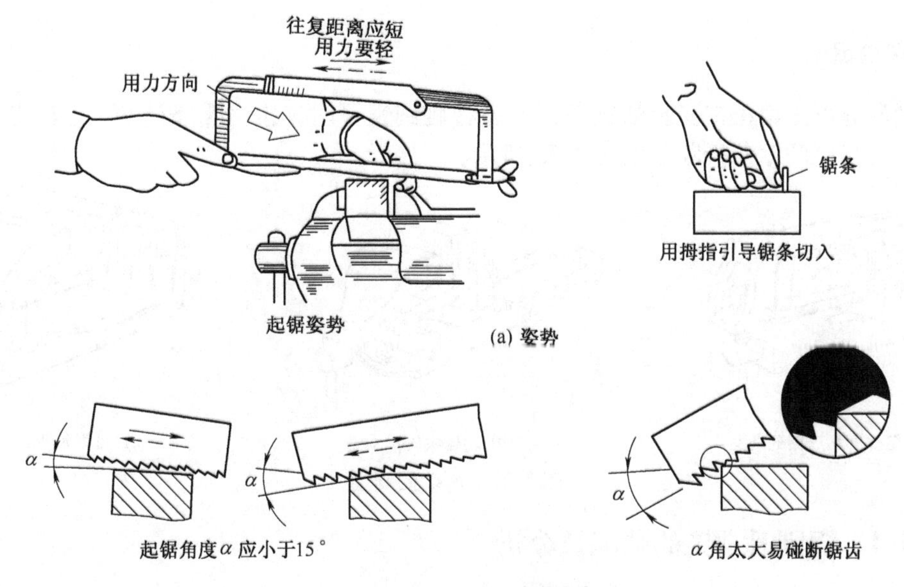

图 2.21　起锯

2.4.3　技能训练

1. 棒料的锯削

对要求端面平整的棒料，从起锯到锯断，要一锯到底；只要求切断的棒料可以从周边几个面切入而不必锯过中心，最后折断，如图 2.22（a）所示。

2. 管子件的锯削

薄壁管子应从周边旋转锯入到管内壁处，锯断为止，管子的旋转方向应使已锯的部分转向锯条推进的方向，如图 2.22（c）所示。厚壁管件的锯削同棒料的锯法一样。

3. 薄板的锯削

狭长的薄板可夹在木板间一起锯削；较大的板料，可从大面上锯下，如图 2.22（d）所示。

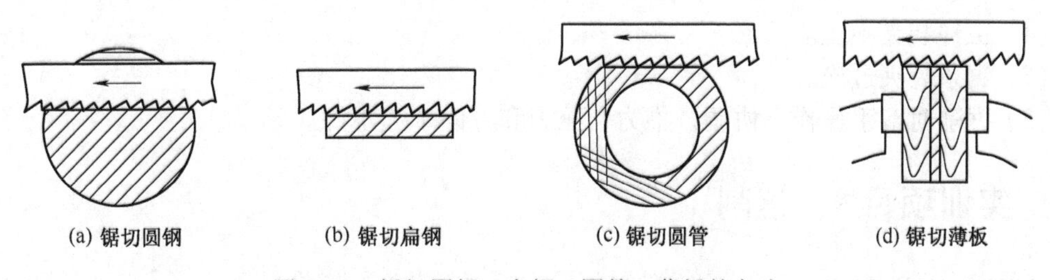

图 2.22　锯切圆钢、扁钢、圆管、薄板的方法

4. 深缝锯削

锯削深缝可先用正常安装的锯条锯到即将碰到锯弓时，再将锯条转 90°，安装后再锯，需减轻压力，以防锯条折断，如图 2.23 所示。

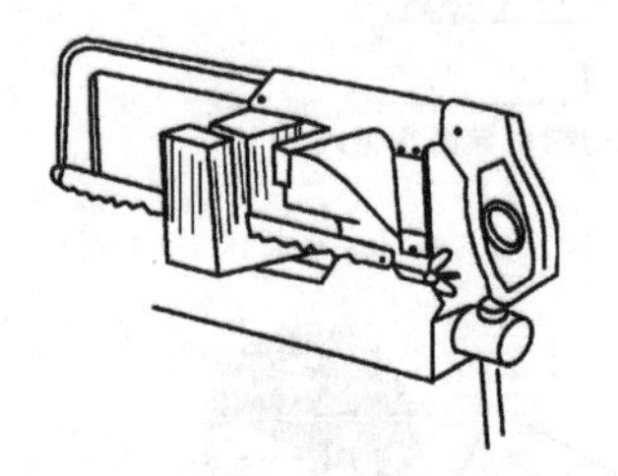
(a) 锯缝深度超过锯缝高度

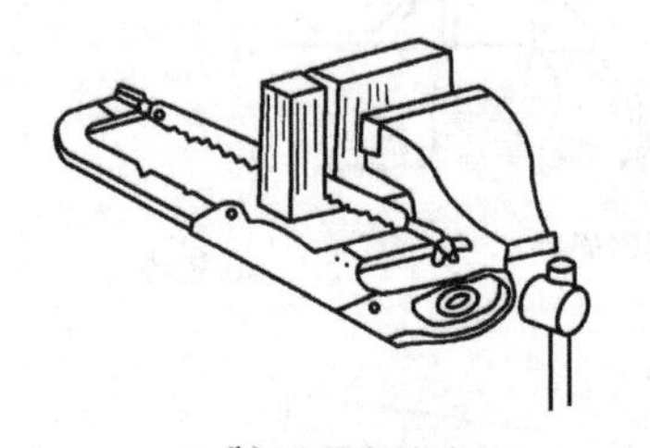
(b) 将锯条转过 90°

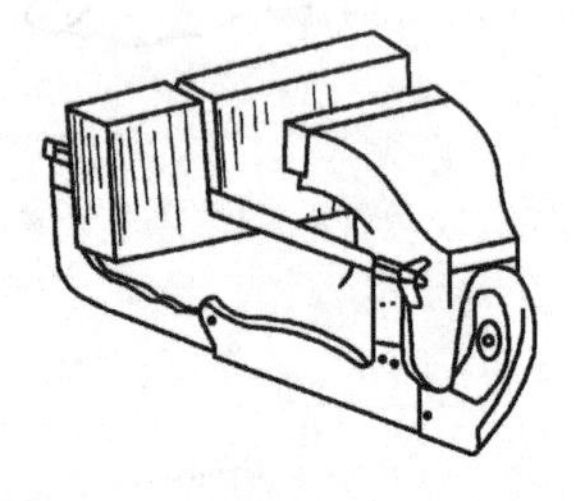
(c) 将锯条转过180°

图 2.23　深缝的锯削

2.4.4　锯削时常见的缺陷及分析

1. 锯条折断

(1) 锯条选用不当或起锯角度不当。
(2) 锯条安装过紧或过松。
(3) 工件未夹紧。
(4) 锯削压力过大或推锯过猛。
(5) 换上新的锯条在原锯缝中产生卡阻。
(6) 锯缝歪斜后强行矫正。
(7) 工件锯断时，锯条撞击其他硬物。

2. 锯齿崩裂

(1) 锯条选择不当。
(2) 锯条安装过紧。
(3) 起锯角度过大。
(4) 锯削中遇到材料组织缺陷，如杂质、砂眼等。
(5) 锯薄壁工件采用方法不对。

3. 锯缝歪斜

(1) 工件装夹不正。
(2) 锯条装夹过松。
(3) 锯削时双手操作不协调，推力、压力和方向掌握不好。

2.5　实训项目 8　锉削

实训目的与要求

(1) 了解锉刀的种类、锉刀的选用。
(2) 掌握正确的锉削姿势和锉削平面的方法。

2.5.1 基本知识

用锉刀对工件进行切削加工的方法称为锉削。锉削广泛应用于各种普通表面和复杂表面的加工，锉削多用于锯削和錾削之后，加工精度可达 IT8～IT7，表面粗糙度可达 R_a 为 0.8μm。锉削是钳工中最基本的操作方法。

1. 锉刀

如图 2.24 所示，锉刀由碳素工具钢制成，淬火硬度 62HRC～67HRC。锉刀的锉纹多制成双纹，这样的好处是：锉削时锉屑碎断，锉面不易堵塞，锉削省力，锉纹交叉排列形成切削齿与容削槽，锉齿的形状见图 2.25 所示。

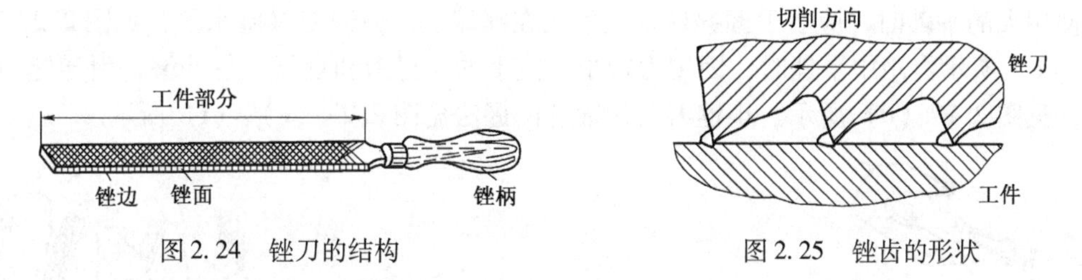

图 2.24 锉刀的结构　　　　图 2.25 锉齿的形状

锉刀的大小用其工作部分长度来表示，分为 100mm、150mm、200mm、250mm、300mm、350mm 和 400mm 七种。

锉刀的粗细，是以每 10mm 长的锉面上锉齿齿数来划分的。粗锉刀为 4～12 齿，齿间大，不容易堵塞，适于粗加工或锉铜和铝等软材料；细锉刀为 13～24 齿，适于锉钢和铸铁等；光锉刀 30～40 齿，又称油光锉，只用于最后修光表面。锉刀越细，锉出的工件表面越光滑，但生产率也越低。

锉刀按用途可分为普通锉、特种锉和整形锉，普通锉刀按外形和截面形状可分为齐头平锉、方锉、三角锉、半圆锉和圆锉等，如图 2.26 所示，其中平锉用得最广。

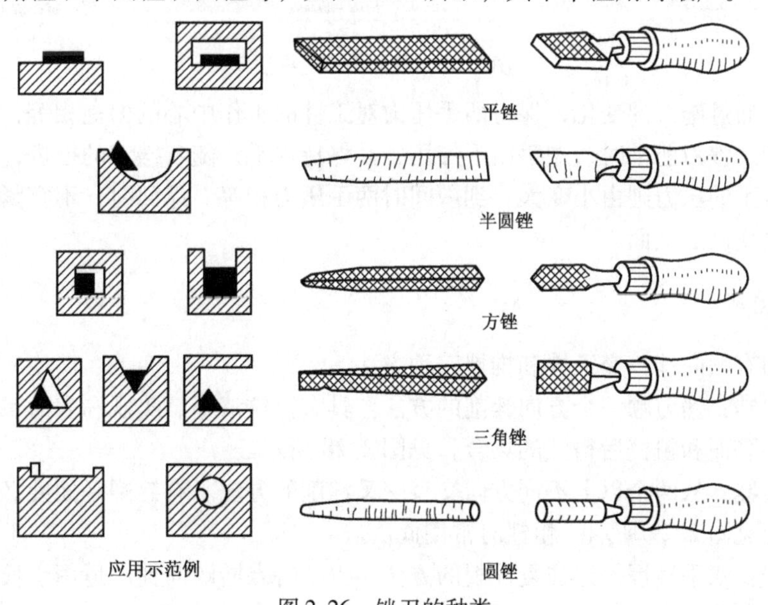

图 2.26 锉刀的种类

2. 锉刀的选用

（1）锉刀断面形状的选择取决于加工表面的形状。

（2）锉刀齿纹号的选择取决于工件加工余量、精度等级和表面粗糙度的要求。

（3）锉刀长度规格的选择取决于工件锉削面积的大小。

2.5.2 技能训练

1. 锉刀的使用方法

锉刀的握法如图 2.27 所示。

使用大的平锉时，应右手握锉柄。左手压在锉端上，使锉刀保持水平，见图 2.27（a）、（b）、（c）所示。用中平锉时，因用力较小，左手的大拇指和食指捏着锉端，引导锉刀水平移动，见图 2.27（d）所示。小锉刀及什锦锉的握法见图 2.27（e）、（f）所示。

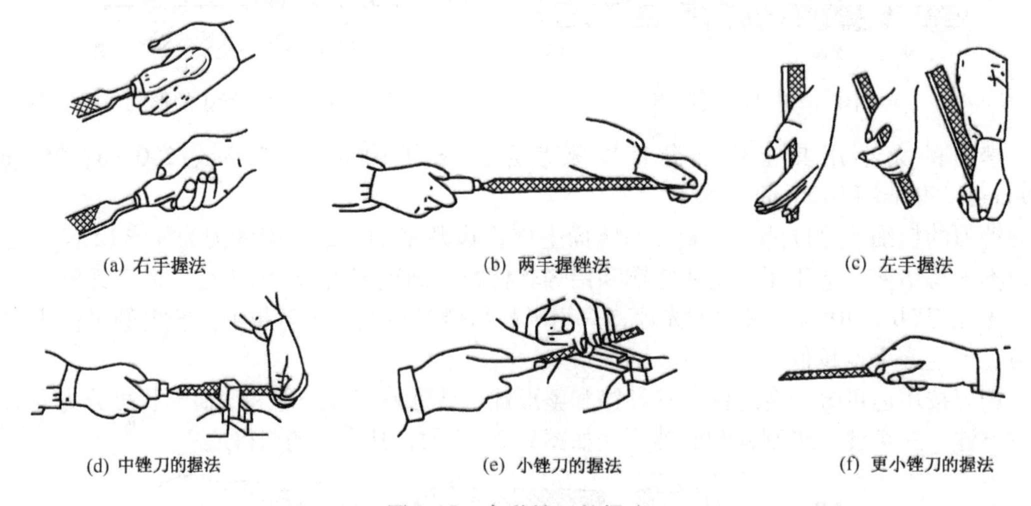

(a) 右手握法　(b) 两手握锉法　(c) 左手握法

(d) 中锉刀的握法　(e) 小锉刀的握法　(f) 更小锉刀的握法

图 2.27　各种锉刀的握法

锉削时，通过施力的变化，保持两手压力对工件的工作中心的力矩相等，这样才能保证锉刀平直运动。锉刀前推时，左手向下加压，并保持水平，随着锉刀的推进，左手的压力应由大变小，右手的压力则由小变大，到中间时两手压力相等。返回时，不宜紧压工件，以免磨钝锉齿和损伤已加工面。

2. 平面锉削

平面锉削有顺向锉、交叉锉和推锉三种方法。

（1）顺向锉：锉刀顺一个方向锉削的方法。具有锉纹清晰、美观和表面粗糙度较细的特点，适用于小平面和粗锉后精锉的场合，见图 2.28 所示。

（2）交叉锉：从两个以上不同方向交替交叉锉削的方法。有锉削平面度好的特点，但表面粗糙度高，见图 2.29 所示。粗锉时常用此法。

（3）推锉：双手横握锉刀往复锉削的方法。锉纹特点同顺向锉。适用于长狭面和余量较小时的修整，见图 2.30 所示。

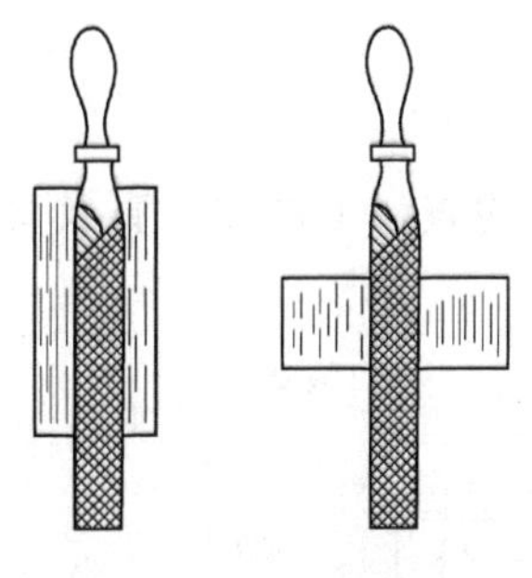

图 2.28　顺向锉

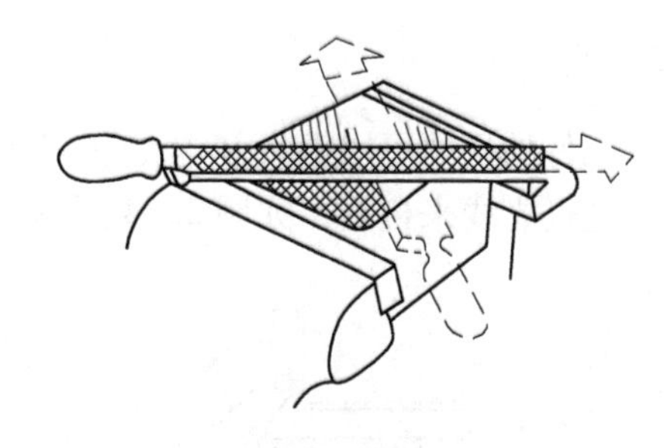

图 2.29　交叉锉

3. 曲面锉削

曲面锉削有锉削外圆弧面、锉削内圆弧面和锉削球面三种。

（1）锉削外圆弧面时，可以横向或纵向弧面锉削，但锉刀必须同时完成前进运动和绕工件圆弧中心摆动的复合运动，见图 2.31 所示。

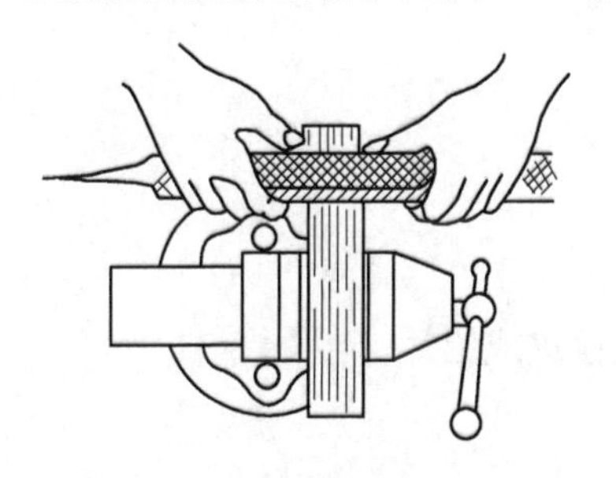

图 2.30　推锉

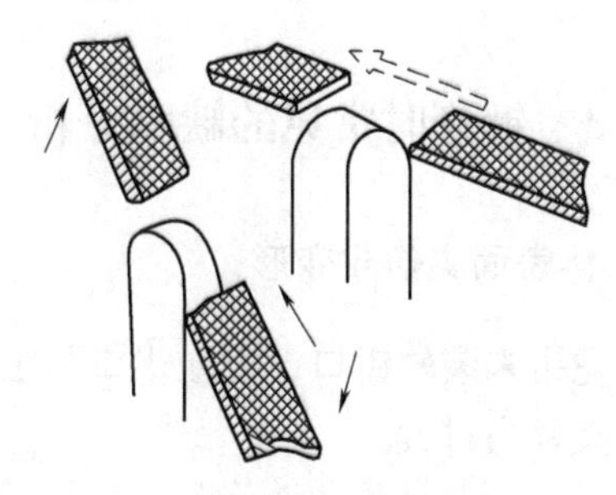

图 2.31　外圆弧面锉削

（2）锉削内圆弧面时，锉刀应同时完成前进运动、左右摆动和绕圆弧中心转动三个运动，是一种复合运动，见图 2.32 所示。

（3）锉削球面时，锉刀在完成外圆弧锉削复合运动的同时还必须环绕球中心做周向摆动，见图 2.33 所示。

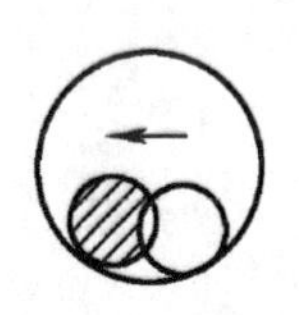

图 2.32　内圆弧面锉削

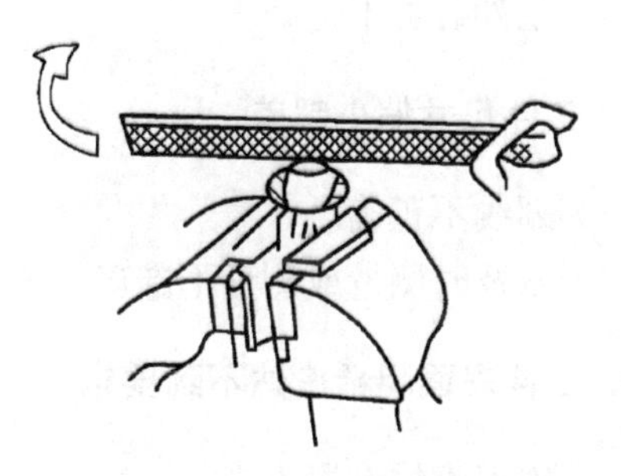

图 2.33　球面锉削

4. 锉配

锉配是用锉削加工使两个或两个以上的零件达到一定配合精度要求的方法。通常先锉好配合工件中外表面零件，然后以该零件为标准，配锉内表面零件，使之达到配合精度要求。

5. **检验**

锉削时，工件的尺寸可用钢尺和卡钳（或用卡尺）检查。工件的平直及直角可用直角尺根据是否能透过光线来检查，如图 2. 34 所示。

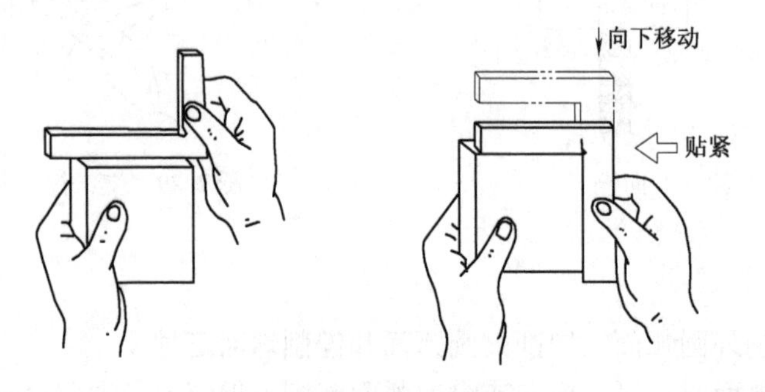

图 2. 34　检查平直度和垂直度

2. 5. 3　锉削时常见的缺陷分析

1. **工件表面夹伤或变形**

（1）虎钳未装软钳口，应在钳口与工件间垫上铜皮或铝片。

（2）夹紧力过大。

2. **工件平面度超差（中凸、塌边或塌角）**

（1）选用锉刀不当。

（2）锉削时双手推力及压力在运动中未能协调。

（3）未及时检查平面度及采取措施。

（4）工件装夹不正确。

3. **工件尺寸偏小超差**

（1）划线不正确。

（2）未及时测量或测量不准确。

4. **工件表面粗糙度达不到要求**

（1）锉刀齿纹选用不当。

（2）锉纹中间嵌有锉屑未及时清除。

（3）粗、精锉削加工余量选用不合适。

（4）直角边锉削时未能选用光边锉刀。

2. 5. 4　锉削工艺实例

锉削操作实例如图 2. 35 所示，方法如下：

（1）锉基准面A，保证平面度及表面粗糙度，不达到要求不能锉其他面。

（2）锉削平面B，保证各部分公差要求，同时用角尺以透光法来检查B面与A面的垂直度，保证公差。

（3）锉削平面C，保证尺寸公差及与A面的平行度，同时注意防止锉坏D面。

（4）锉削D面，保证尺寸及与B面的平行度，防止把C面锉坏。

（5）倒棱。

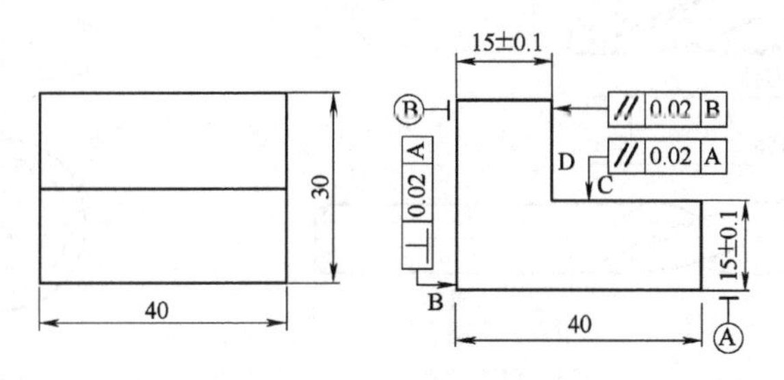

图2.35　锉削工艺实例

2.6　实训项目9　孔加工

实训目的与要求

（1）了解麻花钻的结构、几何角度和刃磨等基本知识。

（2）掌握钻孔的方法；掌握扩孔、铰孔的基本方法。

2.6.1　钻孔

用钻头在实体材料上加工孔的方法称为钻孔。它只能加工要求不高的孔或进行孔的粗加工。钳工钻孔多在钻床上进行，有时也用电钻钻孔。

麻花钻头

钻头是钻孔的主要工具。种类较多，有麻花钻、中心钻、扁钻和深孔钻等。麻花钻是钳工最常用的钻头之一。

麻花钻按柄部结构分为直柄和锥柄（莫氏锥度）两种，一般直柄钻头直径在0.3～16mm之间，锥柄钻头直径通常较大，在6～80mm之间。不同的莫氏锥柄号对应的钻头直径也不同。

麻花钻的结构如图2.36所示，柄部是夹持部分，钻孔时传递扭矩和轴向力，颈部是焊接接头的部位，供磨钻头时砂轮退刀之用。工作部分由切削和导向两部分组成。切削部分是指两条螺旋槽形成的主切削刃和横刃，起主要切削作用。两条主切削刃之间的夹角称为顶角，通常为116°～118°，如图2.37所示。两个顶面的交线称为横刃，钻削时的横刃上的轴向力很大，故大直径钻头常采用修磨缩短横刃的方法降低轴向力。

螺旋槽部分是钻头的导向部分，也是钻头的备磨部分。导向部分的两条凸出的刃带为第一副后面，刃带上的副切削刃在切削时起修光孔壁和导向作用。螺旋槽用来排屑。

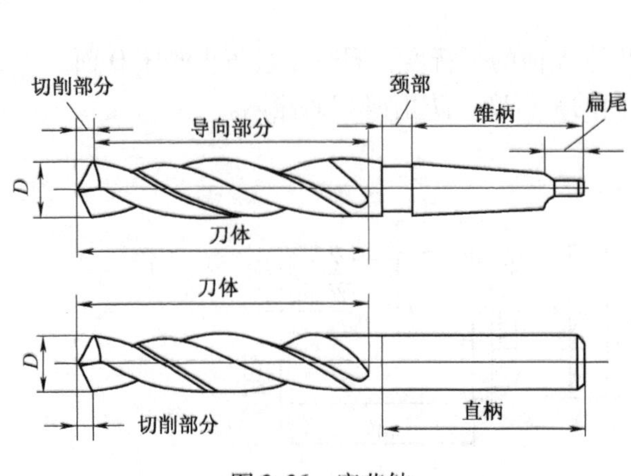

图 2. 36　麻花钻

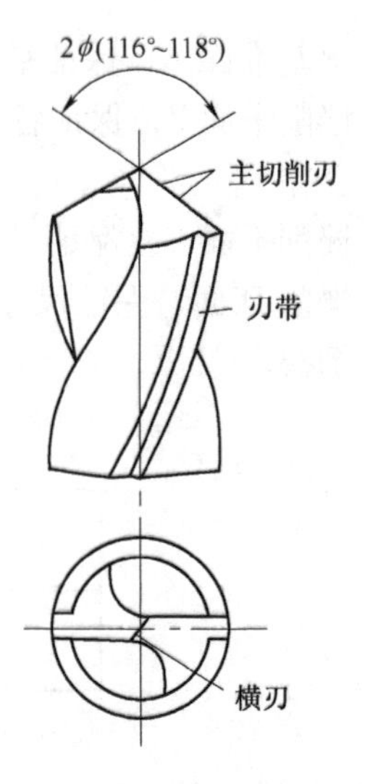

图 2. 37　钻头的切削部分

2. 6. 2　钻头的安装

直柄钻头通常用钻夹头安装，见图 2. 38 所示。锥柄钻头有的可以直接装入钻床主轴孔内，若不能直接装入，可用过渡套筒安装，通常套筒一般需数只。套筒上端的长方孔是卸钻头时打入锲铁用的，见图 2. 39 所示。

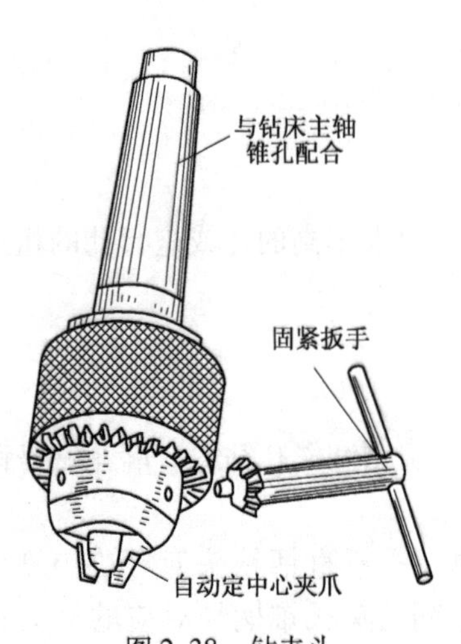

图 2. 38　钻夹头

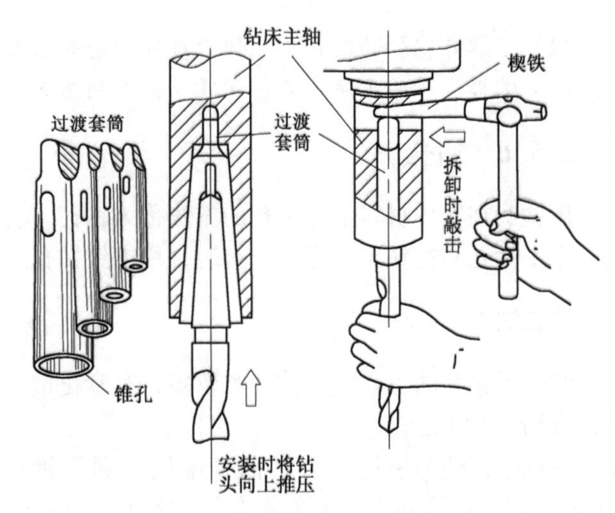

图 2. 39　锥柄钻头的安装与拆卸

2. 6. 3　钻孔的方法

1. 工件的装夹

如图 2. 40 所示，工件通常用虎钳装夹，有时把工件直接安装在工作台上，用压板螺栓装夹，对于一些外形特殊的工件，可用 V 形铁、90°角铁和 C 形卡头以及专用夹具等工装进行装夹。

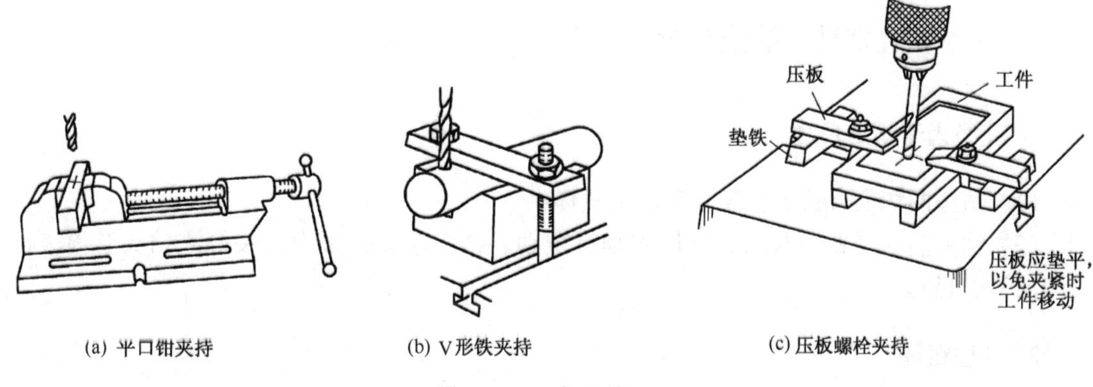

(a) 平口钳夹持　(b) V形铁夹持　(c) 压板螺栓夹持

图 2.40　工件夹持方法

2. 切削用量的确定

钻孔时，背吃刀量由钻头直径所决定，所以只需选择适当的切削速度和进给量。具体选择时应根据钻头直径和材料、工件材料、表面粗糙度的要求等几方面来决定。

选择切削用量的基本原则是：在允许范围内，尽量先选较大的进给量，当进给量受孔表面粗糙度和钻头刚度的限制时，再考虑较大的切削速度。一般来说，小钻头钻孔时，转速可相应提高，进给量减小；用大钻头钻孔时，则转速可降低，进给量适当加大。钻硬材料时，切削速度要低，进给量要小；钻软材料时，则二者可适当提高和增大。

切削用量的选择也可参阅有关切削用量表格来确定。

3. 切削液的选择

切削液在钻削过程中起到冷却和润滑钻头的作用。

在钻削碳钢、合金结构钢时，可使用 15%～20% 乳化液、硫化乳化液、硫化油或活性矿物油进行润滑冷却；钻削铸铁和黄铜时一般不用切削液，有时用煤油进行润滑冷却；钻青铜时使用 7%～10% 乳化液或硫化液进行润滑冷却。

4. 单件钻孔的方法

单件钻孔可根据工件某些特点来采用以下方法钻孔：

（1）划线钻孔的方法。先将工件上孔的位置用十字线划好，打好冲眼，便于找正引钻，钻削时先钻一浅坑，检查是否对中，如有偏斜校正后再钻削。

钻通孔时，在孔将被钻透时，进给量要减小，避免在钻透时出现“啃刀”现象。钻盲孔时，要注意掌握钻孔深度，调整深度标尺挡块，安置控制工量具，钻深孔（$D/L \geqslant 3$，D 为孔径，L 为孔深）时，要经常退出钻头以排屑和冷却。钻大孔（$D \geqslant 30$）时，应分两次钻。

（2）圆柱面上钻孔的方法。圆柱工件一般用 V 形架装夹钻孔。钻孔前，先用百分表找正，使钻床主轴中心与 V 形铁中心相重合，再安装工件，装上钻头钻孔。

在批量生产中广泛应用钻模夹具。应用钻模钻孔时，可免去划线工作，提高生产效率，钻孔精度可提高一级，表面粗糙度也有所减小。

2.6.4 钻孔常见的缺陷分析

1. 孔径大于规定尺寸

（1）钻头两切削刃长度不等，角度不对称。

（2）钻头摆动（钻头弯曲、钻床主轴有摆动、钻头在钻夹头中未装好或钻头套筒表面不清洁等引起）。

2. 孔壁粗糙

（1）钻头切削刃不锋利。

（2）进给量太大。

（3）后角太大。

（4）冷却润滑不充分。

3. 钻孔偏移

（1）划线或样冲眼中心不准。

（2）工件装夹不稳固。

（3）钻头横刃太长。

（4）钻孔开始阶段未找正。

4. 钻孔歪斜

（1）钻头与工件表面不垂直（工件表面不平整或工件底面有切屑等污物所造成）。

（2）进给量太大，使钻头弯曲。

（3）横刃太长，定心不良。

5. 钻头工作部分折断

（1）用钝钻头钻孔。

（2）进给量太大。

（3）切屑在钻头螺旋槽中塞住。

（4）孔刚钻穿时，进给量突然增大。

（5）工件松动。

（6）钻薄板时钻头未修磨。

（7）钻孔时已歪斜而继续工作。

6. 切削刃迅速磨损

（1）切削速度太高，而切削液又不充分。

（2）钻头刃磨不适合工件的材料。

2.6.5 知识拓展——扩孔和铰孔

1. 扩孔

用扩孔工具扩大工件孔径的加工方法称为扩孔。扩孔的精度可达到IT10～IT9级，表面粗糙度 R_a 可达3.2μm。因此，扩孔常作为孔的半精加工。

(1) 扩孔钻的种类和结构特点。扩孔钻的种类按刀体结构可分为整体式和镶片式两种；按装夹方式分为直柄、锥柄和套式三种。常用扩孔钻的结构如图2.41所示，有三至四个切削刃且没有横刃。

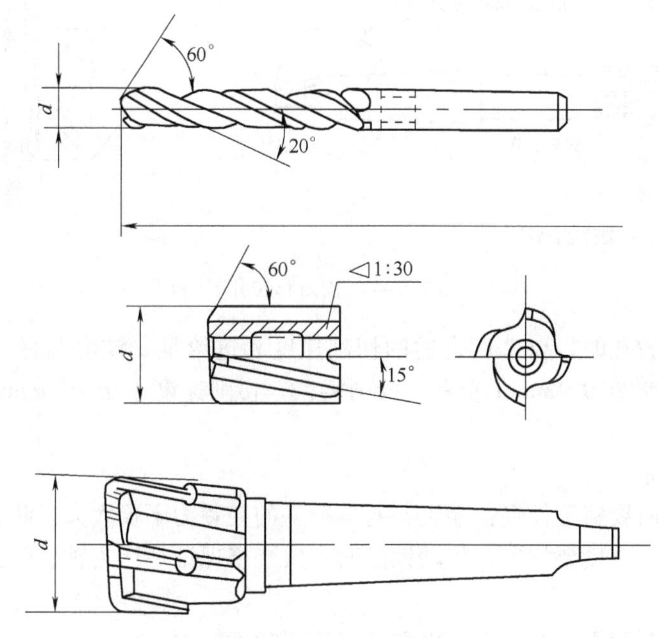

图2.41 常用扩孔钻的结构

(2) 扩孔的方法。扩孔钻的切削条件要比麻花钻好。由于它的切削刃较多，因此扩孔时切削比较平稳，导向作用好，不易产生偏移；但扩孔后，孔的扩张量比麻花钻孔要小。在扩直径小而长的孔时，扩孔钻仍有可能产生偏移，其原因是：各切削刃的主偏角不一致，原有的孔中心与扩孔钻头的中心不重合或原有孔的质量不好（如扩孔前的孔已歪斜），因此要提高扩孔的精度，须采取下列措施：

(1) 利用夹具上的钻套，引导扩孔钻扩孔。

(2) 钻孔后，不改变工件和钻床主轴的相对位置，直接换扩孔钻进行扩孔。

(3) 扩孔前用镗刀镗一段直径与扩孔钻外径相同的导引孔，使扩孔钻在该段导引孔的导引下进行扩孔。

2. 铰孔

用铰刀从工件壁上切除微量金属层，以提高其尺寸精度和降低表面粗糙度的方法称为铰孔。铰孔精度可达到IT9～IT7级，表面粗糙度 R_a 可达到1.6～0.2μm。

铰刀是多刃切削刀具，有6～12个切削刃，铰孔时导向性好。由于刀齿的齿槽很浅，铰刀的横截面大，因此刚性好。按刀体结构分，铰刀可分为整体式铰刀，焊接式铰刀，镶齿式铰刀和装配可调式铰刀等；按外形分，铰刀可分为圆柱铰刀和锥度铰刀；按使用手段来分，铰刀可分为机用铰刀和手用铰刀等，见图2.42所示。

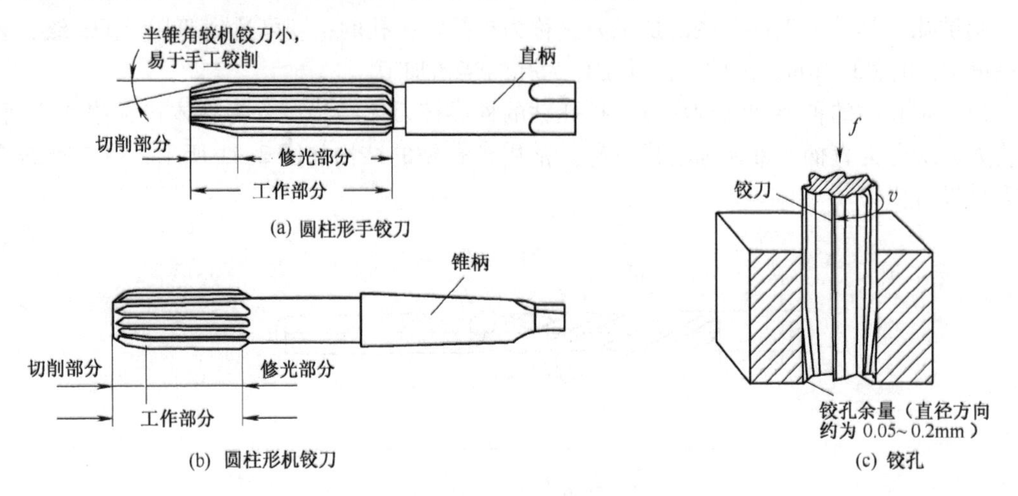

图2.42　铰刀和铰孔

采用机动铰刀铰孔时，要选用合适的切削速度和进给量。铰削钢材，切削速度宜小于8m/min，进给量控制在0.4mm/r左右；铰削铸铁，切削速度小于10m/min，进给量控制在0.8mm/r左右。

铰削操作要点是：

（1）手工铰削时要将工件夹持端正，对薄壁件的夹紧力不要太大，防止变形，两手旋转铰杠，用力要均衡，速度要均匀；机动铰削时，要严格保证钻床主轴、铰刀和工件三者中心的同轴度。

（2）机动铰削高精度孔时，应用浮动装夹方式装卡铰刀。

（3）铰削盲孔时，应经常退出铰刀，清除铰刀上和孔内切屑，防止因堵屑而刮伤内壁。铰削过程中和退出铰刀时，均不允许铰刀反转。

（4）铰削圆锥孔时，对于尺寸较小的圆锥孔，可先按小头直径钻出圆柱孔，然后用圆锥铰刀铰即可，对于尺寸和深度较大的孔，铰孔前首先钻出阶梯孔，然后再用铰刀铰削。铰削过程中，要经常用相配的锥销来检查尺寸。

2.7　实训项目10　攻螺纹和套螺纹

实训教学目的与要求

（1）了解攻螺纹与套螺纹所使用的工具

（2）掌握攻螺纹底孔直径和套螺纹圆杆直径的确定方法；掌握攻螺纹和套螺纹的方法。

用丝锥加工工件内螺纹称为攻螺纹（攻丝），用板牙加工工件的外螺纹称为套螺纹（套扣）。

2.7.1 基本工具

1. 丝锥

如图2.43所示，丝锥是专门用来攻丝的刀具。丝锥一般由三个组成，即头锥、二锥和三锥，内螺纹依次由三个丝锥逐步攻出。也有两个一套的丝锥。M6～M24的丝锥两支一组，称为头锥、二锥。小于M6和大于M24的三支一组，因为尺寸小，丝锥强度差，易折断，故将切削余量分配在三个丝锥上，以减小力矩。大丝锥的切削金属量多，故也分配在三个丝锥上逐渐将其切除。

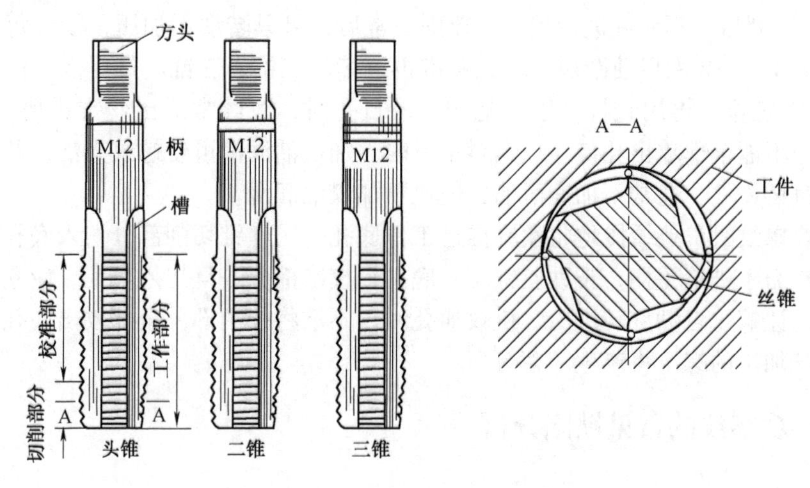

图2.43　丝锥及其组成部分

2. 铰杠

铰杠是用来夹持丝锥的工具，如图2.44所示。常用的是可调式铰杠，旋动图2.44中右边手柄，即可调节方孔的大小，以便夹持不同尺寸的丝锥。铰杠长度应根据丝锥尺寸大小进行选择，以便控制攻螺纹时的施力（扭矩），防止丝锥因施力不当而折断。

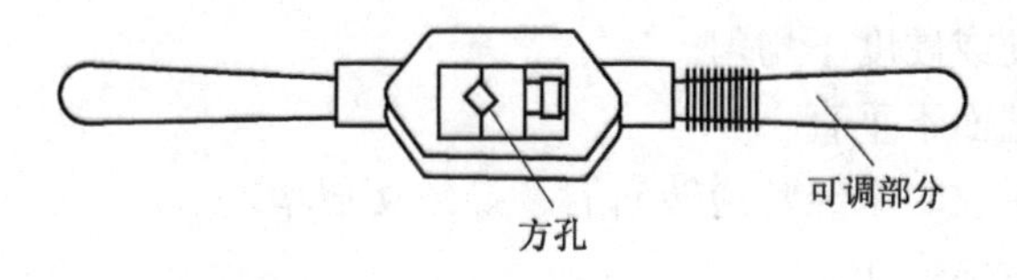

图2.44　铰杠

2.7.2 攻螺纹操作方法

1. 攻螺纹前底孔直径和深度的确定

底孔的直径应稍大于螺纹小径，工件的材质不同也会影响底孔直径的大小。详见下列公式：

对钢及韧性金属：$d_0 \approx d - P$

对铸铁及脆性金属：$d_0 \approx d-(1.05 \sim 1.1)P$

式中，d_0——底孔直径（mm）；

d——螺纹公称直径（mm）；

P——螺距（mm）。

攻盲孔螺纹时，丝锥不能攻到底。盲孔深度 = 所需螺纹深度 +0.7d。

2. 操作要点

（1）孔口倒角，以便丝锥切入。

（2）手攻螺纹时，要在丝锥切入工件两圈之前，校正丝锥与螺纹底孔的端面垂直度，当丝锥切入 3～4 圈后，不允许进行校正。攻削正常后，可只转动不加压，铰杠每转半圈到一圈，应反转 1/4～1/2 圈以便断屑。攻完头锥再继续攻二锥、三锥。每更换一锥，先要旋入1～2 圈，扶正定位，再用铰杠，以防乱扣。攻盲孔时，应经常退出丝锥排屑；攻通孔时，丝锥校准部分不能全部攻出孔口。攻钢料工件时，加机油润滑可使螺纹光洁，并能延长丝锥使用寿命；对铸铁件，通常不加润滑油，但也可加煤油润滑。

（3）机攻螺纹时，要缓慢地将丝锥推进工件底孔口，丝锥切削部分切入底孔时，应均匀地施加合适压力于进给手柄，帮助丝锥切入底孔，校准部分一旦切入底孔，应立即停止施力于进给手柄，让螺纹自动旋转进给。机攻通孔时，不准将校准部分全部攻出底孔口，否则倒车退出时，已加工的螺纹将产生“烂牙”。

2.7.3　攻螺纹的常见缺陷分析

1. 丝锥崩刃、折断或过快磨损

（1）螺纹底孔选择偏小或底孔深度不够。
（2）丝锥刃磨参数选择不合适。
（3）丝锥硬度过高。
（4）切削液选择不合适。
（5）切削速度过高。
（6）工件材料过硬或硬度不均匀。
（7）丝锥与底孔端面不垂直。
（8）排屑不畅或手攻时未经常逆转断屑，导致切屑堵塞。
（9）丝锥刃磨时过热烧伤。
（10）手攻时用力过猛，铰杠掌握不稳。

2. 螺纹表面粗糙，有波纹

（1）丝锥刃磨参数不合理或前、后刀面粗糙度高。
（2）工件材料太软。
（3）切削液选用不当。
（4）切削速度过高。
（5）手工攻螺纹退丝锥时铰杠晃动。

（6）切屑流向已加工面。
（7）手攻螺纹时未经常逆转断屑。

3. 螺纹中径超差

（1）螺纹底孔直径选用不正确。
（2）丝锥精度等级选用不当。
（3）丝锥切削刃刃磨参数不正确或刃磨出的切削刃不对称。
（4）攻螺纹时丝锥晃动。

4. 螺纹烂牙

（1）螺纹底孔直径小或孔口未倒角。
（2）丝锥磨钝或切削刃上有积屑瘤。
（3）未用合适的切削液。
（4）手攻螺纹切入或退出时铰杠晃动。
（5）手攻螺纹时铰杠未经常逆转断屑。
（6）机攻螺纹时校准部分攻出孔口，退丝锥时造成烂牙。
（7）用一锥攻歪螺纹，而用二、三锥攻削时强行矫正。
（8）攻盲孔时丝锥顶住孔底而强行攻削。

2.7.4 套螺纹基本技能

1. 板牙及板牙架

如图 2.45 所示。板牙是专门用来套螺纹的刀具，有固定式和开缝式两种。

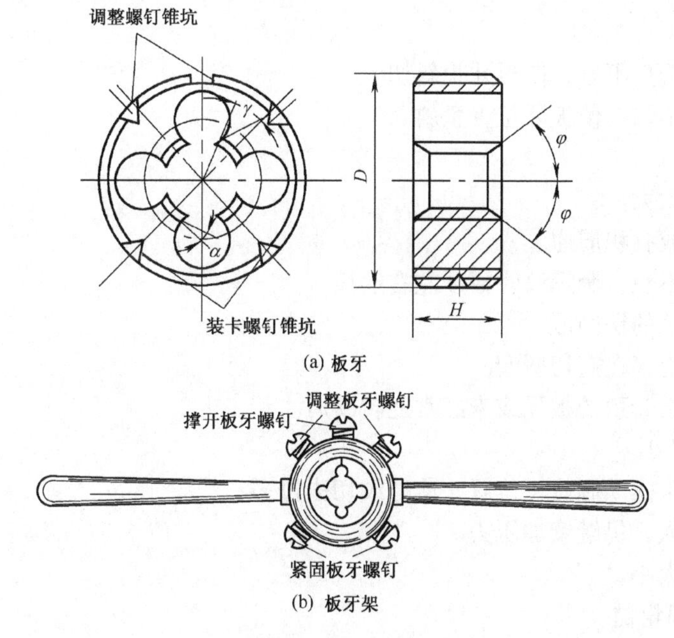

(a) 板牙
(b) 板牙架

图 2.45　板牙和板牙架

2. 套螺纹操作方法

（1）圆杆直径的确定。套螺纹时圆杆直径应略小于螺纹的大径，其尺寸可按下式计算确定：

$$D = d - 0.13P$$

式中，D——圆杆直径（mm）；

d——螺纹大径（mm）；

P——螺距（mm）；

（2）操作要点。如图 2.46 所示。套削时，工件装夹要端正、牢固，套削端伸出钳口部分不宜过长；工件端部应倒角 15°～20°，倒角处小端直径应小于螺纹小径，应在板牙切入螺柱两圈之前，校正板牙端面与圆柱轴线的垂直度，切入 3～4 圈后应停止对板牙施加压力。套螺纹过程中要不断逆转板牙断屑，并清除之。

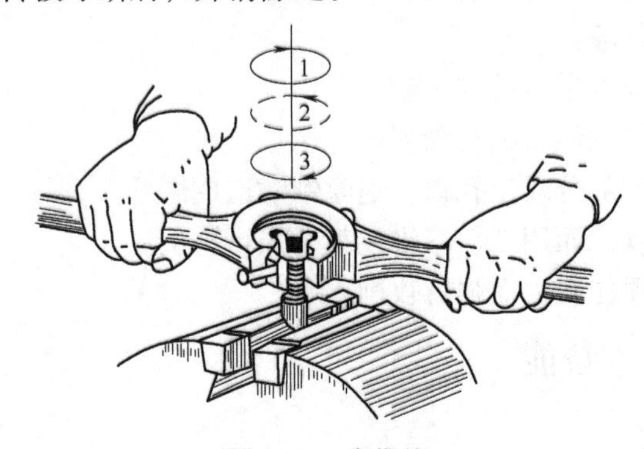

图 2.46　套螺纹

3. 套螺纹常见缺陷分析

（1）螺纹歪斜。

① 圆杆端部倒角不好，使板牙歪斜切入。

② 两手用力不匀，使板牙位置歪斜。

（2）烂牙。

① 圆杆直径太大。

② 板牙磨钝或有积屑瘤。

③ 铰杠掌握不稳，套螺纹时板牙左右摇摆。

④ 未采用合适的切削液。

⑤ 板牙刀刃上存在有切屑瘤。

⑥ 强行校正已套歪的板牙或未经常逆转断屑。

（3）螺纹中径小。

① 板牙架经常摆动和修正位置，使螺纹切去过多。

② 板牙已切入，仍继续加压力。

③ 圆杆直径太小。

（4）螺纹表面粗糙。

① 工件材质太软，铰杠转速过快。

② 板牙磨钝或刀齿有积屑瘤。

③ 切削液选用不合适。

④ 铰杠转动不平稳，左右晃动。

2.8　实训项目 11　刮削

实训教学目的与要求

(1) 了解刮削常用的工具。

(2) 掌握刮削的基本技能和操作方法。

用刮刀在工件已加工表面上刮去一层很薄金属的操作称为刮削。刮削后的表面具有良好的平面度，表面粗糙度 R_a 值可达 1.6μm 以下，是钳工中的精密加工。零件上的配合滑动表面，如机床导轨、滑动轴承等常需要刮削加工。但刮削劳动强度大，生产率低。

2.8.1　刮刀及其用法

1. 刮刀

刮刀一般用碳素工具钢 T10A ～ T12A 或轴承钢锻成，也有的刮刀头部焊上硬质合金用以刮削硬金属。

刮刀分为平面刮刀和曲面刮刀两类，如图 2.47 所示。

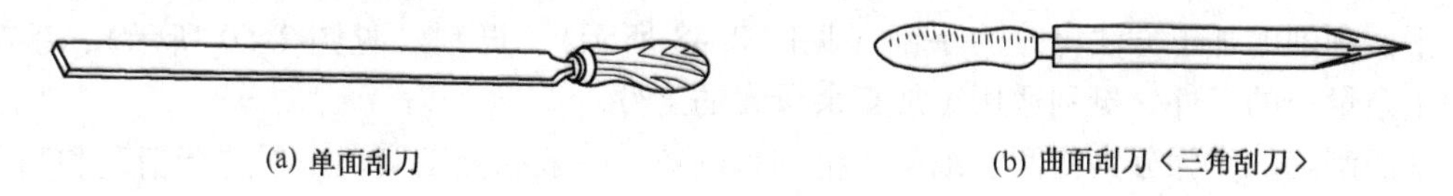

(a) 单面刮刀　　(b) 曲面刮刀〈三角刮刀〉

图 2.47　刮刀

2. 刮削操作

刮削操作如图 2.48 所示，右手握刀柄，推动刀柄；左手放在靠近端部的刀体上，引导刮刀刮削方向及加压。刮刀应与工件保持 25°～ 30°角，刮削时，用力要均匀，刮刀要拿稳，以免刮刀刃口两端的棱角将工件划伤。

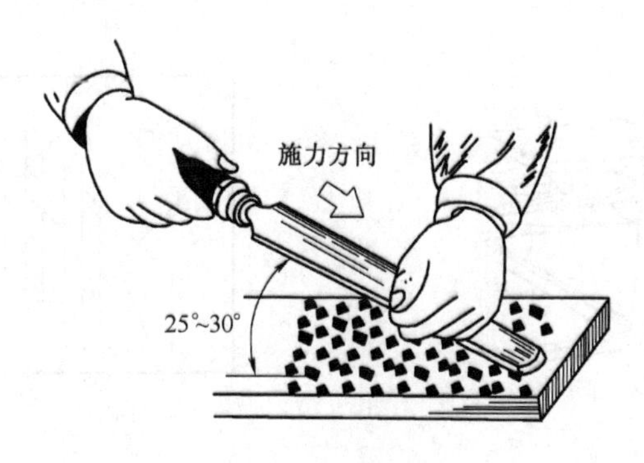

图 2.48　刮削操作

2.8.2 刮削质量的检验

刮削后的平面通常用检验平板或平尺通过研点法来检验。方法如下（见图 2.49 所示）：

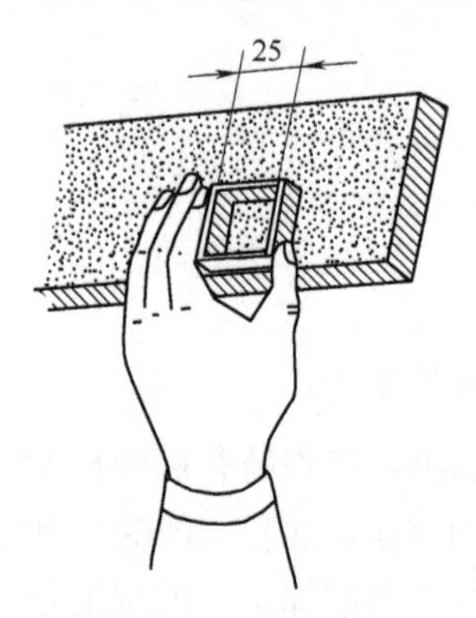

图 2.49 刮削面研点的检验

将工件刮削表面擦净，均匀涂上一层很薄的红丹油，然后与校准工具（如标准平板等）相配研。工件表面上的凸起点经配研后被磨去红丹油而显出亮点（即贴合点）。刮削表面的精度是以在 25mm×25mm 的面积内，贴合点的数量与分布疏稀程度来表示。普通机床导轨面为 8～10 点，精密机床导轨面为 12～15 点。

2.8.3 平面刮削

平面刮削的加工方法可分为手刮（见图 2.48 所示）、挺刮（见图 2.50 所示），手刮用于加工余量小的工件，挺刮适用于加工余量大的工件。

平面刮削的步骤分为粗刮、细刮、精刮和刮花。一般在金工实训中不进行精刮和刮花。

1. 粗刮

若工件的表面比较粗糙，应先进行粗刮。

粗刮时应使用长柄刮刀且施力较大，刮刀痕迹要连成片，不可重复。粗刮方向要与机加工刀痕约成 45°，各次刮削方向要交叉，见图 2.51 所示。当粗刮到工件表面上贴合点增至每 25×25mm 面积内有 4～5 个点时，可以转入细刮。

图 2.50 挺刮

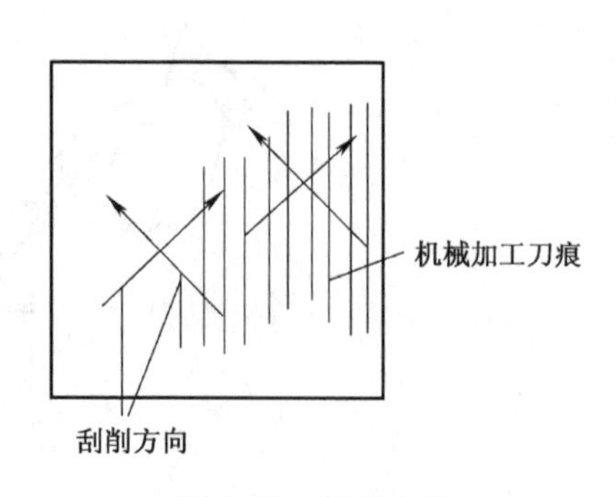

图 2.51 粗刮方向

2. 细刮

就是将粗刮的高点刮去，采用短刮刀，施加压力小。细刮时要朝着同一方向，刮完一遍，第二遍要成45°或60°方向交叉刮削，当平均研点每$25 \times 25mm^2$上为10～14点时结束。

2.8.4 曲面刮削

如图2.52所示。对于某些要求较高的滑动轴承的轴瓦、衬套等也要进行刮削，以得到良好的配合。刮削轴瓦用三角刮刀，内圆弧面刮削，刮刀做圆弧运动。

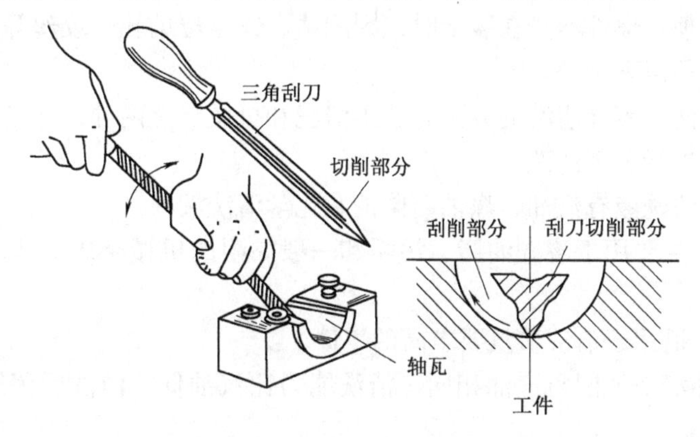

图2.52 用三角刮刀刮削轴瓦

研点的方法是在轴上涂色，然后用其轴瓦配研。

2.9 实训项目12 装配与拆卸

实训教学目的与要求

(1) 正确掌握装配与拆卸的顺序、步骤。

(2) 掌握装配工艺、常用连接装配。

将零件按技术要求组装起来，并经过调整、试验使之成为机器的生产过程称为装配。装配过程是机械制造过程中重要的也是最后的一个环节。机械产品的质量必须由装配最终来保证。机械产品结构和装配工艺性是保证装配质量的前提条件，装配工艺过程的管理与控制则是保证装配质量的必要条件。

2.9.1 装配工艺过程

装配工艺过程包括装配、调整、检测和实验等，其工作量在机械制造总工作量中所占的比重较大。产品的结构越复杂，精度与其他的技术条件越高，装配工艺过程也就越复杂，装配工作量也越大。产品的装配工艺过程由以下四部分组成。

1. 装配前的准备工作

装配前的准备工作包括：研究和熟悉装配图，了解产品的结构、零件的作用以及相互的连接关系；确定装配的方法、顺序，准备所需的工具；对零件进行清理和清洗；对某些零件进行修配、密封性试验或平衡工作等。

在装配过程中，将零件进行清理和清洗，对提高装配质量，延长使用寿命有直接的影响。特别是对轴承、精密配合件、液压元件、密封件以及一些特殊要求零件的清理和清洗工作更为重要。零件清洗后用压缩空气吹干。

（1）零件的清理。零件上残存的一切型砂、铁锈、切屑、油漆、研磨剂、灰砂等都必须在装配前清除干净。对诸如箱体、机体内部在清洗后还应涂以淡色油漆。对于孔、槽沟及容易存留杂物的地方应仔细清理。

（2）部件的清理。部件本身在装配时，因配钻、铰定位销孔、攻丝等加工所产生的切屑在进入总装之前必须清理干净。

（3）零件的清洗。零件清洗的方法有手工清洗和机械清洗两种，在工具制造中一般可将零件放在洗涤槽内进行手工清洗。

清洗时使用的清洗液有汽油、煤油、柴油和化学清洗液。

① 工业汽油。主要用于清洗油脂、污垢和一般黏附的机械杂质，适用于清洗较精密的零件。

② 航空汽油。适用于清洗质量要求高的零件。

③ 煤油和柴油清洗范围与汽油相同，清洗能力比汽油低，清洗后挥发较慢，但比汽油安全。

④ 化学清洗液。常用的化学清洗液有105清洗剂和6501清洗剂，对油脂、水溶性污垢等具有特殊的清洗能力，常用于清洗钢件上以机油为主的油垢和杂质。化学清洗液稳定耐用，无毒，不易燃烧，使用安全和成本低廉。

（4）清洗时注意事项。

① 对于橡胶制品宜用酒精或清洗剂清洗，不能用汽油清洗，以防发涨变形。

② 清洗精密零件应根据其不同精度等级选用棉纱、白布或泡沫塑料擦拭。滚动轴承不能用棉纱清洗，以防纱线铰进轴承内而影响轴承装配质量。

③ 清洗后的零件，应待零件上的油滴干后再进行装配，以防油垢影响装配质量。

④ 若零件清洗后，发现有碰伤、划伤、毛刺、螺纹损坏等疵病，应用油石、刮刀、砂布、细锉刀等工具精整，但不应影响零件精度。精整后，应再进行清洗。

⑤ 用汽油清洗时，特别注意火源或电源开关产生的火星引起失火，酿成事故。

2. 装配工作

通常分为部装和总装。部装是把各个零件装配成一个完整的机构或不完整的机构的过程。总装是把零件和部件装配成最终产品的过程。

3. 调整、精度检验和试车

调整是指调节零件或机构的相对位置、配合间隙和结构松紧等，如轴承间隙、齿轮啮合的相对位置、摩擦离合器松紧的调整。精度检验包括工作精度检验和几何精度检验（有的机器不需要做这项工作）。试车是机器装配后，按设计要求进行的运转试验，包括运转灵活性、工作时温升、密封性、转速、功率、振动和噪声等。

4. 喷漆、涂油和装箱

2.9.2 装配方法

机械制造中为保证产品装配精度常采用以下四种装配方法之一完成装配工作。

1. 互换装配法

在装配时各配合零件不经修配、选择或调整即可达到装配精度的方法，称为互换装配法。互换装配法的特点是：装配简单，生产率高；便于组织流水作业；维修时更换零件方便。但这种方法对零件的加工精度要求较高，制造费用将随之增大。因此仅在配合精度不太高或产品批量较大时采用。

2. 分组装配法

在成批或大量生产中，将产品各配合副的零件按实测尺寸分组，然后按相应的组分别进行装配。在相应组进行装配时，无需再选择的装配方法，称为分组装配法。分组装配法的特点是：经分组后再装配，提高了装配精度；零件的制造公差可适当放大，降低了成本；要增加零件的测量分组工作，并需加强管理。适用于成批或大量生产。

3. 调整装配法

装配时，调整一个或几个零件的位置，以消除零件间的积累误差，达到装配的配合要求，这种方法称为调整装配法。如用不同尺寸的可换垫片、衬套、可调节螺母和螺钉、镶条等调整配合间隙。如图 2.53 所示就是用垫片或衬套调整轴向间隙。这种装配方法常用于夹具和模具的制造中。

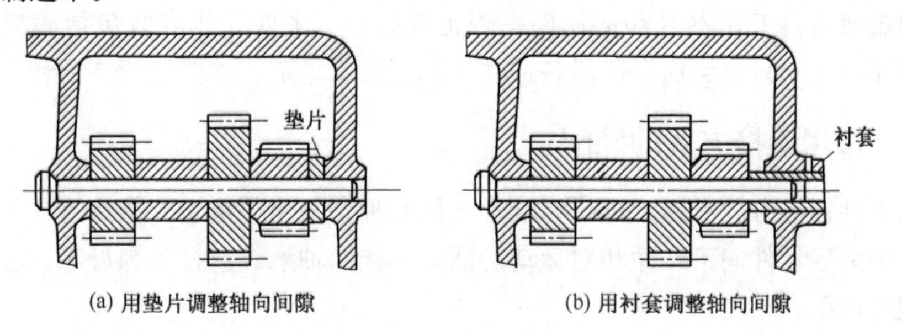

(a) 用垫片调整轴向间隙　　(b) 用衬套调整轴向间隙

图 2.53　调整法装配

调整装配法的特点是：零件不需任何修配即能达到很高的装配精度；可进行定期调整，故容易恢复精度，这对容易磨损或因温度变化而需改变尺寸位置的结构是很有利的；调整件容易降低配合副的连接刚度和位置精度，在装配时必须十分注意。

4. 修配法

在装配过程中，修去某配合件上的预留量，以消除其积累误差，使配合零件达到规定的装配精度，这种装配方法称为修配法。图 2.54 所示为车床两顶尖中心线不等高，装配时，可以修刮尾座底板来达到精度要求。尾座底板刮取的厚度 $A_\Delta = A_3 + A_2 - A_1$。这种装配方法也是夹具和模具制造中经常使用的装配方法。

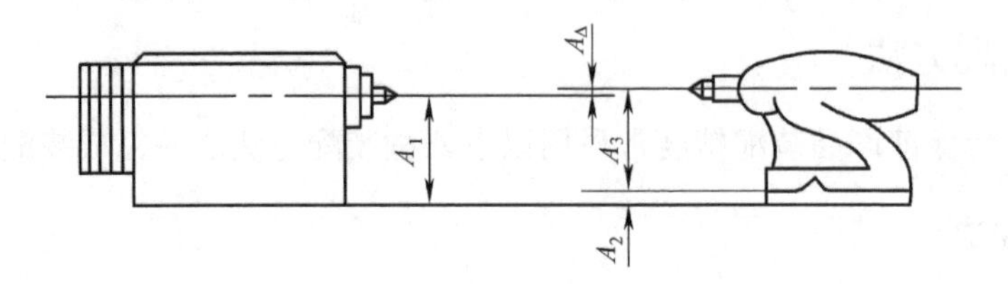

图 2.54　修刮尾座底板

修配法的特点是：零件的加工精度降低；不需要高精度的加工设备，节省了机械加工时间；装配工作复杂，装配时间增加，适用于单件和小批量生产的产品。

5. 装配工作的注意事项

要保证装配产品的质量，必须按照规定的装配技术要求去操作。不同产品的装配技术要求虽不尽相同，但在装配过程中有许多工作要点是必须共同遵守的。这些要点是：

（1）做好零件的清理和清洗工作。

（2）相配表面在配合或连接前，一般都需要加润滑剂。

（3）相配零件的配合尺寸要准确，装配时对于某些较重要的配合尺寸应进行复验或抽验。

（4）做到边装配边检查。当装配复杂产品时，每装完一部分就应检查是否符合要求。在对螺纹连接进行紧固的过程中，还应注意对其他有关零部件的影响。

（5）试车时的事前检查和对启动过程的监视是很必要的，例如，检查装配工作的完整性、各连接部分的准确性和可靠性、活动件运动的灵活性、润滑系统的正常性等。机器启动后，应立即观察主要工作参数和运动件是否正常运行。主要工作参数包括润滑油压力、温度、振动和噪声等。只有当启动阶段各运动指标正常、稳定，才能进行试运转。

2.9.3　常用连接方式的装配

常用的零件连接方式有固定连接和活动连接两种。固定连接主要指螺纹连接、键连接和销连接等，装配后零件间不产生相对运动。活动连接如轴承、丝杠、螺母等，装配后零件间可以产生相对运动。

1. 螺纹连接的装配

装配前要仔细清理工件表面、锐边倒角并检查是否与图样相符。旋紧的次序要合理。方盘和圆盘的连接顺序如图 2.55 所示，并要分次旋紧。一般用手旋紧后，再使用扳手按图示顺序分 2～3 次旋紧。拧紧力矩必须适当，在没有规定拧紧力矩和无专用工具的条件下，全凭经验而定。过大的拧紧力矩常常造成螺杆断裂、螺纹滑牙和机件变形；而过小的拧紧力矩会因连接紧固性不足，造成设备及人身事故。由于拧紧力矩的大小是由多方面因素所决定的，对不同材料和螺纹直径在一般情况下采用呆扳手来拧紧螺母是比较合理的。呆扳手的柄长与开口尺寸保持适宜的比例，拧紧力矩不会产生过于悬殊的出入。工作中有振动过冲击时，为了防止螺栓和螺母回松，螺纹连接必须采用防松装置。

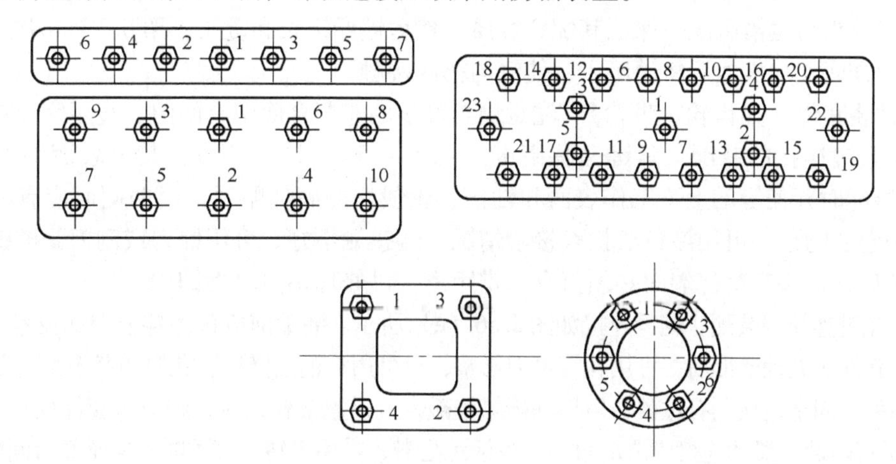

图 2.55　拧紧成组螺栓或螺母的顺序

2. 键连接的类型及其装配

键是用于连接传动件，并能传递转矩的一种标准件。按结构特点和用途不同，分为松键连接、紧键连接和花键连接三种，如图 2.56 所示。

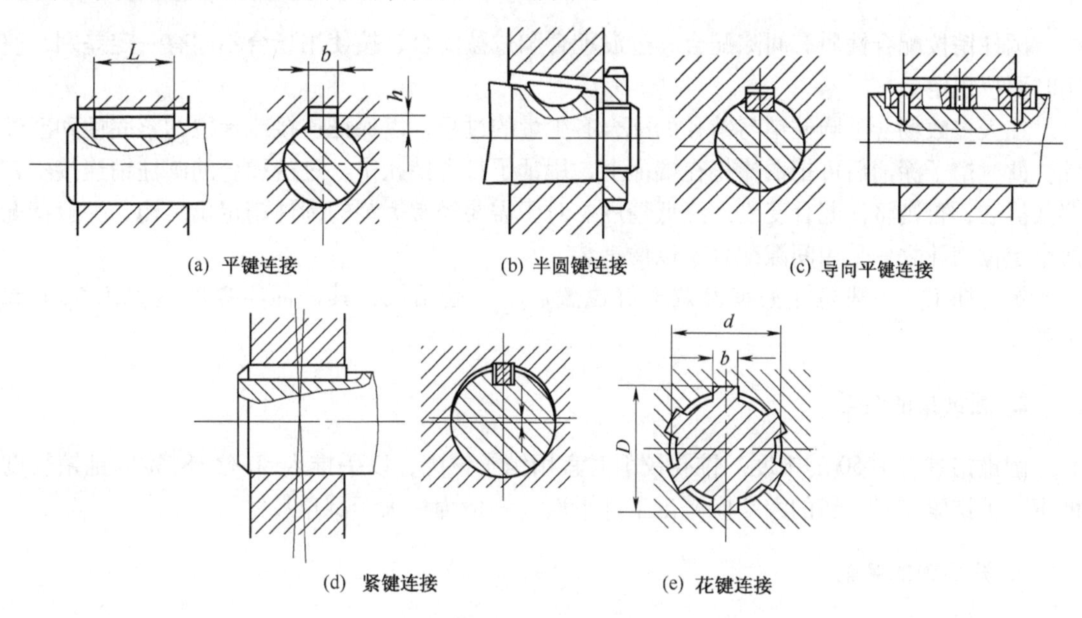

(a) 平键连接　(b) 半圆键连接　(c) 导向平键连接

(d) 紧键连接　(e) 花键连接

图 2.56　键连接

（1）松键连接的装配。松键连接应用最广泛。它又分为普通平键（见图 2.56（a）所示）、半圆键（见图 2.56（b）所示）、导向平键（见图 2.56（c）所示）三种。其特点是只承受转矩而不能承受轴向力。

松键装配要点如下：

① 清除键和键槽毛刺，以防影响配合的可靠性。

② 对重要的键，应检查键侧直线度、键槽对轴线的对称度。

③ 用键头与键槽试配，保证其配合性质，然后锉配键长和键头，留0.1mm左右间隙。

④ 配合面上加机油后将键压入，使键与槽底接触。

⑤ 试装套件（如齿轮、带轮）。注意键与键槽的非配合面留有间隙，直至完成装配。

（2）紧键连接的装配。紧键又称锲键（见图2.56（d）所示），其上表面斜度一般为1∶100。装配时要使键的上下工作表面和轴槽、轮毂槽的底部贴紧，而两侧面应有间隙。键的斜度一定要吻合，可用涂色法检查接触情况。若接触不好，可用锉刀或刮刀修整键槽。钩头键安装后，钩头和套件端面必须留有一定距离，供修理调整时拆卸用。

（3）花键连接的装配。花键连接如图2.56（e）所示。装配前应按图样公差和技术条件检查相配件。套件热处理变形后，可用花键推刀修整，也可用涂色法修整。花键连接分固定连接和滑动连接两种，固定连接稍有过盈，可用锤棒轻轻敲入，过盈量较大时，则应将套件加热至80℃～120℃后进行热装；滑动连接应滑动自如，灵活无阻滞，在用于转动套件时不应感觉有间隙。

2.9.4 销连接的类型及其装配

销连接在机构中除起到连接作用外，还可起定位作用。按销子的结构形式，分为圆柱销、圆锥销、开口销等几种。其装配特点如下。

1. 圆柱销的装配

圆柱销按配合性质有间隙配合、过渡配合和过盈配合，按使用场合不同有一定差别，使用时要按规定。

在大多数场合下圆柱销与销孔的配合有少量的过盈，以保证连接或定位的紧固性和准确性。此时销子涂油后可把铜棒垫在端面上，用锤子打入销孔中。过盈配合的圆柱销连接不宜多次拆装，否则将使配合变松而降低精度。对于需要经常拆装的圆柱销定位结构，一般情况两个定位销孔之一采用间隙配合，以便拆装。

销孔加工，一般是相关零件调整好位置后，一起钻铰，其表面粗糙度达 $Ra1.6\mu m$ 或更低。

2. 圆锥销的装配

圆锥销具有1∶50的锥度。锥孔铰削时宜用销子试配，以手推入80%～85%的锥销长度即可。锥销紧实后，销的大端应露出工件平面（一般为稍大于倒角尺寸）。

3. 开口销的装配

开口销打入孔中后，将小端开口扳开，防止振动时脱出。

2.9.5 过盈连接及其装配

过盈连接是依靠包容件（孔）和被包容件（轴）配合后的过盈值达到紧固连接的，过盈连接的结构简单，对中性好，承载能力强，还可以避免零件由于有键槽等原因而削弱强度。但需要采用加热或专用设备工具等。过盈连接常见形式有两种，即圆柱面过盈连接和圆锥面过盈连接，最广泛应用的是圆柱面过盈连接。

1. 圆柱面过盈连接

圆柱面过盈连接的应用十分广泛，例如，叶轮与主轴、轴套与轴承座的连接等。

为了便于装配和配合过程中容易对中及防止表面拉毛现象出现，包容件的孔端和被包容件的进入端应倒角，通常取倒角 $\alpha = 5° \sim 10°$，$A = 1 \sim 3.5\text{mm}$，A 为孔的倒角深度，如图 2.57 所示。

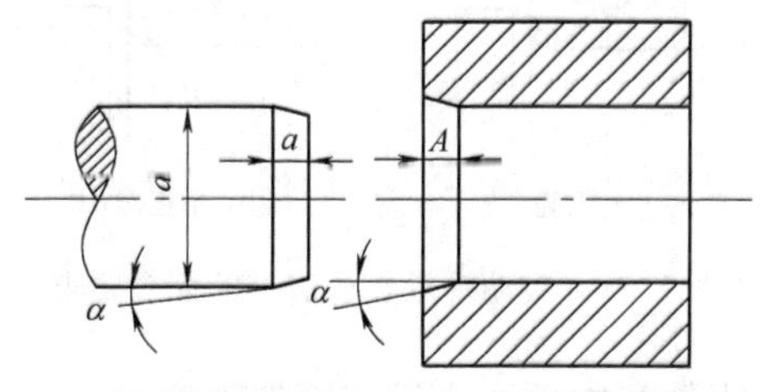

图 2.57　圆柱面过盈连接的倒角

2. 圆锥面过盈连接

圆锥面过盈连接是利用包容件和被包容件相对轴向位移后相互压紧而获得过盈的配合。

3. 过盈连接的装配

过盈连接的装配方法很多，依据结构形式、过盈大小、材料、批量等因素有锤击法、螺旋压力机装配法、气动杠杆压力装配法、油压机装配法，还有热胀配合法和冷缩法。下面介绍两种装配方法。

（1）锤击法。如果连接工件接触面积大，端部强度较差而又不宜在压力机上装配时，可用锤击加螺栓紧固的方法装配。先将装配件轻轻装上并用木锤沿圆周敲击，然后拧上螺栓并拧紧。注意检查圆周各点位移是否相等，再用锤击，然后紧固螺栓，再锤击，再紧固螺栓，交替施力使装配件到位，此方法只适用于单件生产或修配。

（2）热胀法。又称红套，是对包容件加热后使其内孔胀大，套入被包容件，待冷却收缩后，使两配合面获得要求的过盈量的装配方法。加热的方法应根据包容件尺寸大小而定。一般中小型零件可用电炉加热，有时也可浸在油中加热；对于大型零件则可利用感应加热或乙炔火焰加热等办法。

2.9.6　整体式滑动轴承的装配

整体式滑动轴承的装配是滑动轴承中最简单的一种形式。大多数采用压入和锤击的方法来装配，特殊场合采用热装法和冷缩法。因多数轴套是用铜或铸铁制成的，所以装配时应细心，可用木锤或锤子垫木块击打的方法装配。应根据轴套与座孔配合过盈量的大小确定适宜的压入方法。当尺寸和过盈量较小时，可用锤子敲入；在尺寸或过盈量较大时，则宜用压力机压入。无论敲入或压入，都必须防止倾斜。装配后，油槽和油孔应处在所要求的位置上。

1. 装配技术要求

（1）滚动轴承上标有代号的端面应装在可见的方向，以便更换时查对。

（2）轴颈或壳体孔台阶处的圆弧半径应小于轴承上相对应处的圆弧半径，如图 2.58 所示。

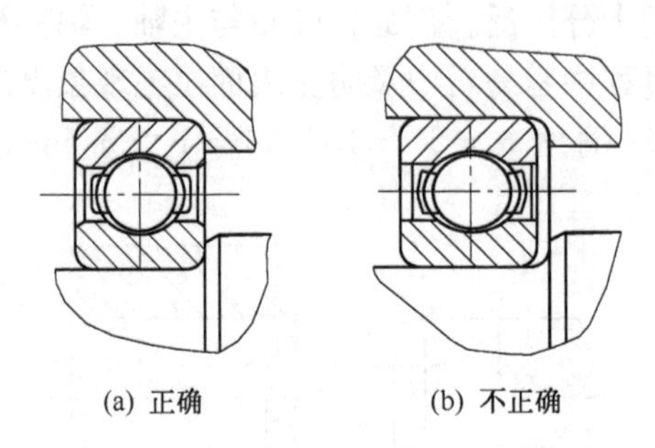

图 2.58　滚动轴承在台肩处的配合要求

（3）轴承装配在轴上和壳体孔中后，应没有歪斜现象。

（4）在同轴的两个轴承中，必须有一个可以随轴热膨胀时产生轴向移动。

（5）装配滚动轴承必须严格防止污物进入轴承内。比如，不要使用压缩空气吹轴承，尤其对于高速运行的轴承，空气中的微粒往往会拉伤轴承的滚道。

（6）装配后的轴承，必须运转灵活，噪声小，工作温度一般不宜超过 65℃。

2. 装配方法

装配滚动轴承时，最基本的原则是要使施加的轴向压力直接作用在所装轴承的套圈的端面上，而尽量不影响滚动体。

轴承的装配方法很多，有锤击法、螺旋压力机或液压机装配法、热装法等，最常用的是锤击法。

（1）锤击法。所谓锤击法，并不是用锤子直接敲击轴承，图 2.59 所示的两种情况就是错误的。正确的锤击法是用锤子垫上套筒或紫铜棒以及扁键等稍软一些的材料后再锤击。锤击点视轴承装入轴或箱体孔面的不同，分别为内环和外环。使用紫铜棒时，要注意不要使铜屑落入轴承滚道内，见图 2.60 所示。

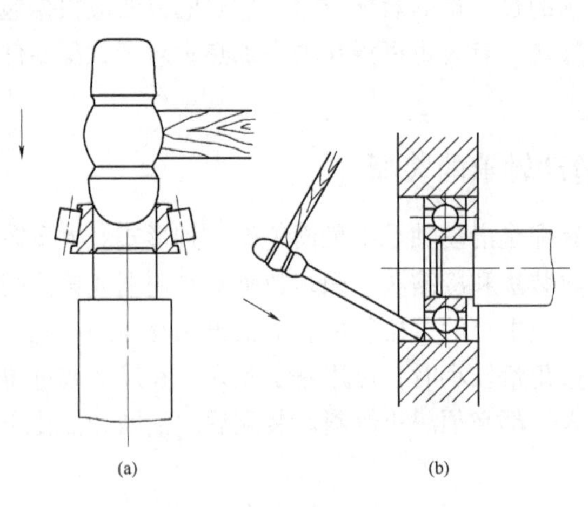

图 2.59　错误的轴承装配方法

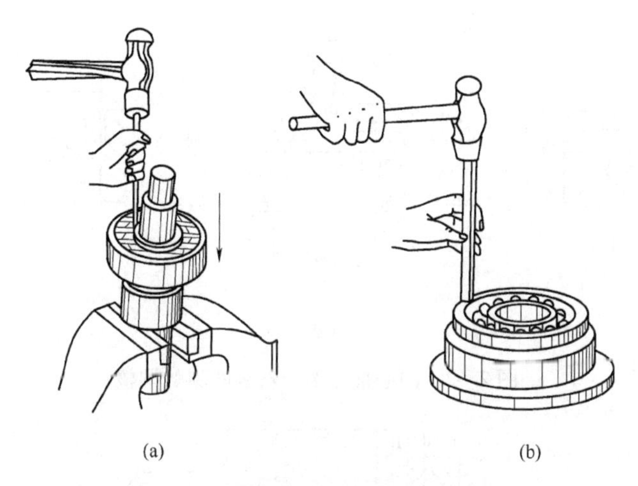

图 2.60　正确的轴承装配方法（锤击法）

（2）螺旋压力机或液压机装配法。见图 2.61 所示，对于过盈或较大的轴承，可以用螺旋压力机或液压机进行装配。压装前要将轴和轴承放平、放正并在轴上涂少许润滑油。压入速度不要过快，轴承到位后应迅速撤去压力，防止损坏轴，尤其是对细长类的轴。

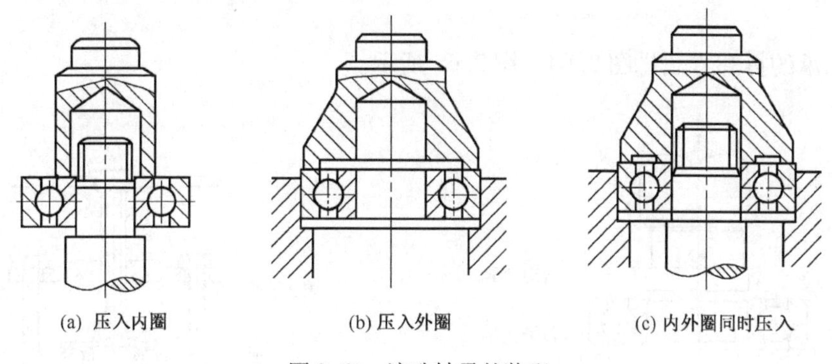

图 2.61　滚珠轴承的装配

（3）热装法。当配合的过盈较大、装配批量大或受装配条件的限制不能用以上方法装配时，可以使用热装法。热装法是将轴承放在油中加热至 80℃～100℃，使轴承内孔胀大后套装到轴上。它可以保证装配时轴承和轴免受损伤。对于内部充满润滑脂以及带有防尘盖和密封圈的轴承，不能使用热装法装配。

3. 轴承间隙

装配圆锥滚子轴承时，轴承间隙是在装配后调整的。调整的方法有如下几种：按图 2.62（a）所示用垫片调整；按图 2.62（b）所示用螺钉调整；按图 2.62（c）所示用螺母调整。

装配推力球轴承时，应首先区分出紧环和松环。紧环的内孔直径比松环的略小，装配后的紧环与轴在工作时是保持相对静止的，所以它总是靠在轴的台阶孔端面处，否则轴承将失去滚动作用而加速磨损。图 2.63 所示为松环与紧环正确的安装位置，其轴承间隙可用圆螺母调整。

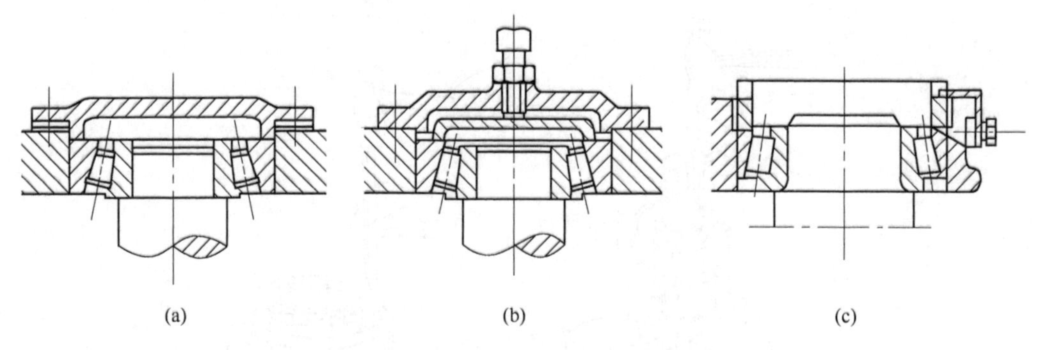

图 2.62　向心推力滚子轴承间隙的调整

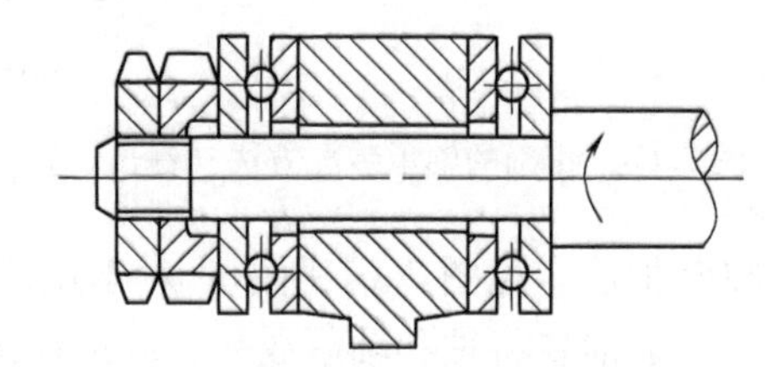

图 2.63　推力球轴承松环和紧环的装配位置

滚动轴承的拆卸方法见图 2.64、图 2.65 所示。

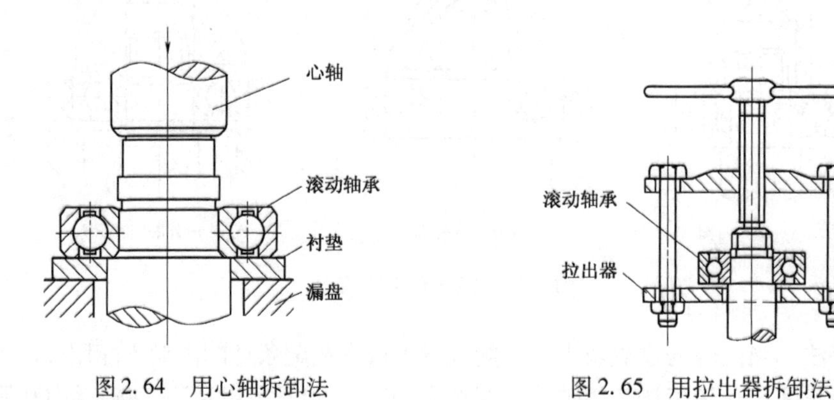

图 2.64　用心轴拆卸法　　　　图 2.65　用拉出器拆卸法

2.9.7　拆卸工作基本原则

1. 拆卸前必须了解机械结构

查阅资料、图纸，弄清机械的原理及特点，了解零部件的工作性能和操作方法。

2. 可不拆的尽量不拆

分析故障原因，从实际需要决定拆卸部位，避免不必要的拆卸。拆卸经过平衡的零部件时应注意不破坏原来的平衡。

3. 合理的拆卸方法

选择合适的拆卸工具和设备；一般按装配的相反顺序进行，从外到内，从上部到下部，先拆御部件或组件，然后拆卸零件；起吊应防止零部件变形或发生人身事故。

4. 为装配创造条件

对于成套加工或选配的零件及不可互换的零件，拆御前应按原来部位或顺序做好标记；对拆卸的零部件应按顺序分类，做上记号，合理存放。对精密细长轴、丝杠等零件拆下后应立即清洗，涂油，悬挂好。

5. 拆卸

拆卸时，必须仔细辨清螺纹零件的旋松方向（左、右螺旋）。

习　题　2

2.1　选择划线基准应注意哪些问题？

2.2　如何选择锯条？起锯和锯削时有哪些操作要领？

2.3　常用的锉刀有哪些？如何选择？

2.4　麻花钻由哪几部分组成？各有什么用途？

2.5　钻孔常见的缺陷有哪些？如何避免？

2.6　攻螺纹时如何确定底孔直径？

2.7　套螺纹时如何确定圆杆直径？

2.8　装配之前有哪些准备工作？

2.9　保证产品装配精度的装配法有哪几种？

2.10　说明钻削加工的主运动和进给运动，画出在钻床上钻盲孔的示意图，并在图上标出主运动和进给运动。

2.11　在钻床上钻孔，钻头容易产生偏斜，在生产中如何解决这个技术问题？

2.12　请加工如图 2.66 所示的工件。

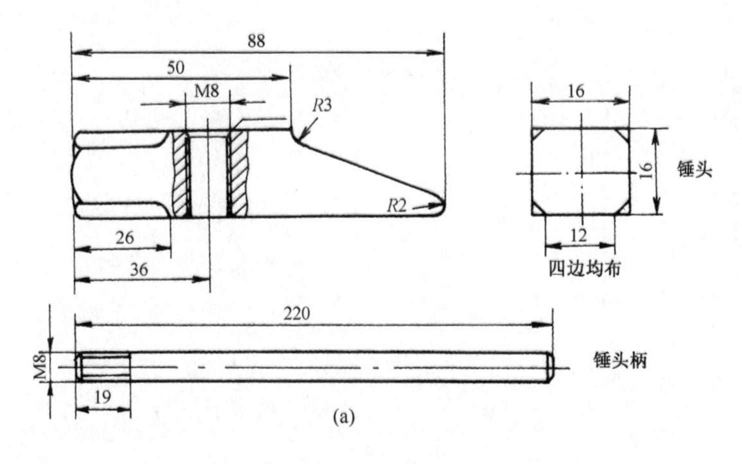

图 2.66

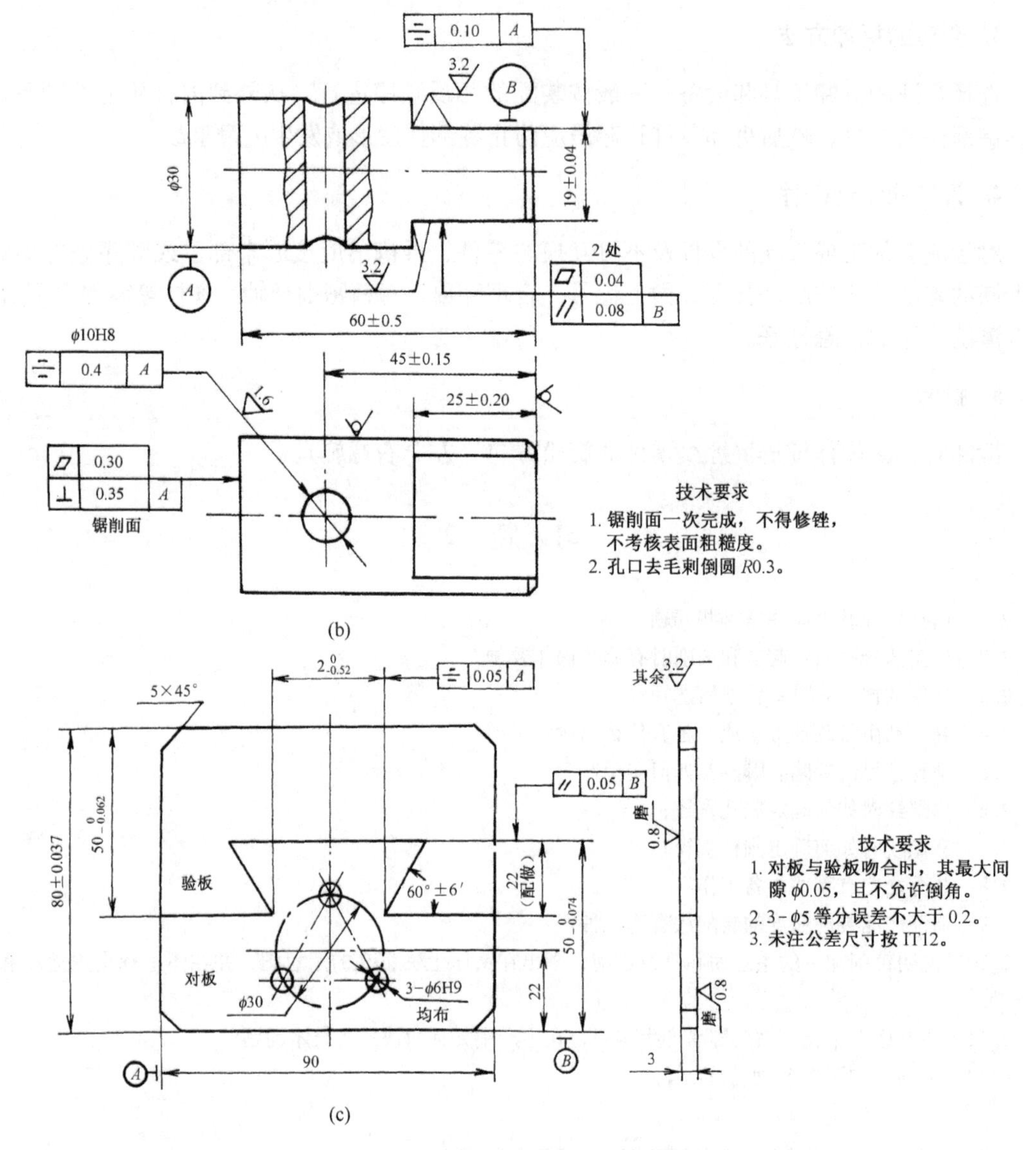
0.10
A
3.2
B
φ30
19±0.04
A
3.2
2 处
0.04
0.08
B
60±0.5
φ10H8
0.4
A
45±0.15
1.6
25±0.20
0.30
0.35
A
锯削面
技术要求
1. 锯削面一次完成，不得修锉，不考核表面粗糙度。
2. 孔口去毛刺倒圆 R0.3。
(b)
5×45°
0.05
A
其余 3.2
0.05
B
80±0.037
验板
60°±6′
22（配做）
对板
φ30
3-φ6H9
均布
22
A
90
B
3
技术要求
1. 对板与验板吻合时，其最大间隙 φ0.05，且不允许倒角。
2. 3-φ5 等分误差不大于 0.2。
3. 未注公差尺寸按 IT12。
(c)

图 2.66（续）

模块3　车 工 实 训

3.1　实训项目13　卧式车床及操作

实训教学目的与要求

（1）了解车削加工的工艺范围和作用。

（2）了解车床的结构。

（3）掌握车床的操作要领和熟悉车工文明生产和安全操作规程。

3.1.1　车削加工

车削加工是机械加工中应用最为广泛的方法之一，无论是在成批大量生产，还是在单件小批量生产以及在机械的维护修理方面，车削加工都占有重要的地位。车削加工主要用于回转体零件的加工，如图3.1所示，其中包括：内外圆柱面、内外圆锥面、内外螺纹、成形面、端面、沟槽以及滚花等。车削加工时工件的旋转运动为主运动，车刀相对工件的移动为进给运动。

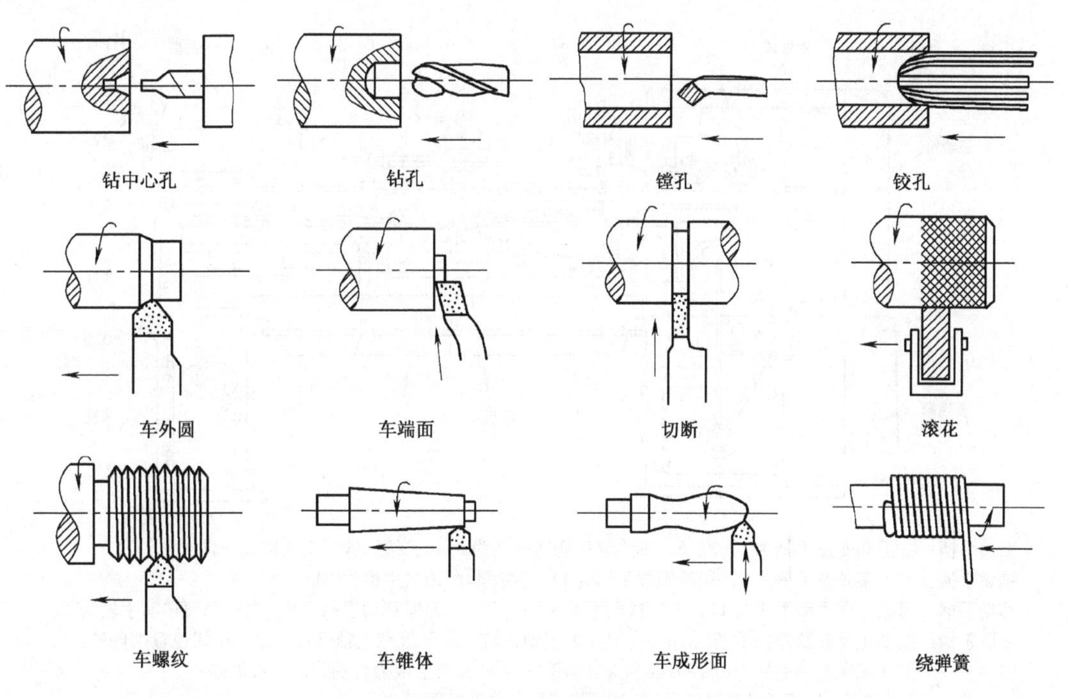

图3.1　车床的用途

车削加工的工件尺寸公差等级一般为IT7～IT9级，表面粗糙度为R_a=1.6～3.2μm

车床的种类很多，主要有普通车床、六角车床、立式车床、多刀车床、自动及半自动车床、仪表车床、数控车床等。

3.1.2　机床型号的编制方法

机床的型号是用来表示机床的类别、特性、组系和主要参数的代号。按照 JB1838—85《金属切削机床型号编制方法》的规定，机床型号由汉语拼音字母及阿拉伯数字组成，现举例如：CM6132。

其中，C——机床类别代号（车床类）；

M——机床通用特性代号（精密机床）；

6——机床组别代号（落地及卧式车床组）；

1——机床系别代号（卧式车床系）；

32——主参数代号（床身上最大回转直径 320mm）。

本标准颁布前的机床型号编制方法因有不同规定，其型号表示方法也不同。例如，C618。其中，C——车床；

6——普通型（即 JB1838—85 中的卧式）；

18——车床导轨面距主轴轴线高度为 180mm（床身最大回转直径 360mm）。

3.1.3　普通车床的组成

卧式车床是车床中应用最广泛的一种类型，主要由主轴箱、进给箱、溜板箱、刀架、尾座、床身、电气箱、床脚等部分组成，如图 3.2 所示。

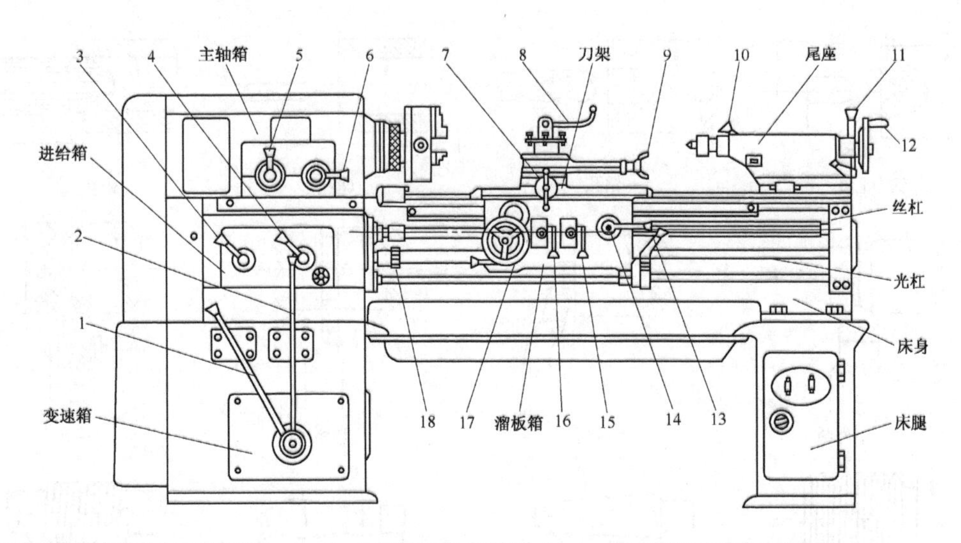

变速手柄：主运动变速手柄为 1、2、6，进给运动变速手柄为 3、4，按标牌扳至所需位置即可。
锁紧手柄：方刀架锁紧手柄为 8，尾座锁紧手柄为 11，尾座套筒锁紧手柄为 10。
移动手柄：刀架纵向手动手轮为 17，刀架横向手动手柄为 7，小刀架移动手柄为 9，尾座套筒移动手轮为 12。
启停手柄：主轴正反转及停止手柄为 13，向上扳则主轴正转，向下扳则主轴反转，放于中间位置则停转。
刀架纵向自动手柄为 16，刀架本身自动手柄为 15，向上扳为启动，向下扳即停止。
“对开螺母”开合手柄为 14，向上扳即打开，向下扳即闭合。
换向手柄：刀架左右移动的换向手柄为 5，根据标牌指示方向，扳至所需位置即可。
离合器：光杠、丝杠更换使用的离合器为 18。

图 3.2　C6132 型卧式车床

1. 主轴箱

主轴箱安装在床身的左上端，又称床头箱，主轴箱内装有一根空心主轴及部分变速机构，变速箱传来的六种转速通过变速机构变为主轴的十二种不同的转速。主轴通过另一些齿轮，又将运动传入进给箱。

2. 进给箱

进给箱内装有进给运动的变速齿轮。主轴的运动通过齿轮传入进给箱，经过变速机构带动光杠或丝杠以不同的转速转动，最终通过溜板箱而带动刀具实现直线的进给运动。

3. 光杠和丝杠

光杠和丝杠将进给箱的运动传给溜板箱。车外圆、车端面等自动进给时，用光杠传动。车螺纹时用丝杠传动。

4. 溜板箱

溜板箱与大刀架连在一起，它将光杠传来的旋转运动变为车刀的纵向或横向的直线移动，可将丝杠传来的旋转运动通过“开合螺母”直接变为车刀的纵向移动，用以车削螺纹。

5. 刀架

刀架是用来装夹刀具的，它可带动刀具作纵向、横向或斜向进给运动。刀架由大刀架、横刀架、转盘、小刀架和方刀架组成，见图 3. 3。

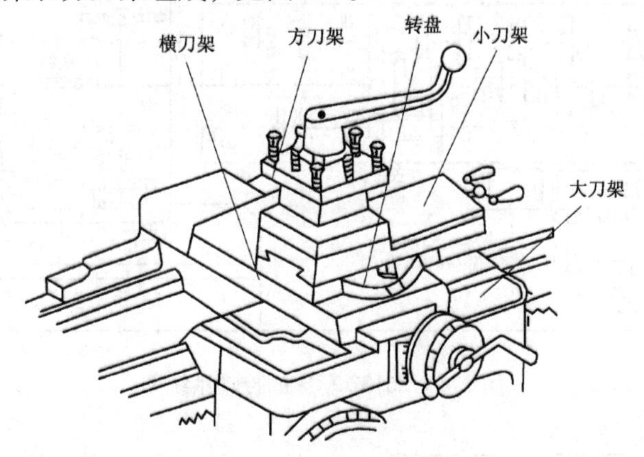

图 3. 3　刀架的组成

（1）大刀架：与溜板箱连接，可带动车刀沿床身导轨做纵向移动。

（2）横刀架：可带动车刀沿大刀架上的导轨做横向移动。

（3）转盘：与横刀架连接，用螺栓紧固。松开螺母，转盘可在水平面内扳转任意角度。

（4）小刀架：可沿转盘上的导轨作短距离移动。当转盘扳转一定角度后，小刀架即可带动车刀作相应的斜向运动。

（5）方刀架：用来安装车刀，最多可同时装 4 把。松开锁紧手柄即可转位，选用所需的车刀。

6. 尾座

安装在床身的内侧导轨上，可沿导轨移至所需的位置。用于安装顶尖支承轴类工件或安装钻头、铰刀、钻夹头。

7. 床身

是车床的基础部件，用以连接各主要部件并保证各个部件之间有正确的相对位置。床身上的导轨，用以引导刀架和尾架相对于床头箱进行正确的移动。

8. 床脚

支承床身，并与地基连接。

3.1.4 普通车床的传动

C6132 车床的传动系统如图 3.4 所示，其传动路线示意图如图 3.5 所示。其主运动传动路线为：

$$\text{电动机}\rightarrow \text{I}\rightarrow\left\{\begin{matrix}33/22\\19/34\end{matrix}\right\}\rightarrow \text{II}\rightarrow\left\{\begin{matrix}34/32\\28/39\\22/45\end{matrix}\right\}\rightarrow \text{III}\rightarrow \phi176/\phi200\rightarrow \text{IV}\rightarrow\left\{\begin{matrix}27/63\rightarrow \text{V}\rightarrow 17/58\\27/27\end{matrix}\right\}\rightarrow \text{VII}(\text{主轴})$$

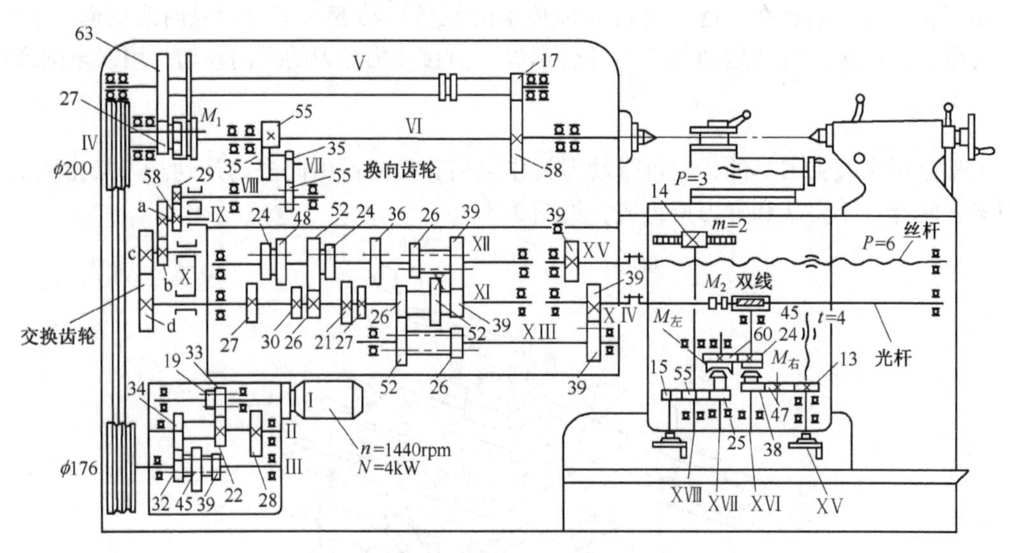

图 3.4　C6132 车床的传动系统图

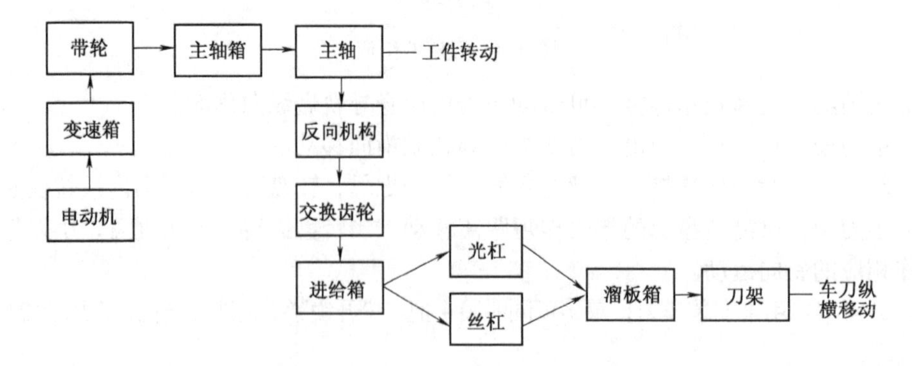

图 3.5　C6132 型车床传动系统框图

3.2 实训项目14 车刀

实训教学目的与要求

(1) 了解车刀的材料及种类。

(2) 初步掌握车刀的刃磨方法与步骤。

车刀可根据不同的要求分为很多种类。

车刀按用途不同可分为外圆车刀、端面车刀、切断刀、内孔车刀、圆头车刀、螺纹车刀和成形车刀等，见图3.6所示。常用的各类车刀见图3.7所示。

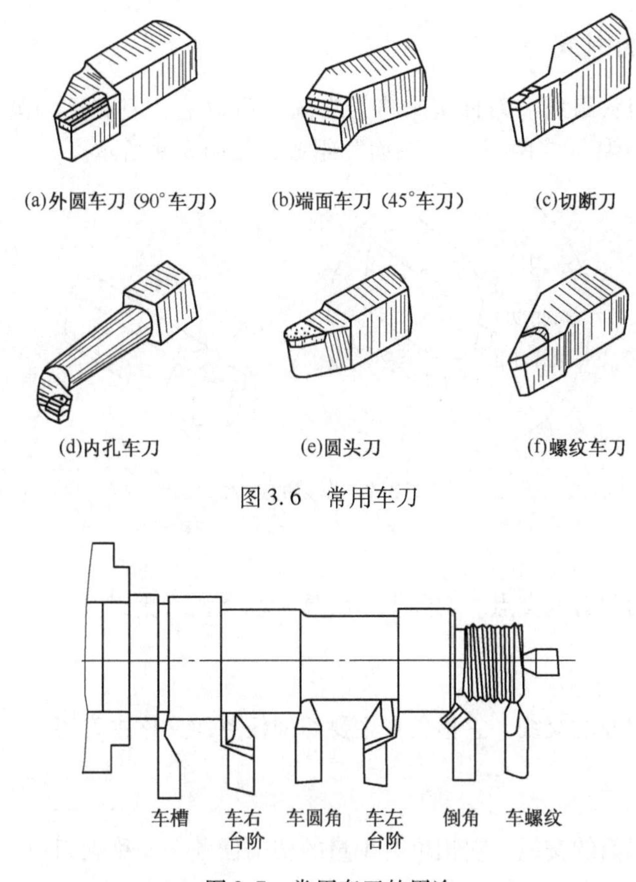

图3.6 常用车刀

图3.7 常用车刀的用途

(1) 外圆车刀（90°车刀，又称偏刀）：用于车削工件的外圆、台阶和端面。

(2) 端面车刀（45°车刀，又称弯头车刀）：用于车削工件的外圆、端面和倒角。

(3) 切断刀：用于切断工件或在工件上车槽。

(4) 内孔车刀：用于车削工件的内孔

(5) 圆头刀：用于车削工件的圆弧面或成形面。

(6) 螺纹车刀：用于车削螺纹。

车刀按其结构的不同可分为：整体式车刀、焊接式车刀、机械夹固式车刀等，如图3.8

所示。按刀头材料的不同可分为：高速钢车刀、硬质合金车刀、陶瓷车刀、金刚石车刀等。

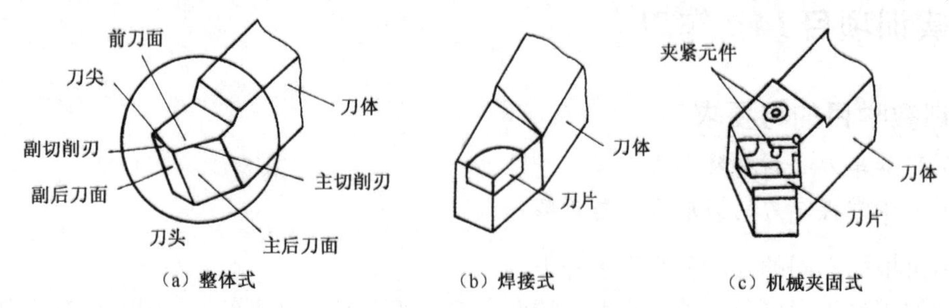

图 3.8　车刀的结构形式

车刀的组成及几何角度

3.2.1　车刀的组成

车刀由刀杆和刀头组成。刀杆用来将刀夹固在刀架上；刀头是切削部分，用来切削金属。切削部分由“一尖”、“两刃”、“三面”组成，见图 3.9 所示。

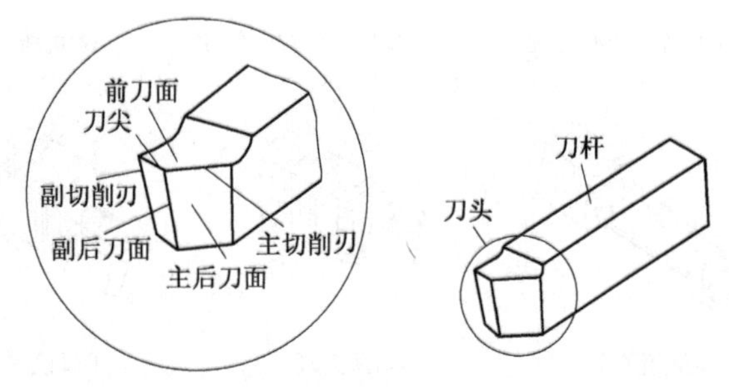

图 3.9　车刀的组成

1. 刀尖

主切削刃与副切削刃的交点。实际上刀尖是一段圆弧过渡刃。

2. 主切削刃

前刀面与主后刀面的交线。它担负着主要切削任务，又称主刀刃。

3. 副切削刃

前刀面与副后刀面的交线。它担负着少量的切削任务，又称副刀刃。

4. 前刀面

切屑沿着它流出的面，也是车刀刀头的上表面。

5. 主后刀面

与工件切削加工面相对的那个表面。

6. 副后刀面

与工件已加工面相对的那个表面。

3.2.2　车刀的几何角度与切削性能的关系

为了确定刀具的几何角度，必须选定三个辅助平面作为标注、刃磨和测量车刀角度的基准，称为静止参考坐标系。它由基面、切削平面和正交平面三个相互垂直的平面所构成，见图 3.10 所示。

（1）基面：通过切削刃上选定点，并与该点切削速度方向相垂直的平面。

（2）切削平面：通过切削刃上选定点与切削刃相切并垂直于基面的平面。

（3）正交平面：通过切削刃上选定点同时垂直于基面和切削平面的平面。

车刀切削部分主要有 6 个独立的基本角度：前角（γ_0）、主后角（α_0）、副后角（α'_0）、主偏角（K_r）、副偏角（K'_r）、刃倾角（λ_s）。两个派生角度：楔角（β_0）、刀尖角（ε_r）。见图 3.11 所示。

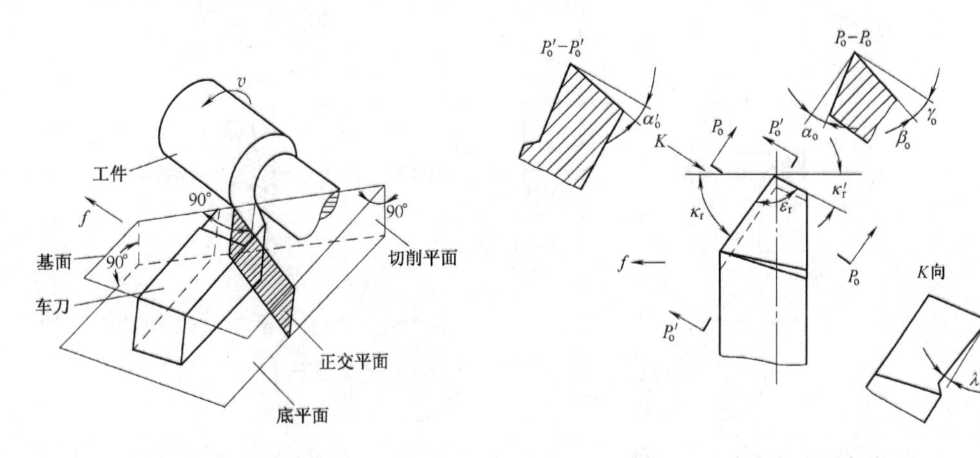

图 3.10　车刀的辅助平面　　　　图 3.11　车刀的主要角度

1. 前角（γ_0）

前角为前刀面和基面间的夹角。前角影响刃口的锋利程度和强度，影响切削变形和切削力。前角增大，能使刃口锋利，减小切削变形，切削省力，排屑顺利；前角减小，可增加刀头强度和改善刀头的散热条件。一般选 $\gamma_0 = -5° \sim 20°$，精加工时，γ_0 取大值。

2. 后角（α_0、α'_0）

后角为后刀面和切削平面间的夹角。后角的主要作用是减小车刀后刀面与工件的摩擦。一般 $\alpha_0 = 3° \sim 12°$，粗加工或切削较硬材料时取小值，精加工或切削较软材料时取大值。

3. 主偏角（K_r）

主偏角为主切削刃在基面上的投影与进给方向间的夹角。主偏角的主要作用是改变主切削刃和刀头的受力及散热情况。通常 K_r 选 45°、60°、75°、90°几种。

4. 副偏角（K'_r）

副偏角为副切削刃在基面上的投影与背离进给方向间的夹角。副偏角的主要作用是减小副切削刃和工件已加工表面的摩擦。一般选取 $K'_r = 5° \sim 15°$，K'_r 越大，残留面积越大。

5. 刃倾角（λ_s）

刃倾角为主切削刃与基面的夹角。刃倾角的主要作用是控制排屑方向，并影响刀头强度。

刃倾角有正值、负值和0°三种值，见图3.12所示。当刀尖位于主切削刃上的最高点时，刃倾角为正值，切削时，切屑排向工件的待加工表面，切屑不易拉伤加工表面。当刀尖位于主切削刃上的最低点时，刃倾角为负值，切削时，切屑排向工件的已加工表面，切屑易拉伤已加工表面，但刀尖强度好。当主切削刃与基面平行时，刃倾角为0°，切削时，切屑向垂直于主切削刃的方向排出。

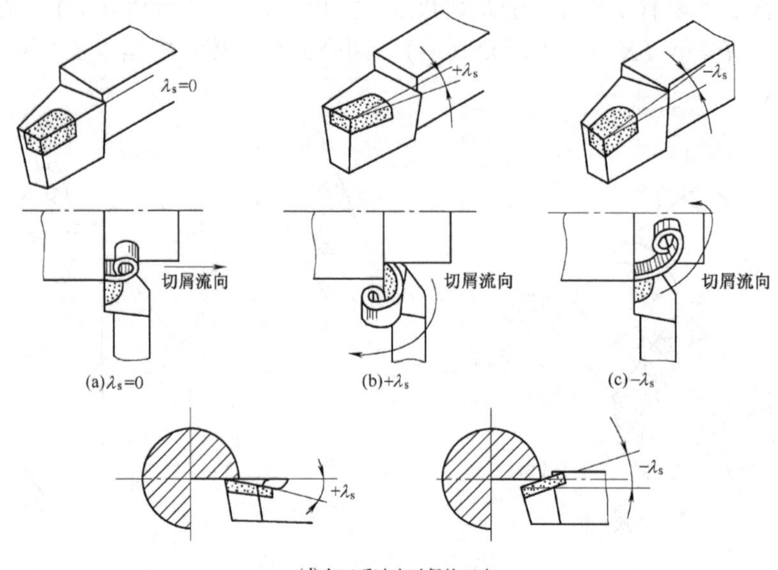

图3.12　刃倾角的作用

6. 楔角（β_0）

楔角为正交平面内前刀面与后刀面间的夹角。楔角影响刀头的强度。

7. 刀尖角（ε_r）

刀尖角为主切削刃和副切削刃在基面上的投影间的夹角。刀尖角影响刀尖强度和散热条件。

3.2.3　常用车刀的刃磨方法

1. 砂轮的选择

（1）氧化铝砂轮（白色）：适用于刃磨高速钢车刀和硬质合金的刀柄部分。

（2）碳化硅砂轮（绿色）：适用于刃磨硬质合金车刀。

2. 刃磨方法

如图3.13所示，以硬质合金车刀为例说明刃磨方法。

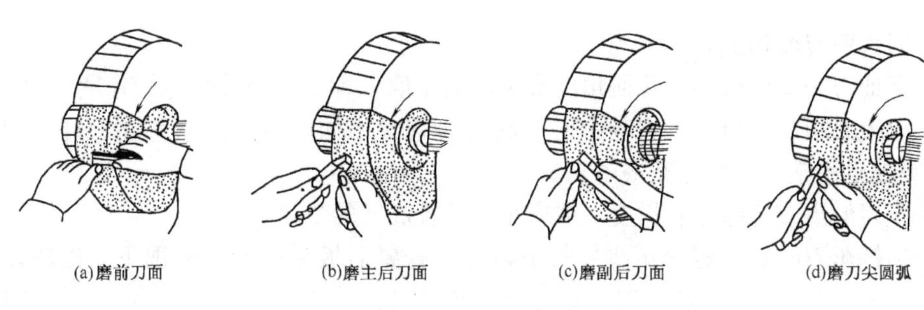

图 3. 13　车刀的刃磨

（1）磨出刀杆部分的主后角和副后角，其数值比刀片部分的后角大 2°～3°。

（2）粗磨主后刀面，磨出主后角和主偏角。

（3）粗磨副后刀面，磨出副后角和副偏角。

（4）粗磨前刀面，磨出前角。在砂轮上将各面磨好后，再用油石精磨各面。

（5）精磨前刀面，磨好前角和断屑槽。

（6）精磨主后刀面，磨好主后角和主偏角。

（7）精磨副后刀面，磨好副后角和副偏角。

（8）磨刀尖圆弧，在主刀面和副刀面之间磨刀尖圆弧。

磨刀时，人要站在砂轮侧面，双手拿稳车刀，要用力均匀，倾斜角度应合适，要在砂轮圆周面的中间部位磨，并左右移动。磨高速钢车刀，当刀头磨热时，应放入水中冷却，以免刀具因温升过高而软化。磨硬质合金车刀，当刀头磨热后应将刀杆置于水内冷却，避免刀头过热沾水急冷而产生裂纹。

3. 2. 4　技能训练

车刀的安装

安装车刀（见图 3. 14）时应注意以下几点：

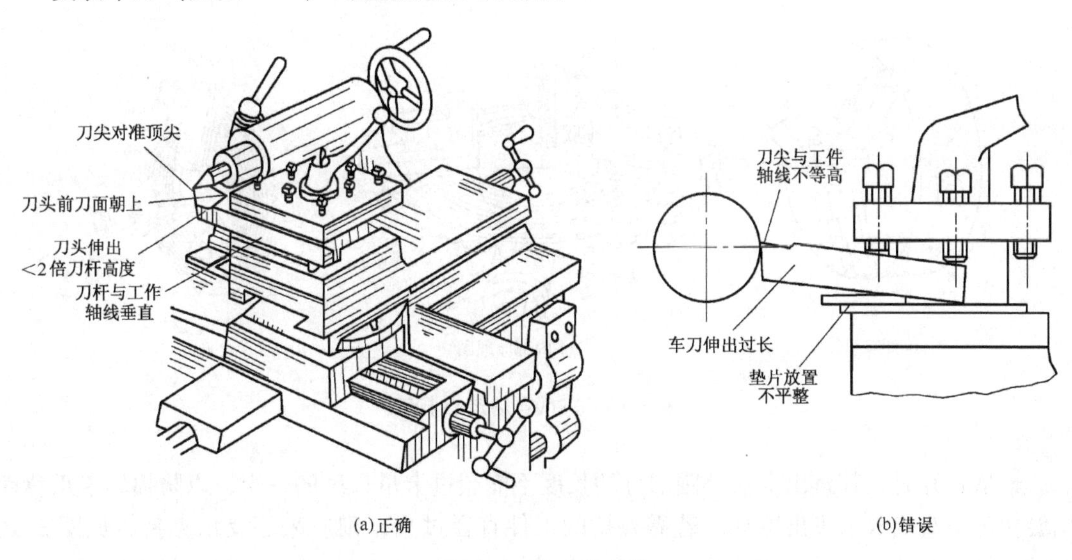

图 3. 14　车刀的安装

（1）刀头前刀面朝上。

（2）保证刀头部分刃磨的几何角度安装时的正确（即工作角度与标注角度一致）。

（3）刀尖必须装得与车床主轴中心等高（可选择不同厚度的刀垫垫在刀杆下面达到要求），刀垫放置平整，不要过宽或过长。

（4）车刀伸出刀架部分的长度一般应小于刀杆高度的2倍。

（5）夹持车刀的紧固螺栓至少要拧紧两个，拧紧后扳手必须及时取下，以防发生安全事故。

3.3 实训项目15 工件的装夹

实训教学目的与要求

（1）了解车床上工件装夹的要求和作用。

（2）掌握车床上工件的装夹方法和校正方法。

3.3.1 工件的安装

在车床上装夹工件的基本要求是定位准确，夹紧可靠；能承受合理的切削力，操作方便，顺利加工，达到预期的加工效果。在车床上装夹工件的办法很多，可根据工件毛坯形状和加工要求进行选择。

在车床上常用三爪卡盘、四爪卡盘、顶尖、中心架、跟刀架、心轴、花盘和弯板等附件来装夹工件。在成批、大量生产中还可用专用夹具装夹工件。

3.3.2 三爪卡盘装夹工件

三爪卡盘结构如图3.15所示。三爪卡盘夹持工件能自动定心，使定位和夹紧同时完成，但夹紧力较小，适合于装夹圆形、六角形的工件毛坯、棒料及车过外圆的零件。用已加工过的表面做装夹面时，应包一层铜皮，以免损伤已加工表面。

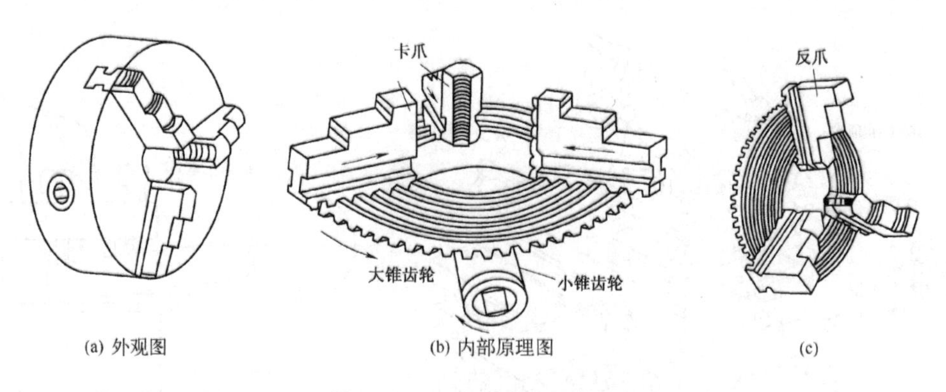

(a) 外观图　(b) 内部原理图　(c)

图3.15　三爪自动定心卡盘

卡爪张开时，其露出卡盘外圆部分的长度不能超过卡爪长度的一半，以防损坏卡爪背面螺旋扣甚至造成卡爪飞出事故。若需夹持的工件直径过大，则应采用反爪夹持，如图3.16所示。

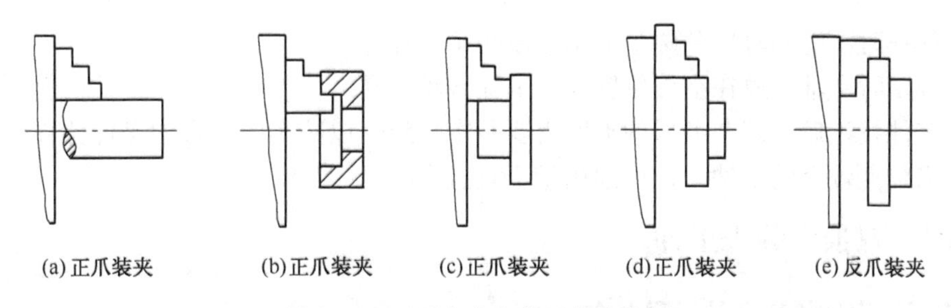

图 3.16　三爪卡盘安装工件的举例

3.3.3　四爪单动卡盘的工作特点

四爪单动卡盘的结构见图 3.17，它有四个各自独立的卡爪（图中 1，2，3，4），因此工件在装夹时必须将工件的旋转中心找正到与车床主轴旋转中心重合后再车削。

四爪单动卡盘找正比较费时，但夹紧力较大，所以适用于装夹大型或形状不规则的工件。

四爪单动卡盘也可安装成正爪或反爪两种形式。

由于四爪单动卡盘不能自动定心，所以装夹时必须找正。找正步骤如下所述。

1. 找正外圆

先使划针靠近工件外圆表面，见图 3.18（a）所示，用手转动卡盘，观察工件表面与划针间的间隙大小，然后根据间隙大小调整卡爪位置，调整到各处的间隙均等为止。

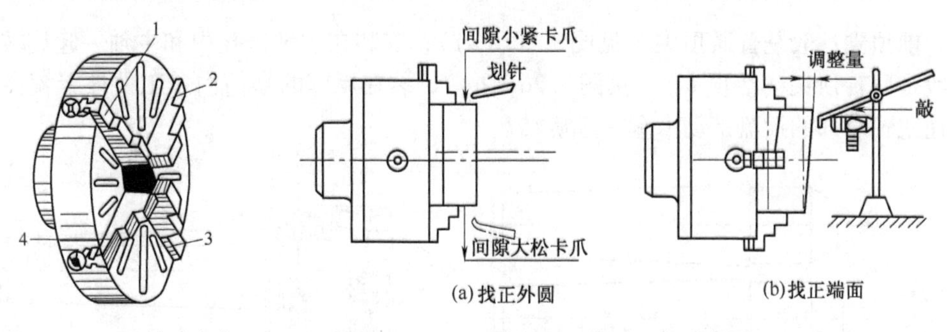

图 3.17　四爪单动卡盘　　　图 3.18　找正工件示意图

2. 找正端面

先使划针靠近工件端面的边缘处，见图 3.18（b）所示，用手转动卡盘，观察工件端面与划针间的间隙大小，然后根据间隙大小调整工件端面，调整时可用铜锤或铜棒敲击工件的端面，调整到各处的间隙均等为止。

3. 使用四爪单动卡盘时的注意事项

（1）夹持部分不宜过长，一般为 10～15mm 比较适宜。

（2）为防止夹伤工件，装夹已加工表面时应垫铜皮。

（3）找正时应在导轨上垫上模板，以防工件掉下砸伤床面。

（4）找正时不能同时松开两个卡爪，以防工件掉下。
（5）找正时主轴应放在空挡位置，使卡盘转动轻便。
（6）工件找正后，四个卡爪的夹紧力要基本一致，以防车削过程中工件位移。
（7）当装夹较大的工件时，切削用量不宜过大。

3.3.4　双顶尖装夹工件

1. 双顶尖定位的特点及适用范围

双顶尖装夹工件方便，不需找正，装夹精度高，但只能承受较小切削力，一般用于精加工。对于较长的，须经过多次装夹的，或工序较多的工件，为保证装夹精度，可用双顶尖装夹，见图3.19。用双顶尖装夹工件，必须先在工件端面钻出中心孔。

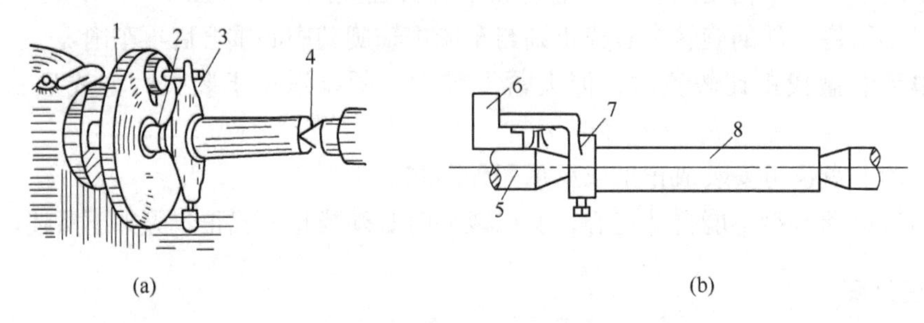

1—拨盘；2、5—前顶尖；3、7—鸡心夹；4—后顶尖；6—卡爪；8—工件

图3.19　双顶尖装夹工件

前顶尖一般是普通顶尖（见图3.20（a）），安装在主轴锥孔内和主轴一起旋转，后顶尖一般是回转顶尖（活顶尖）（见图3.20（b）），装在尾座的套筒内。工件被卡箍夹紧，由安装在主轴端部的拨盘带动卡箍一起旋转。

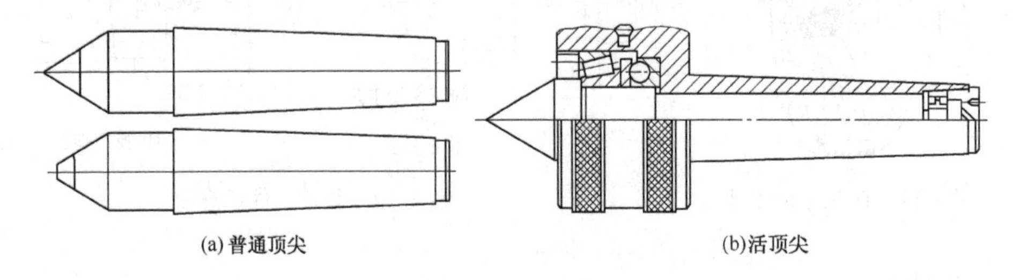

图3.20　顶尖

在高速切削时，为了防止后顶尖与中心孔由于摩擦发热过大而磨损或烧坏，常采用活顶尖。由于活顶尖的准确度不如死顶尖高，故一般用于轴的粗加工或半精加工。轴的精度要求比较高时，后顶尖也应用死顶尖，但要合理选择切削速度。

2. 用双顶尖装夹轴类工件的步骤

（1）车平两端面，钻中心孔。先用车刀把端面车平，再用中心钻钻中心孔。中心钻安装在尾架套筒的钻夹头中，随套筒纵向移动钻削。中心钻和中心孔的形状如图3.21所示。中心孔呈60°锥面与顶尖锥面配合支承，里端小孔保证两锥面配合贴切，并可储存少量润滑油，B型120°锥面是保护锥面，防止碰坏60°锥面而影响定位精度。

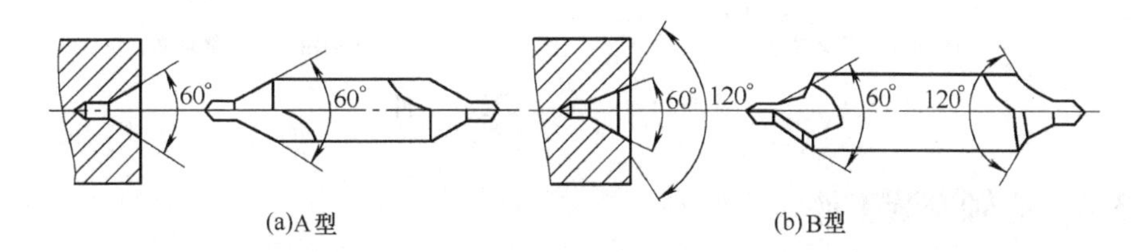

图3.21　中心钻与中心孔

（2）安装、校正顶尖。安装时，顶尖尾部锥面、主轴内锥孔和尾架套筒锥孔必须擦净，然后把顶尖用力推入锥孔内。校正时，可调整尾架横向位置，使前后顶尖对准为止，如图3.22所示。如前后顶尖不对准，轴将被车成锥体。

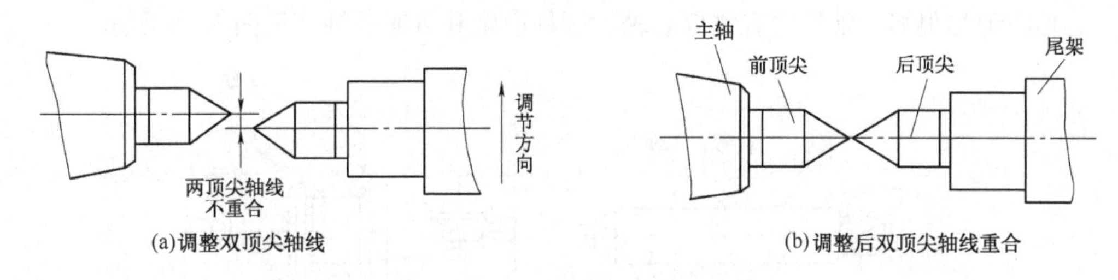

图3.22　校正顶尖

（3）安装拨盘和工件。首先擦净拨盘的内螺纹和主轴的外螺纹，把拨盘拧在主轴上，再把轴的一端装上卡箍，拧紧卡箍螺钉，最后在双顶尖中安装工件，见图3.23所示。

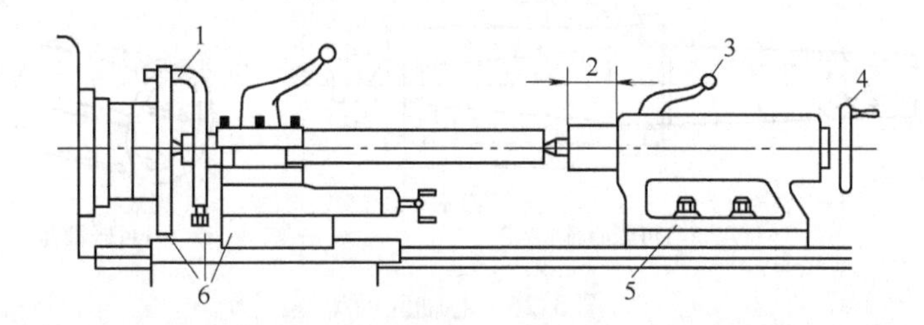

1—拧紧卡箍；2—调整套筒伸出长度；3—锁紧套筒；4—调节工件顶尖松紧；
5—将尾架固定；6—刀架移至车削行程左端，用手转动，检查是否会碰撞

图3.23　安装工件

3.3.5　卡盘和顶尖配合装夹工件

由于双顶尖装夹刚性较差，因此车削轴类零件，尤其是较重的工件时，常采用一夹一顶装夹。为了防止工件轴向位移，须在卡盘内装一限位支撑，见图3.24（a），或利用工件的台阶作限位，见图3.24（b）。由于一夹一顶装夹刚性好，轴向定位准确，且比较安全，能承受较大的轴向切削力，因此应用广泛。

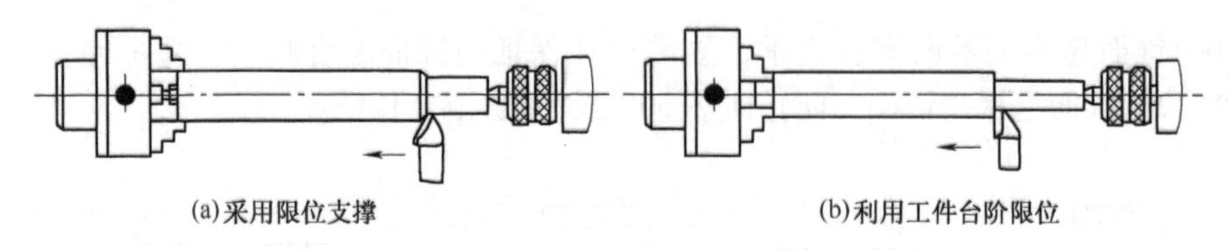

图 3.24　一夹一顶装夹工件

3.3.6　心轴安装工件

盘套类零件的外圆相对孔的轴线，常有径向跳动的公差要求；两个端面相对孔的轴线有端面跳动的公差要求。如果有关表面无法在三爪卡盘的一次装夹中与孔一道精加工完成，则须在孔精加工后，再装到心轴上进行端面的精车或外圆的精车。作为定位面的孔，其尺寸精度不应低于 IT8，R_a 不应大于 1.6μm，心轴在前后顶尖的安装方法与轴类零件相同。

心轴的种类很多，常用的有锥度心轴、圆柱心轴和可胀心轴，见图 3.25 所示。

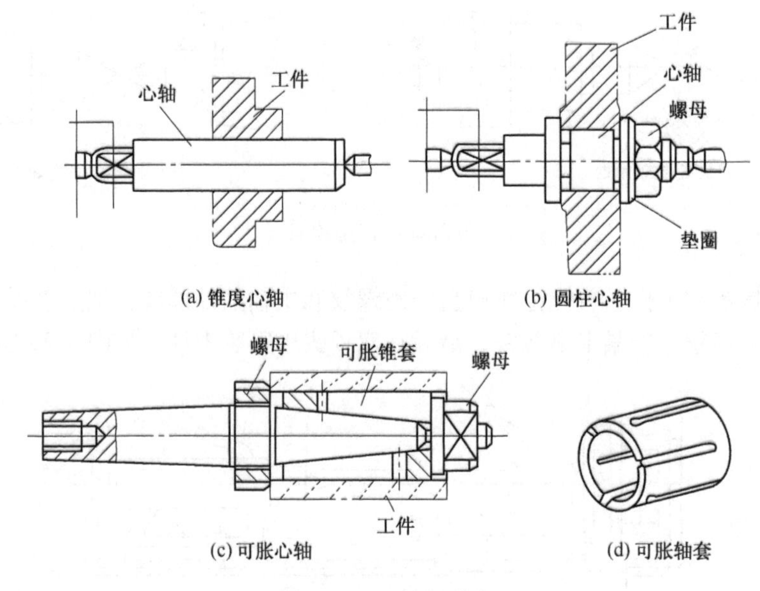

图 3.25　心轴的种类

3.3.7　中心架和跟刀架的应用

加工细长轴时，为了防止轴受切削力的作用而产生弯曲变形，往往需要用中心架或跟刀架。

中心架固定于床身上，其三个爪支承于零件预先加工的外圆面上。图 3.26（a）所示是利用中心架车外圆，零件的右端加工完毕，调头再加工另一端。一般多用于加工阶梯轴。长轴加工端面和轴端的内孔时，往往用卡盘夹持轴的左端，用中心架支承轴的右端来进行加工，见图 3.26（b）所示。

与中心架不同的是跟刀架固定于大刀架的左侧，可随大刀架一起移动，只有两个支承爪。使用跟刀架需先在工件上靠后顶尖的一端车出一小段外圆，根据它来调节跟刀

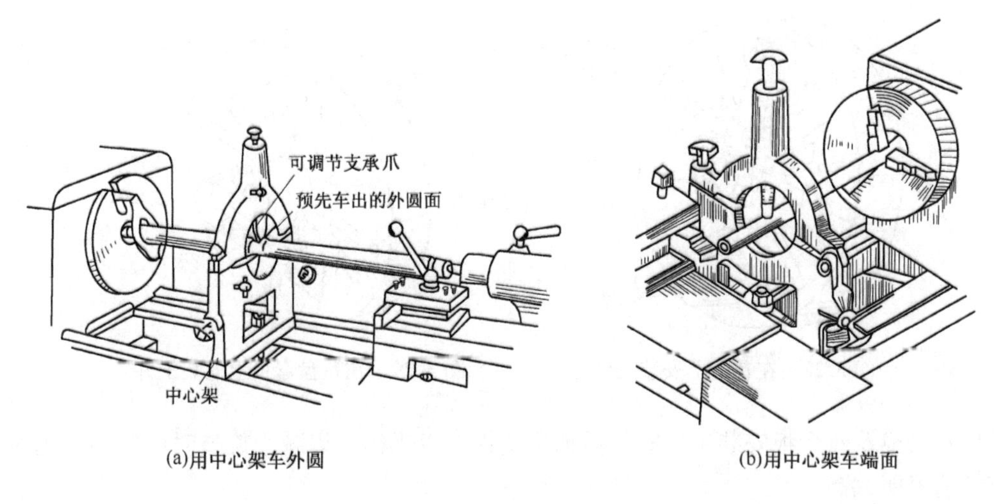

图 3.26　中心架的应用

架的支撑，然后再车出零件的全长。跟刀架多用于加工细长的光轴。跟刀架的应用见图 3.27。

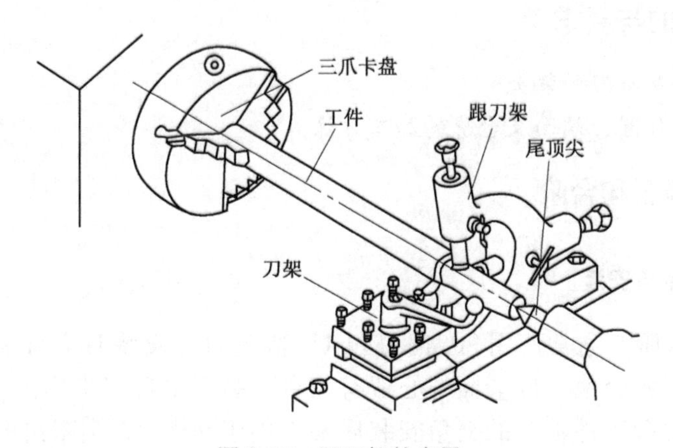

图 3.27　跟刀架的应用

应用跟刀架或中心架时，工件被支承部分应是加工过的外圆表面，并要加机油润滑。工件的转速不能很高，以免工件与支承爪之间摩擦过热而烧坏或磨损支承爪。

3.3.8　用花盘安装工件

对于某些形状不规则的或刚性较差的工件，为了保证加工表面与安装平面平行，加工回转面轴线与安装平面垂直，可以用螺栓压板把工件直接压在花盘上加工，见图 3.28。用花盘安装工件时，需要仔细找正。

有些复杂的零件要求加工孔的轴线与安装平面平行，或者要求加工孔的轴线垂直相交时，可用花盘、弯板安装工件，见图 3.29。弯板安装在花盘上要仔细地找正，工件安装在弯板上也需要找正。

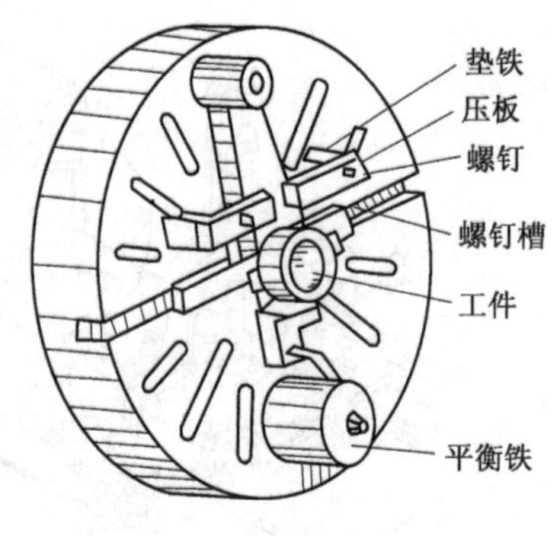

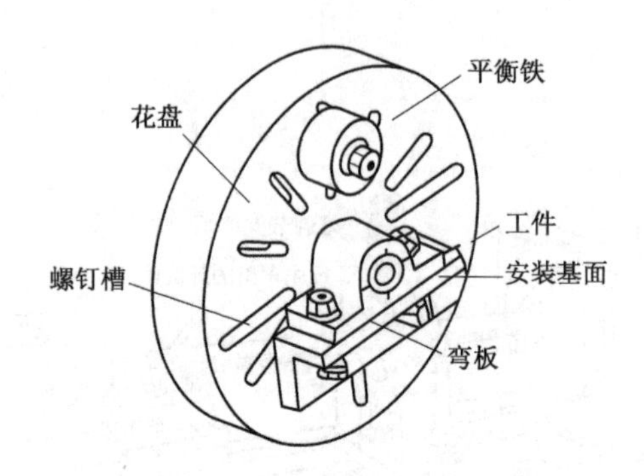

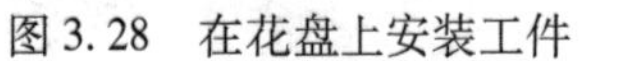
图3.28 在花盘上安装工件

图3.29 在花盘弯板上安装工件

用花盘或花盘弯板安装工件时，需加平衡铁予以平衡，以减小旋转时的振动。同时注意机床转速不能太高。

3.4 实训项目16 车削外圆、端面与台阶

实训教学目的与要求

（1）掌握工件及车刀的装夹。

（2）掌握车削外圆、端面及台阶的加工方法。

3.4.1 车端面和台阶

1. 车刀的选择与安装

车削端面和台阶，通常使用90°偏刀和45°弯头刀，安装时应特别强调刀尖要严格对准工件中心，否则会使工件端面中心留有凸台，甚至出现刀尖崩刃。此外，用90°偏刀时车刀主切削刃和工件轴线的交角安装后要不小于90°，否则车出的台阶与工件轴线不垂直。

2. 车端面

见图3.30，其中图（a）是用弯头刀车端面，可采用较大背吃刀量，切削顺利，表面光洁，大小平面均可车削，应用较多；图（b）是用90°右偏刀从外向中心进给车端面，适宜车削尺寸较小的端面或一般的台阶面；图（c）是用90°右偏刀从中心向外进给车端面，适宜车削中心带孔的端面或一般的台阶端面；图（d）是用左偏刀车端面，刀头强度较好，适宜车削较大端面，尤其是铸、锻件的大端面。

车端面时应注意以下几点：

（1）车刀的刀尖应对准工件的回转中心，否则会在端面中心留下凸台。

（2）工件中心处的线速度较低，为获得整个端面上较好的表面质量，车端面的转速比车外圆的转速高一些。

（3）直径较大的端面车削时应将床鞍锁紧在床身上，以防有床鞍让刀引起的端面外凸或

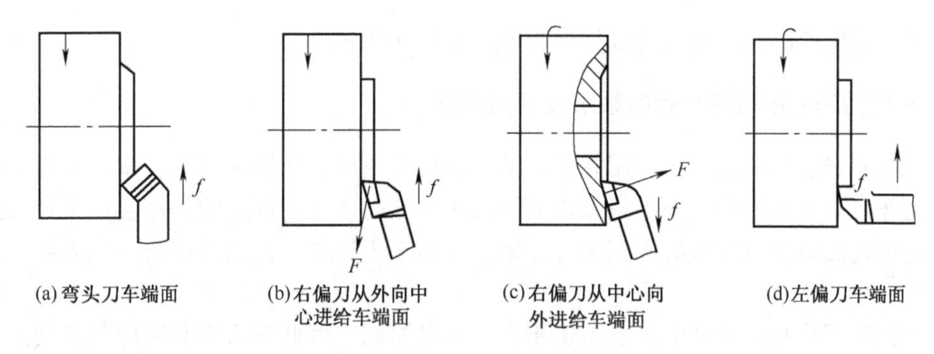

图 3.30　车端面

内凹。此时用小滑板调整背吃刀量。

（4）保持车刀锋利。中、小拖板的镶条不应太松，车刀刀架应压紧，防止让刀而产生凸面。

（5）精度要求高的端面，亦应分粗、精加工。

3. 车台阶

相邻两圆柱体直径差值小于 10mm 的低台阶可采用 90°偏刀一次进给车出，见图 3.31（a）所示。直径差大于 10mm 的高台阶宜用两把车刀分几次车削，先用一把主偏角小于 90°的车刀粗车，然后再将偏刀的主偏角装成 93°～95°，用几次进给来完成，见图 3.31（b）所示。

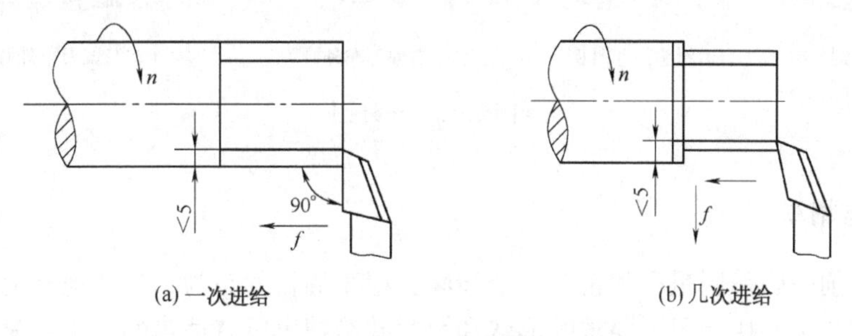

图 3.31　车台阶

台阶长度的控制，一般用车刀刻线痕来确定。具体方法：一种是用刀尖对准台阶端面时，记住该处大拖板的刻度值（或将刻度调到“0”），再转动大拖板手柄将车刀移到所需长度处，开车用车刀划线痕。另外的方法是用卡钳、钢尺或深度卡尺量出待车台阶长度，再将车刀尖移至该处，撤走钢尺或深度卡尺，开车用刀尖划痕，如图 3.32 所示。

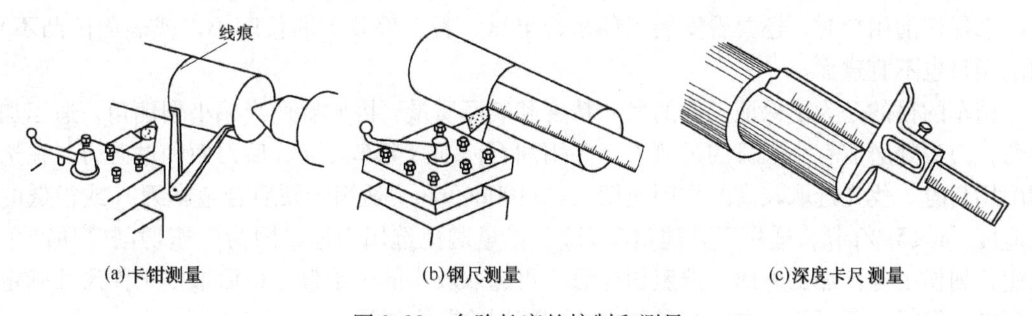

图 3.32　台阶长度的控制和测量

对于批量生产的长度控制可以用样板或行程挡块来控制。

4. 车端面和台阶时易产生的缺陷及预防措施

(1) 端面产生凹陷或凸出。用右偏刀从外向内进给时，床鞍未固定，车刀扎入工件产生凹面，此外，当车刀太钝、小拖板太松或刀架未夹紧时由于切削力的作用会产生让刀形成凸面。因此车大面时要将床鞍的固定螺钉拧紧，保持车刀锋利，拖板的镶条不宜太松，还要压紧刀架。

(2) 台阶不垂直。较低的台阶是由于车刀安装歪斜，因此车刀安装时应注意使主切削刃垂直于工件的轴线，车最后一刀时应从里向外车削。较高的台阶不垂直的原因与端面产生凹凸的原因一样。

3.4.2 车外圆

将工件车成圆柱形表面的加工称为车外圆，是最常见、最基本的车削加工。常见的外圆车削见图 3.33。

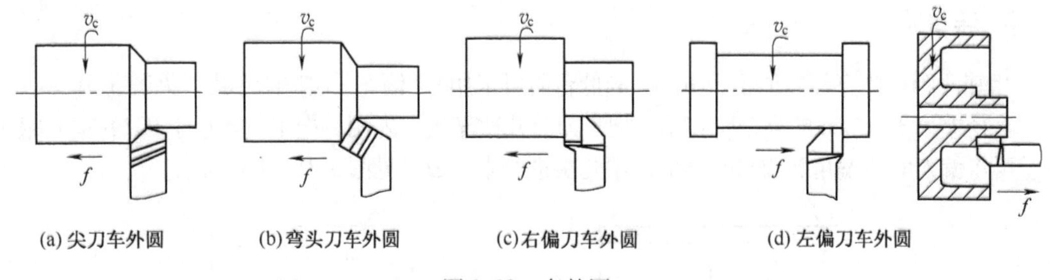

图 3.33 车外圆

1. 粗车与精车

外圆的车削一般采用粗车和精车两个步骤：粗车的目的是为了尽快地从毛坯上切除大部分多余金属，使工件接近图纸要求的形状和尺寸并给精车留有适当的加工余量，对其加工质量（尺寸精度，表面粗糙度）要求不高，主要是为了提高生产率。因此，在选取切削用量时应优先取较大的切深，以减少吃刀次数。其次，适当选取大一些的进给量（0.3～1.2mm/r）。最后，根据切深、进给量、刀具性能及工件材料等来确定切削速度，一般选用中等切削速度（10～80m/min）。工件较硬时选较小值，较软时选最大值；采用高速钢车刀时选低些，采用硬质合金车刀时选高些。

选择切削用量时，还要看安装工件是否牢靠。若工件装卡的长度小，或表面凹凸不平，切削用量也不宜过大。

精车的目的是为了保证工件的尺寸精度和表面质量，因此要适当减小副偏角，适当加大前角，刀尖处磨成有小圆弧的过渡刃，并用油石仔细打磨车刀前、后刀面和过渡刃。在选取切削用量时，优先选取较高的切削速度（$v \geqslant 100$m/min，适用于硬质合金车刀）或很低的切削速度（$v \leqslant 5$m/min，适用于高速钢车刀），尽量避免选用中速，因为中速切削容易产生积屑瘤，划伤工件已加工表面。选定切速后，再选取较小的进给量。最后根据工件尺寸确定切削深度。同时，还要注意在精车过程中合理使用冷却润滑液。

生产实践证明，较高的切速（$v \geq 100$m/min 以上）或较低的切速（$v \leq 6$m/min 以下）都可获得较高的光洁度。但采用低速切削，生产率低，一般只有在精车小直径的工件时应用。

半精车和精车时，为保证工件加工的尺寸精度，只靠刻度盘来进刀是不行的，因为刻度盘和丝杠都有误差，不能满足精车的要求，这就需要采用试切的方法，做到加工时心中有数。试切的方法及步骤见图 3.34 所示。

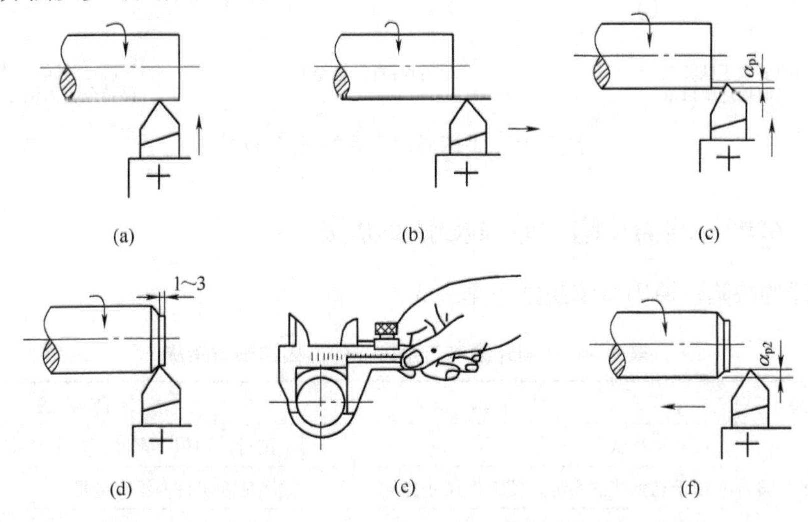

图 3.34　试切的方法及步骤

2. 车削步骤

（1）调整主轴速度。主轴转速 $n = 1000v/\pi D$，其中，D（mm）为工件直径；v（m/min）为所选的切削速度。按此公式得到主轴转速后，将机床主轴变速手柄调整到恰当的位置上。

（2）调整进给量。根据所选进给量调整进给箱手柄，并检查车床有关运动的间隙是否合适。

（3）调整背吃刀量。在调整背吃刀量时，不管是粗车还是精车，都要一边试切，一边测量。

（4）纵向进给。背吃刀量调好以后，如果是车光轴，可采用自动进给。

3.4.3　刻度盘的使用

在车床上，车刀的移动量可以从有关的刻度盘上的刻线读出。在使用刻度盘控制背吃刀量时，应防止产生超行程现象，使用时应慢慢转动手轮，在快要转动到所需尺寸时，只能用手轻轻敲击。以防转过格。如果刻度盘手柄转过了头，或试切后发现尺寸不对而需将车刀退回时，由于丝杠与螺母之间有间隙，刻度盘不能直接退回到所要求的刻度，应按图 3.35 所示的方法予以纠正。

另外，在使用中拖板刻度中，要注意车刀的切深应是工件直径余量的一半。

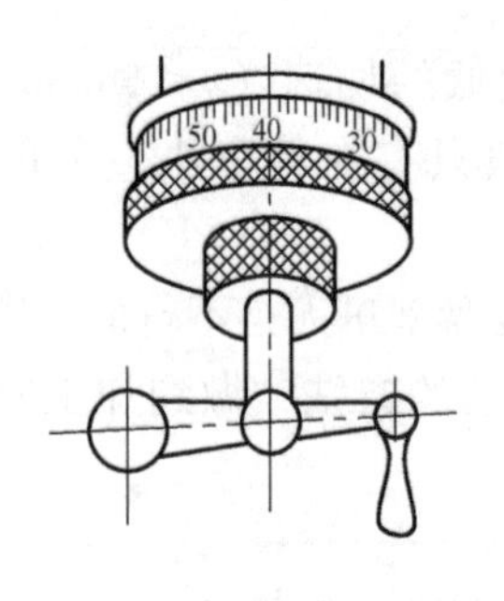

(a)要求手柄转至30，
但摇过头成40

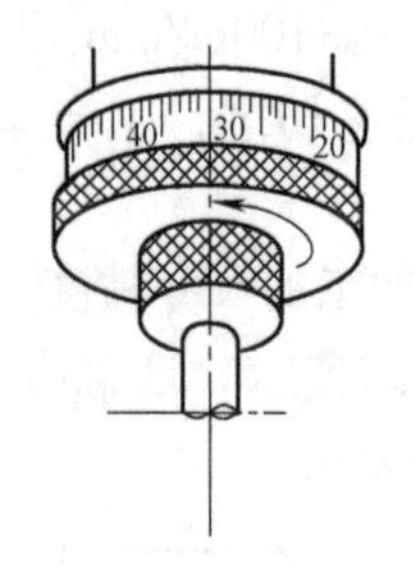

(b)错误：直接退至30

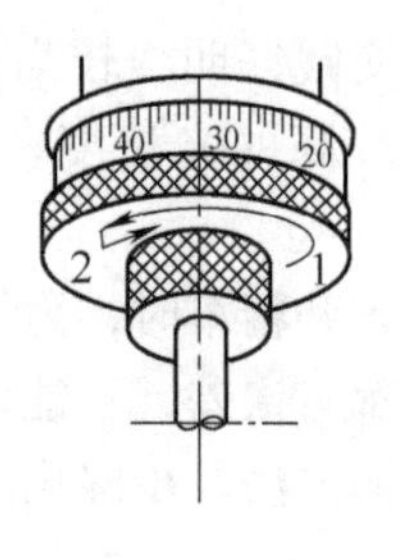

(c)正确：反转约一圈后
再转至所需位置30

图 3.35　手柄摇过头后的纠正方法

3.4.4　车削外圆的缺陷、原因及解决办法

车削外圆的缺陷、原因及解决办法见表 3.1。

表 3.1　车削外圆时产生废品的原因和预防措施

废品种类	产生原因	预防措施
工件尺寸精度不够	没有进行试切	进行试切削，再修正背吃刀量
	由于切削热的影响，使工件尺寸变大	不能在工件高温时测量
	顶尖轴线与主轴线不重合	车削前必须找正锥度
产生锥度	用小滑板车圆时小滑板的位置不正确	检查小滑板的刻度线是否与中滑板刻线的“0”线对准
	车床床身导轨与主轴线不平行	调整车床主轴与床身导轨的平行度
	工件悬臂装夹，切削力使前端让开	减少工件伸出长度，或增加装夹刚性
	车刀逐渐磨损	选用合适的刀具材料，降低切削速度
圆度超差	车床间隙太大	检查主轴间隙，并调整合适
	毛坯余量不均匀，背吃刀量发生变化	粗车与精车分开
	顶尖装夹时中心孔接触不良，或后顶尖太松，或前后顶尖产生径向圆跳动	工件装夹松紧适度；若回转顶尖产生径向圆跳动，应及时修理或更换
表面粗糙度太大	工艺系统刚性不足，引起振动	调床整车各部分的间隙，增加装夹刚性，增加车刀刚性及正确装夹刀具
	车刀几何角度不合理	选择合理的车刀角度
	切削用量选用不当	进给量不宜太大

3.5　实训项目 17　车削圆锥体

实训教学目的与要求

（1）掌握小滑板转动角度的方法。

（2）掌握转动小滑板车削圆锥体的方法和偏移尾座法车削圆锥体。

把工件车削成圆锥形表面的方法称为车圆锥。

3.5.1 圆锥的参数

圆锥行表面有 5 个参数，如图 3.36 所示，α 为锥体的锥角；L 为锥体的轴向长度（mm）；D 为锥体的大端直径（mm）；d 为锥体小端直径（mm）；K 为锥体斜度（$K=C/2$，C 为锥体的锥度）。

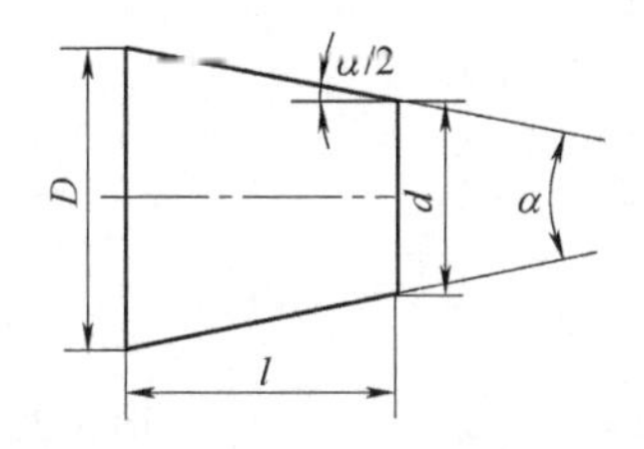

图 3.36 锥体主要尺寸

这 5 个参数之间的相互关系可表示为

圆锥的锥度：$C=(D-d)/l=2\tan(\alpha/2)$。

圆锥的斜度：$K=(D-d)/2l=\tan(\alpha/2)$。

锥体可直接用角度表示，如 30°、45°、60°等；亦可用锥度表示如 1∶5、1∶10、1∶20 等。特殊用途锥体根据需要专门制定，如 7∶24，莫氏锥度等。

内外锥面具有配合紧密，拆卸方便，多次拆卸后仍保持准确对中的特点，广泛用于要求对中准确、能传递一定的扭矩和经常拆卸的配合件上。

3.5.2 车圆锥的方法

车圆锥的方法很多，常用的有 4 种。

1. 转动小拖板法

根据图纸标注或计算出的工件圆锥的斜角（$\alpha/2$），将小拖板转过 $\alpha/2$ 后固定。车削时，摇动小拖板手柄，使车刀沿圆锥母线移动，即可车出所需的锥体或锥孔（见图 3.37）。这种方法简单，不受锥度大小的限制。但由于受小拖板行程的限制，不能加工较长的圆锥，且只能手动进给，不能机动进给，劳动强度较大，表面粗糙度的高低靠技术控制，不易掌握。

2. 偏移尾座法

见图 3.38 所示。把尾座顶尖偏移一个距离 s，使工件旋转中心与机床主轴轴线相交成斜角（$\alpha/2$），利用车刀纵向进给，车出所需的锥面。这种方法可以加工锥体较长、锥度较小的外锥体表面，可用机动进给加工，劳动强度较低，加工表面质量好。但要注意，成批生产时，应保证工件总长及中心孔深度一致，否则在相同的偏移量下会出现锥度误差。当 α 很小时尾座偏移量为：

$$s=L\times C/2=L\times(D-d)/2\ l\ =L\tan\alpha/2$$

式中，L——工件长度（mm）；

l——锥体轴向长度（mm）。

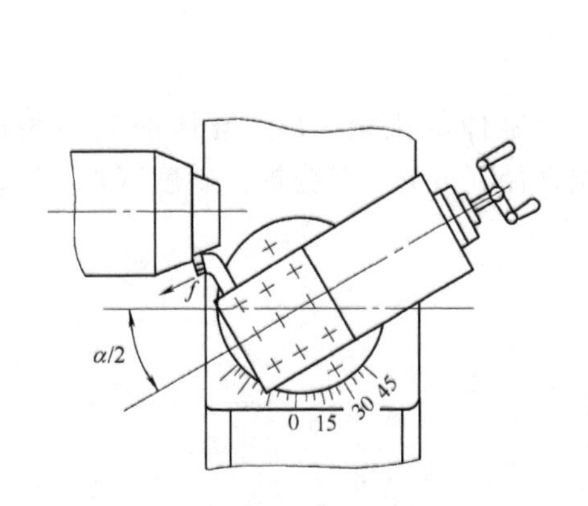

图 3.37　转动小拖板法车圆锥

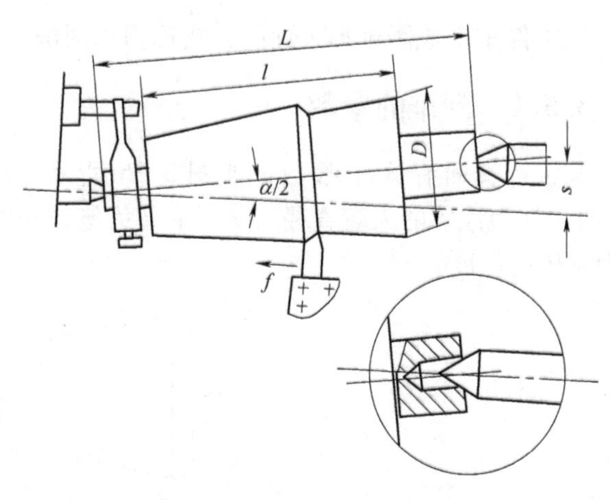

图 3.38　偏移尾座法车锥面

3. 机械靠模法

采用专用靠模工具进行锥体的车削加工，适用于成批量、小锥度、精度要求高的圆锥工件的加工，见图 3.39 所示。

4. 宽刀法

宽刀法就是利用主切削刃横向进给直接车出圆锥面，见图 3.40。此时，切削刃的长度要大于圆锥母线长度，切削刃与工件回转中心线成半锥度 α，这种加工方法方便、迅速，能加工任意角度的内、外圆锥。车床上倒角实际就是宽刀法车圆锥。此种方法加工的圆锥面很短（小于 20mm），要求切削加工系统要有较高的刚性，适用于批量生产。

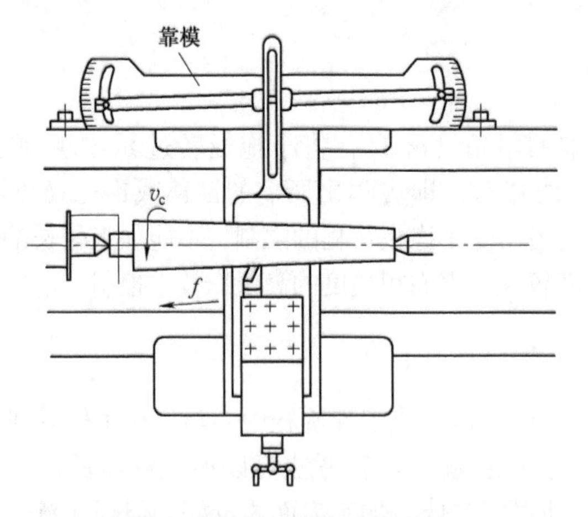

图 3.39　机械靠模法车圆锥

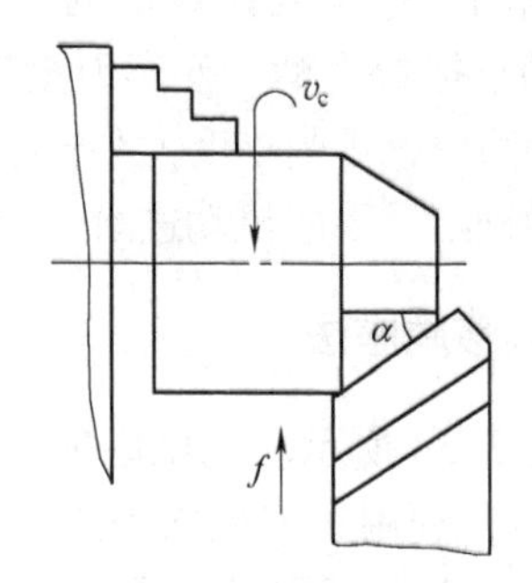

图 3.40　宽刀法

3.5.3　车配套锥面

车配套锥面时，先加工外锥面，在不改变小拖板转动角度的前提下，将车刀反装（见

图 3.41），使其切削刃向下，然后就可开始加工，进给后可车出准确的配套锥面。车削前先用直径小于内圆锥小端直径 1～2mm 的钻头钻孔，然后切削内圆锥孔。

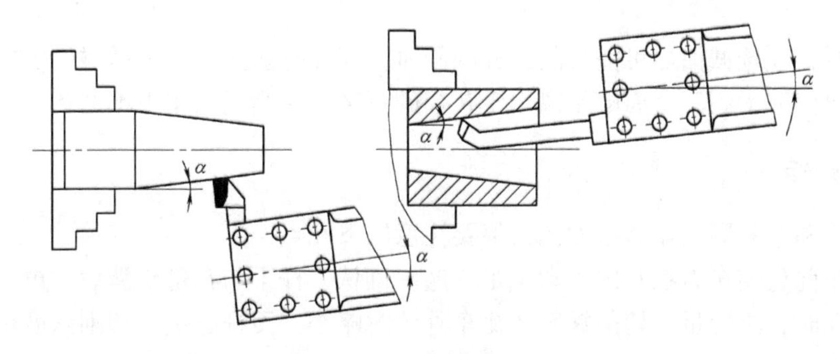

图 3.41　配套圆锥面车法

3.6　实训项目 18　镗、钻、车圆柱孔

实训教学目的与要求

（1）掌握选用麻花钻、使用麻花钻钻孔的方法。

（2）掌握车削直孔和车削台阶孔的方法与步骤。

在车床上可以使用钻头、扩孔钻、铰刀等定尺寸刀具加工孔，也可以使用内孔车刀镗孔。内孔加工相对于外圆加工来说，由于在观察、排屑、冷却、测量及尺寸的控制方面都比较困难。而且刀具形状、尺寸又受内孔尺寸的限制而刚性较差，使内孔加工的质量受到影响。同时，由于加工内孔时不能用顶尖支承，因而装夹工件的刚性也较差。另外，在车床上加工孔时，工件的外圆和端面应尽可能在一次装夹中完成，这样才能靠机床的精度来保证工件内孔与外圆的同轴度、工件孔的轴线与端面的垂直度。因此，在车床上适合加工轴类、盘类中心位置的孔，以及小型零件上的偏心孔，而不适合加工大型零件和箱体、支架类零件上的孔。

3.6.1　镗孔

镗孔（见图 3.42）是对锻出、铸出或钻出孔的进一步加工。镗孔可以较好地纠正原来孔轴线的偏斜，并可提高精度和光洁度，可作为粗加工、半精加工与精加工。

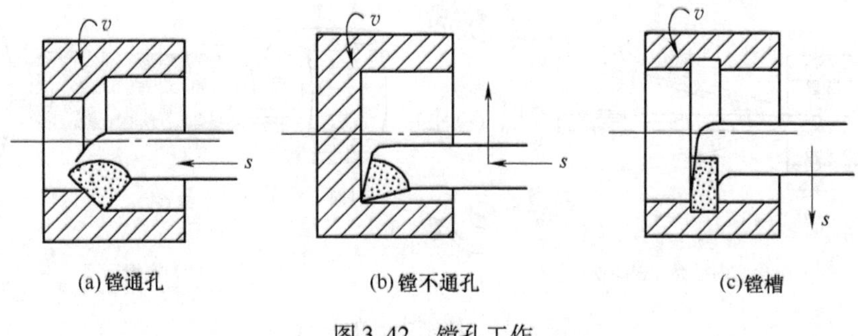

(a) 镗通孔　(b) 镗不通孔　(c) 镗槽

图 3.42　镗孔工作

镗刀杆应尽可能粗些。安装镗刀时，伸出刀架的长度应尽量小。刀尖装得要略高于主轴中心，以减少颤动和扎刀现象。此外，如刀尖低于工件中心，也往往会使镗刀下部碰坏孔壁。

镗通孔时，在选截面尽可能大的刀杆的同时，要注意防止刀杆下部碰伤已加工表面。镗盲孔时，则要使刀尖到刀背面的距离小于孔径的一半，否则无法车平不通孔底的端面。

1. 镗孔操作

镗孔操作和车外圆操作基本相同，但要注意以下几点：

（1）开车前先使车刀在孔内手动试走一遍，确认刀杆不与孔壁干涉后，再开车镗孔。

（2）镗孔时，进给量、切削深度要比车外圆时略小。刀杆越细，切削深度也越小。

（3）镗孔的切深方向和退刀方向与车外圆正好相反，初学者要特别注意，正确熟练的掌握。

（4）由于刀杆刚性差，容易产生“让刀”而使内孔成为锥孔，这时需适当降低切削用量重新镗孔。镗孔刀磨损严重时，也会使加工过的孔出现锥孔现象，这时必须重新刃磨镗刀后再进行镗孔。

2. 镗孔尺寸的控制和测量

内孔的长度尺寸可用如图 3. 43 所示的方法初步控制镗孔深度后，再用游标卡尺或深度千分尺测量来控制孔深。

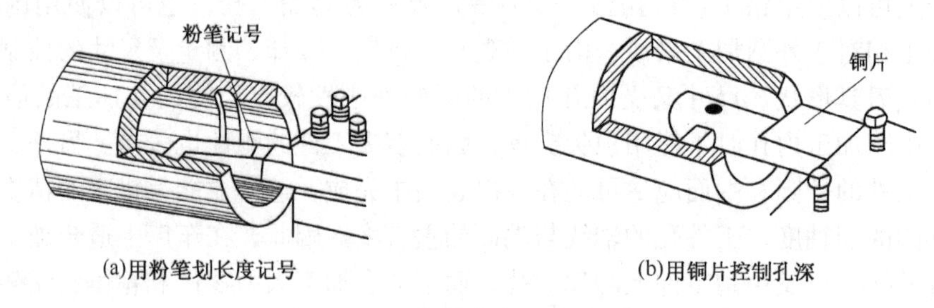

(a)用粉笔划长度记号　　(b)用铜片控制孔深

图 3. 43　控制车孔深度的方法

孔径的测量（见图 3. 44）：精度较高的孔径，可用游标卡尺测量；高精度的孔径则用内径千分尺或内径百分表测量。对于大批量生产或标准孔径，可用塞规检验。塞规过端能进入孔内，止端不能进入孔内，说明工件的孔径合格。这是内孔尺寸和形状的综合测量方法。

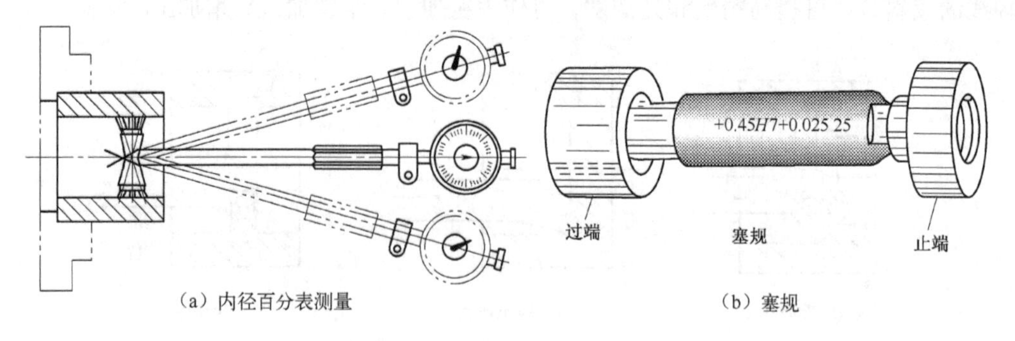

（a）内径百分表测量　　（b）塞规

图 3. 44　精密内孔的测量

3.6.2 钻孔

利用钻头将工件钻出孔的方法称为钻孔。通常在钻床或车床上钻孔。钻孔的精度较低，尺寸公差等级在 IT10 级以下，表面粗糙度为 $R_a = 6.3\mu m$。因此，钻孔往往是车孔、镗孔、扩孔和铰孔的预备工序。

在车床上钻孔，不需划线，易保证孔与外圆的同轴度及孔与端面的垂直度。车床上钻孔方法如图 3.45 所示，其操作步骤如下：

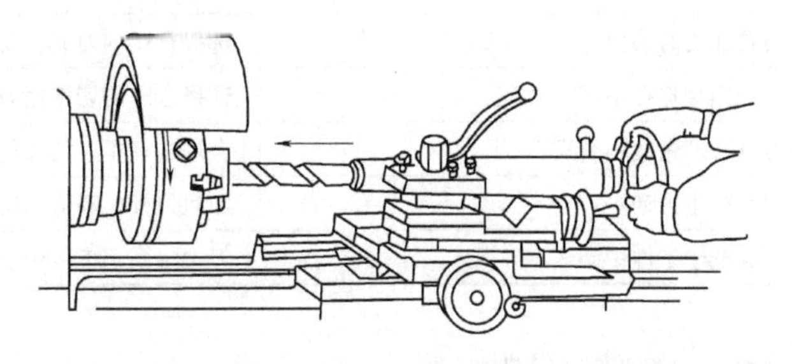

图 3.45 车床上钻孔

（1）车端面。钻中心孔便于钻头定心，可防止孔钻偏。

（2）装夹钻头。锥柄钻头直接装在尾架套筒的锥孔内，直柄钻头装在钻夹头内，把钻夹头装在尾架套筒的锥孔内。要擦净后再装入。

（3）调整尾架位置。松开尾架与床身的紧固螺栓螺母，移动尾架，使钻头能进给至所需长度，固定尾架。

（4）开车钻削。尾架套筒手柄松开后（但不宜过松），开动车床，均匀地摇动尾架套筒手轮钻削。刚接触工件时，进给要慢些；切削中要经常退回；钻透时，进给也要慢些，退出钻头后再停车。

一般直径在 ϕ30mm 以下的孔可用麻花钻直接在实心的工件上钻孔。直径大于 ϕ30mm，则先用 ϕ30mm 以下的钻头钻孔后，再用所需尺寸钻头扩孔。

3.6.3 扩孔

扩孔就是把已用麻花钻钻好的孔再扩大到所需尺寸的加工方法。一般单件、低精度的孔，可直接用麻花钻扩孔；精度要求高，成批加工的孔，可用扩孔钻扩孔。扩孔钻的刚度比麻花钻好，进给量可适当加大，生产率高。

3.6.4 铰孔

铰孔是利用定尺寸多刃刀具、高效率、成批精加工孔的方法，钻－扩－铰联用，是孔精加工的典型方法之一，多用于成批生产或单件、小批量生产中细长孔的加工。

车孔缺陷的原因及预防措施见表 3.2。

表 3.2 车孔产生废品的原因和预防措施

废品种类	产生原因	预防措施
内孔不圆	主轴轴承间隙过大	调整机床的间隙
	加工余量不均匀	分粗车与精车
	夹紧力太大，工件变形	改变装夹方法
内孔有锥度	工件没有找正中心	仔细找正工件
	刀杆刚性差，加工时产生让刀	增加刀杆的刚性
	机床主轴轴线歪斜	校正导轨
	刀具加工时磨损	选择合适的刀具，减小切削速度
内孔表面粗糙	切削用量选择不当	选择合理的切削用量
	刀具几何角度不合理	合理选择车刀的几何角度
	刀具产生振动	加粗刀杆，降低切削速度
	刀尖低于工件中心线	刀尖略高于工件中心线

3.7 实训项目 19 切槽和切断

实训教学目的与要求

(1) 了解切断刀和车槽刀的组成部分及角度要求。

(2) 掌握切断刀、车槽刀的刃磨方法；掌握车沟槽、切断的方法。

3.7.1 车槽刀和切断刀

在工件表面上车削沟槽的方法称为车槽。槽的形状很多，有外槽、内槽和端面槽等，如图 3.46 所示。

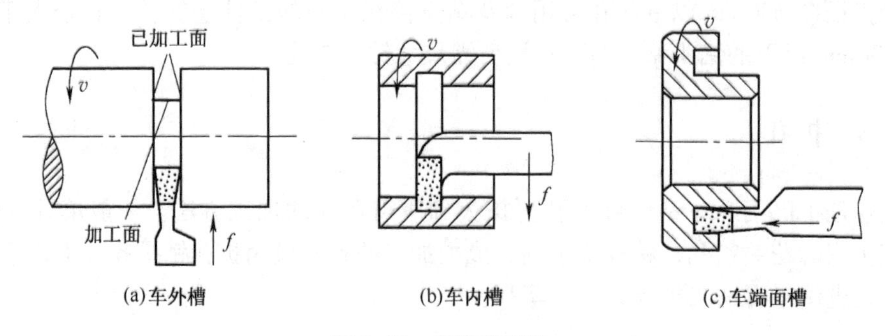

(a)车外槽　(b)车内槽　(c)车端面槽

图 3.46 车槽的形状

1. 槽刀的角度及安装

切槽刀形状和几何角度如图 3.47 所示。安装时，刀尖要与工件轴线等高；内沟槽车刀刀尖也可略高于工件中心；主切削刃要平行于工件轴线；两侧副偏角一定要对称相等；两侧刃副后角也需对称，切不可一侧为负值，以防刮伤端面或折断刀头。

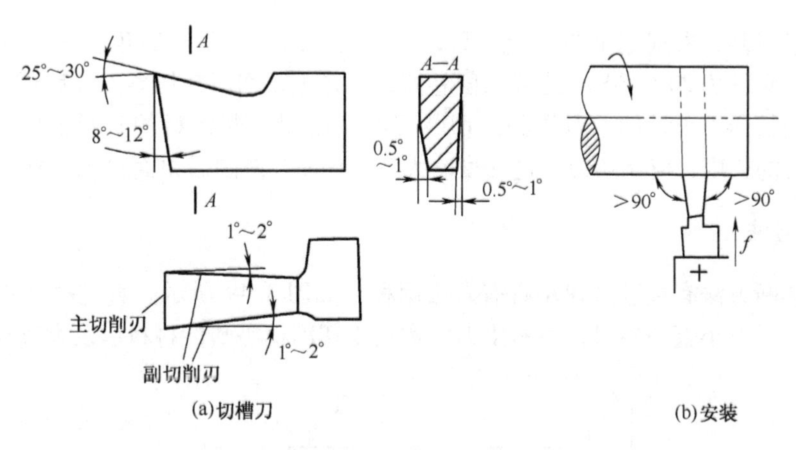

图 3. 47　切槽刀及安装

2. 切槽的方法

切削 5mm 以下窄槽，可以主切削刃和槽等宽，一次切出。切削宽槽时可按图 3. 48 所示的方法切削，先分段横向粗车，最后一次横向切削后，再进行纵向精车的加工方法。

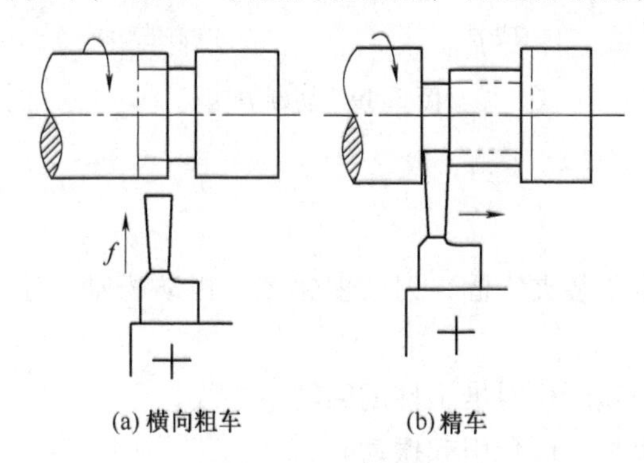

图 3. 48　车宽槽

3. 切槽尺寸的测量和控制

槽深度和宽度可用游标卡尺和深度千分尺测量。狭槽可直接用准确的主刀刃宽度来保证；宽槽可用刻度盘来控制尺寸。沟槽深度可用中拖板刻度来掌握。轴向位置用床鞍、小拖板刻度或挡铁来控制。

3. 7. 2　切断

把坯料分成几段或将加工完毕的工件从坯料上分离下来的车削方法称为切断。

1. 切断刀

切断刀与切槽刀的形状相似，不同点是刀头窄而长，容易折断，因此用切断刀也可以车槽（注意主切削刃与工件轴线平行），但不能用切槽刀来切断。切断时，刀头伸进工件内部，散热条件差，排屑困难易引起振动，如不注意，刀头就会折断。因此，对切断刀刃磨、安装角度要求较高：两副偏角约 1°～1.5°，两副后角约 1°～2°，后角约 8°，前刀面开宽而浅的槽，使前角约为20°～30°，这样切削卷曲，半径大，切屑在切离工件后再卷曲，可避免切屑夹在槽内挤压刀刃，使切刀损失。切断刀的宽度视切断棒料的直径而定，一般为 2～4mm。切断刀的长度，应比切刀切进深度略大 2～5mm，两副后刀面要求对称平直。

2. 切断方法

常用的切断方法有直进法和左右借刀法两种，如图 3.49 所示。直进法常用于切削铸铁等脆性材料，以及小直径棒料，左右借刀法常用于切削钢等塑性材料以及大直径棒料。

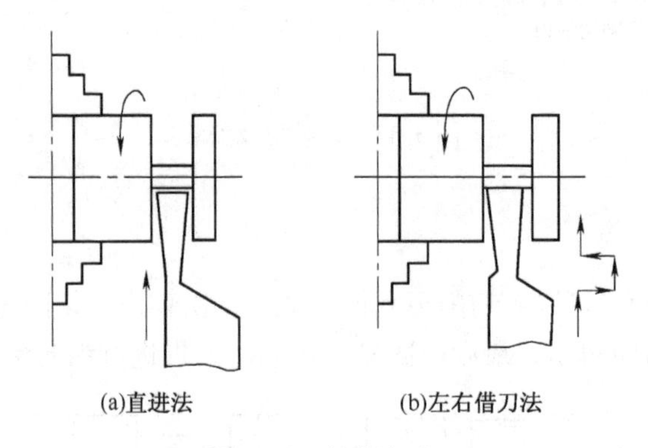

图 3.49　切断方法

3. 操作时注意事项

（1）工件和车刀一定要装夹牢固，刀架要锁紧，以防松动。工件切断处应距卡盘近些，避免在顶尖处切断。

（2）切断刀主刀刃必须严格对准工件的回转中心线。

（3）切断刀杆不宜太长，以免引起振动。

4. 合理选择切削用量

切断或切槽时，切削速度一般为（20～40）m/min，进给可机动或手动操作。机动操作时，横向机动进给量为（0.2～0.3）mm/r，在接近工件切断前，停止机动进给，改用手动进给至完全切断。手动进给切断，切槽时，进给要稳，速度要均匀，即将切断时，须放慢进给速度以免刀头折断。切钢材时，要适当加注冷却液，切铸铁时不加冷却液或用煤油进行冷却润滑。

3.8　实训项目 20　车三角形螺纹

实训教学目的与要求

（1）了解三角形螺纹车刀的几何形状和角度要求。

（2）掌握三角形螺纹车刀刃磨要求和方法。

将工件表面车削成螺纹的方法称为车螺纹。

3.8.1 螺纹基本知识

螺纹种类很多，按用途分类有连接螺纹和传动螺纹；按牙型分类有三角螺纹、梯形螺纹和矩形螺纹等。按标准分类有米制螺纹和英制螺纹两种。三角螺纹牙型角为60°，用螺距或导程表示其主要规格；英制三角螺纹的牙型角为55°，用每英寸牙数作为主要规格。各种螺纹都有左旋、右旋、单线、多线之分，其中以米制三角螺纹应用最广，称为普通螺纹。

螺纹各部分名称及尺寸计算：普通螺纹各部分名称如图3.50所示，大写字母为内螺纹各名称的代号，小写字母为外螺纹各部分名称的代号。

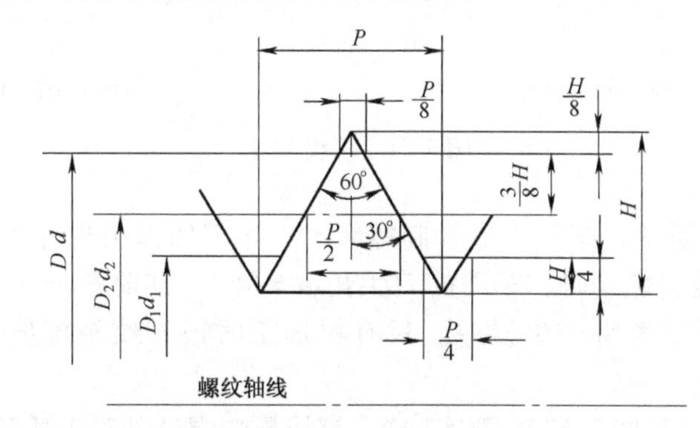

D—内螺纹的大径（公称直径）；d—外螺纹的大径（公径直径）；
D_2—内螺纹中径；d_2—外螺纹中径；
D_1—内螺纹小径；d_1—外螺纹小径 P—螺距；H—原始三角形高度

图3.50 普通螺纹各部分的名称

大径（公称直径）$D(d)$，单位为mm。

中径 $D_2, D_2(d_2) = D(d) - 0.6495P$；它是平分螺纹理论高度 H 的一个假想圆柱体的直径。在中径处螺纹的牙厚和槽宽相等。

小径 $D_1(d_1) = D(d) - 1.082P$。

螺距 P：指相邻两牙在轴线方向对应点间的距离。米制螺纹螺距单位用mm表示，英制螺纹螺距单位用每英寸长度的牙数 D_p 表示，D_p 称为节径。螺距 P 与节径 D_p 的关系为

$$P = 2.54/D_p(\text{mm})$$

牙型角 α：指螺纹轴向剖面内螺纹两侧面的夹角。公制螺纹为60°，英制螺纹为55°。

线数（头数）n：指同一螺纹上螺旋线的根数。

导程 L：$L = nP$。当 $n = 1$ 时，$P = L$。一般三角螺纹为单线，螺距即为导程。

螺距 P、牙型角 α、中径 $D_2(d_2)$ 是决定螺纹特性的三个基本要素，内外螺纹只有当这三个要素一致时，两者才能很好地配合。

3.8.2 螺纹车刀及其安装

螺纹加工时一般采用整体式高速钢车刀。但选用弹性刀杆装夹的高速钢车刀，可避免车

削时扎刀，加工螺纹表面质量也高，见图 3. 51 所示。

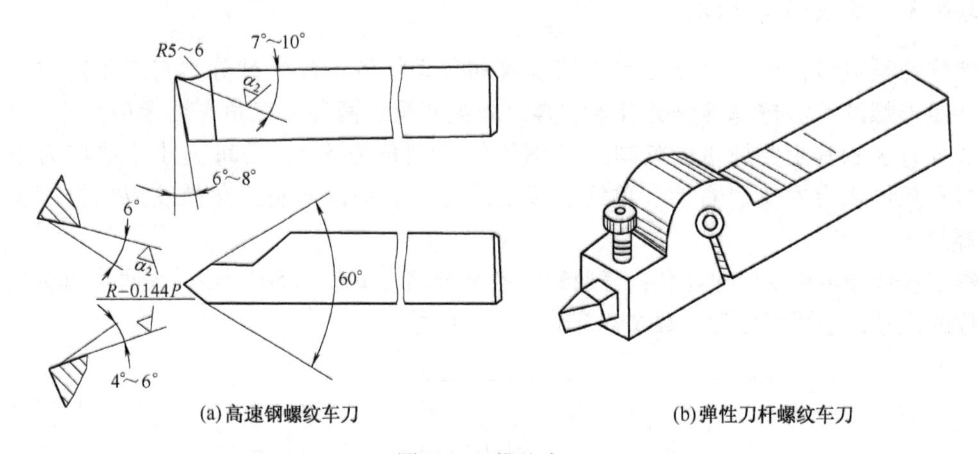

图 3. 51　螺纹车刀

如图 3. 51（a）所示，车三角形米制螺纹时，车刀的刀尖角等于螺纹的牙型角，即 $\alpha=60°$，车三角形英制螺纹时，车刀的刀尖角 $\alpha=55°$，其前角 $\gamma_o=0°$才能保证工件螺纹的牙型角，否则牙型角将产生误差。只有粗加工时或螺纹精度要求不高时，其前角 $\gamma_o=5°\sim20°$。

螺纹车刀的安装（见图 3. 52）是否正确，直接影响螺纹的加工质量。为使螺纹牙型半角相等，可用样板对刀，以保证刀尖角的角平分线与工件的轴线相垂直。另外，在装刀时，车刀刀尖应与主轴线等高。

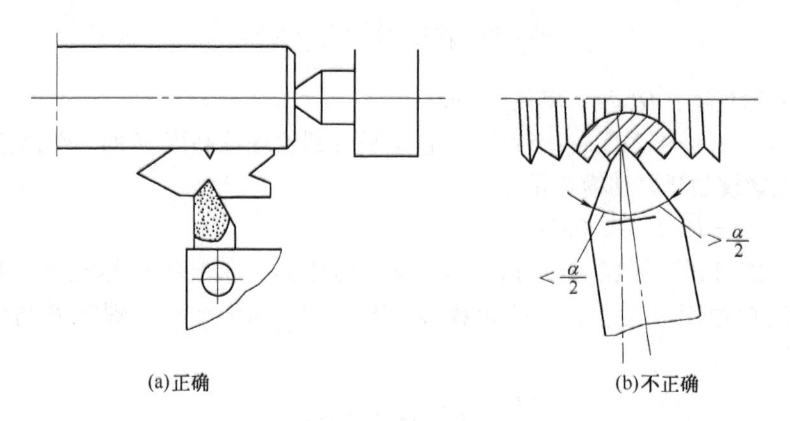

图 3. 52　外螺纹车刀的安装

3. 8. 3　车床的调整

在车床上车螺纹时，必须满足条件：工件每转一转，车刀移动一个螺距或导程。要满足这一条件必须用丝杠带动刀架。调整时通过开合螺母把丝杠接通，将主轴的旋转运动通过三星齿轮和配换齿轮传给丝杠（见图 3. 53）。主轴与丝杠的传动比是依靠配换齿轮来调整的。三星齿轮的作用是改变丝杠的旋转方向，以便车削右旋或左旋螺纹。

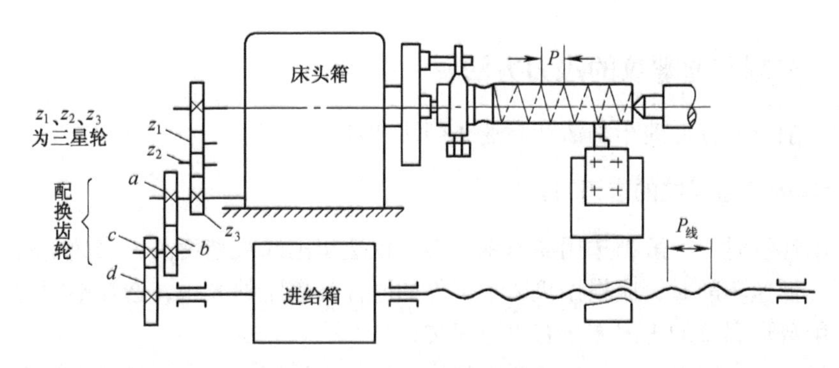

图 3.53　车螺纹时的传动

3.8.4　车螺纹的操作步骤

以车削外螺纹为例，如图 3.54 所示，这种方法称为正反车法，适于加工各种螺纹。

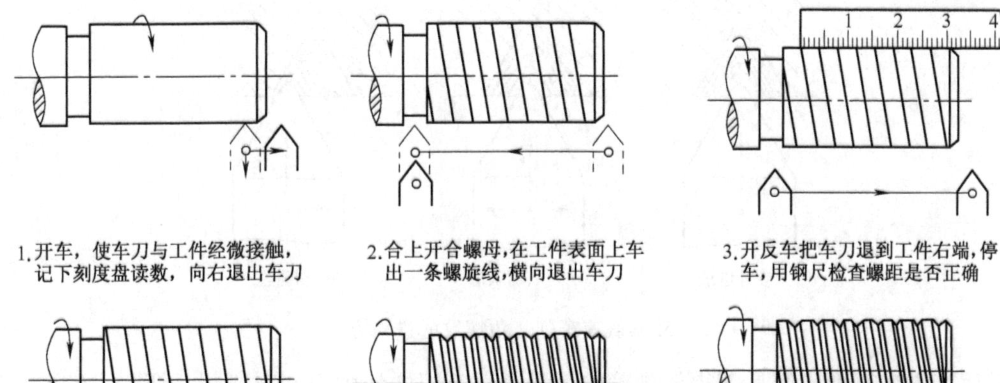

图 3.54　螺纹的车削方法与步骤

如果车床丝杠螺距是工件导程的整倍数时，可在正车时，按下开合螺母手柄车螺纹，车至螺纹终端处，抬起开合螺母手柄停止进给，转动大拖板手柄将车刀退至螺纹加工的起始位置（不用反车退刀），接着进行下一步车削。这种方法为抬闸法，在粗车螺纹时，用这种方法可提高效率。在精车螺纹时，还是用反车退刀，不要扳起开合螺母，这样容易控制加工尺寸和表面粗糙度。

车内螺纹的方法与车外螺纹的方法基本相同，只是横向进给手柄的进退刀转向不同而已。对于直径较小的内、外螺纹可用丝锥或板牙攻出。

车螺纹的注意事项如下：

（1）切削螺纹时，应及时退刀，以防车刀与工件台阶或卡盘相撞而引发事故。

（2）加工过程中不能用手摸螺纹表面，更不能用纱布或布擦螺纹表面。

3.8.5 车削普通螺纹的进刀方法

螺纹的车削方法分低速车削法和高速车削法两种。

1. 低速车削普通螺纹的进刀方法

低速车削螺纹时，一般都选用高速钢车刀。低速车削螺纹精度高，表面粗糙度值小，但车削效率低。低速车削时，应根据机床和工件的刚性、螺距的大小，选择不同的进刀方法。

低速车削普通螺纹的进刀方法有以下三种：

（1）直进法。车削时，在每次往复行程后，车刀沿横向进给，通过多次行程，把螺纹车削成形，见图 3.55（a）所示。

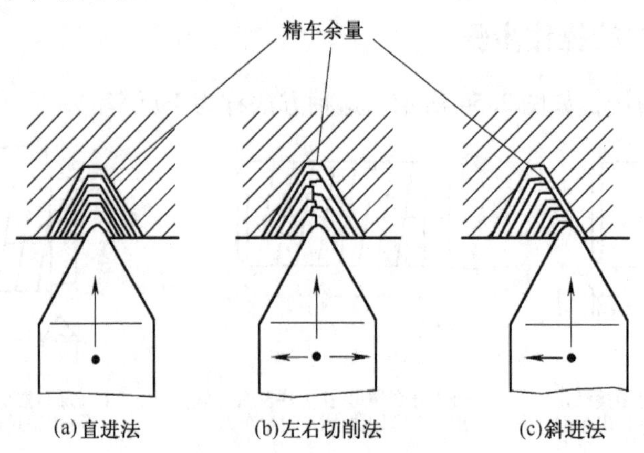

图 3.55 低速车削三角螺纹的进刀方法

采用直进法车削，容易获得较准确的牙型，但车刀两切削刃同时车削，切削力较大，容易产生振动和扎刀现象，因此常用于车削螺距小于 3mm 的三角形螺纹。

（2）左右切削法。车削过程中，在每次往复形成后，除了做横向进刀外，同时利用小滑板使车刀向左或向右做微量进给（俗称赶刀），这样重复几次行程即把螺纹车削成形，见图 3.55（b）所示。

采用左右切削法车削，车刀单刃车削，不仅排屑顺利，而且还不易扎刀。精车时，车刀左右进给量一般应小于 0.05mm，否则易造成牙底过宽或牙底不平。

（3）斜进法。粗车时，为了操作方便，在每次往复行程后，除中滑板横向进给外，小滑板只向一个方向做微量进给，这样重复几次行程即把螺纹车削成形，见图 3.55（c）所示。

斜进法也是单刃车削，不仅排屑顺利，不易扎刀，且操作方便，但只适用于粗车；精车时必须用左右切削法才能保证螺纹精度。

2. 高速车削普通螺纹

高速车削普通螺纹时，用硬质合金车刀，只能采用直进法，而不能采用左右切削法，否则高速排出的切屑会把螺纹另一侧拉毛。高速直进法车削，切削力较大，为了防止振动和扎刀，可以使用弹性刀杆螺纹车刀。另外，高速车削普通螺纹时，由于车刀的挤压，易使工件胀大，所以车削外螺纹前的工件直径一般比公称直径要小（约小 0.13P）。

3.8.6 车削普通螺纹时切削用量的选择

切削用量的选择原则

车削螺纹时切削用量的选择，主要是指背吃刀量和切削速度的选择，应根据工件材料的螺距的大小以及所处的加工位置等因素来决定。

选择切削用量的原则是：

（1）根据车削要求选择。前几次的进给用量可大些，以后每次进给切削用量应逐渐减小，精车时，背吃刀量应更小。切削速度应选低些，粗车时 $v_c = 10 \sim 15$m/min；每次切深 0.15mm 左右，最后留精车余量 0.2mm。精车时，$v_c = 6$m/min。每次进刀 0.02～005mm，总切深为 1.08P。

（2）根据切削状况选择。车外螺纹时切削用量可大些，车内螺纹时，由于刀杆刚性差，切削用量应小些。在细长轴上加工螺纹时，由于工件刚性差，切削用量应适当减小。车螺距较大的螺纹时，进给量较大，所以，背吃刀量和切削速度应适当减小。

（3）根据工件材料选择。加工脆性材料（铸铁、黄铜等），切削用量可小些，加工塑性材料（钢等），切削用量可大些。

（4）根据进给方式选择。用直进法车削，由于切削面积大，刀具受力大，所以切削用量应小些，若用左右切削法，切削用量可大些。

3.8.7 乱扣及其预防法

无论车削哪一种螺纹，都要经过几次进给才能完成。车削时，车刀偏离了前一次行程车出的螺旋槽，而把螺纹车乱的现象称为乱扣。

由公式

$$i = \frac{n_{丝}}{n_{工}} = \frac{L_{工}}{P_{丝}}$$

式中，i——主轴到丝杠之间的传动比；

$n_{丝}$——丝杠的转速（r/min）；

$n_{工}$——工件的转速（r/min）；

$P_{丝}$——丝杠的螺距（mm）；

$L_{工}$——工件的导程（mm）。

由转速和螺距的关系可知，当丝杠螺距是工件导程的整数倍时，采用抬闸法车削，就不会乱牙，否则会乱牙。

当车床丝杠的螺距是工件螺距整数倍时，采用抬闸法车削就不会乱扣。但如果开合螺母手柄没有完全压合，使螺母没有抱紧丝杠，也会乱扣。或因车刀重磨后重新安装，没有对刀，使车刀与工件的相对位置发生了变化，则也会乱扣。

通常预防乱牙的方法是开倒顺车法，即在一次行程结束时，不提起开合螺母，把车刀沿径向退出后，将主轴反转，使车刀沿纵向退回，再进行第二次行程，这样往复过程中，因主轴、丝杠和刀架之间的传动链始终没有脱开，车刀就不会偏离原来的螺旋槽而乱牙。

采用倒顺车法时，主轴换向不能太快，否则会使机床的传动件受冲击而损坏，在卡盘处应装有保险装置，以防主轴反转时卡盘脱落。

此外还应注意以下几点：

（1）调整中小刀架的间隙（调镶条），不要过紧或过松，以移动均匀、平稳为好。

（2）如从顶尖上取下工件度量，不能松下卡箍。在重新安装工件时要使卡箍与拨盘（或卡盘）的相对位置，保持与原来的一样。

（3）在切削过程中，如果换刀，则应重新对刀。“对刀”是指闭合对开螺母，移动小刀架，使车刀落入原来的螺纹槽中。由于传动系统有间隙，所以对刀须在车刀沿切削方向走一段以后，停车后再进行。

3.8.8 螺纹的测量

对螺纹而言主要测量螺距、牙型角和螺纹中径。因为螺距是由车床的运动关系来保证的，所以用钢尺测量即可。牙型角是由车刀的刀尖角以及正确安装来保证的，一般用样板测量。也可用螺距规同时测量螺距和牙型角，如图 3.56 所示。螺纹中径常用螺纹千分卡尺测量，如图 3.57 所示。

在成批大量生产中，多用如图 3.58 所示的螺纹量规进行综合测量。

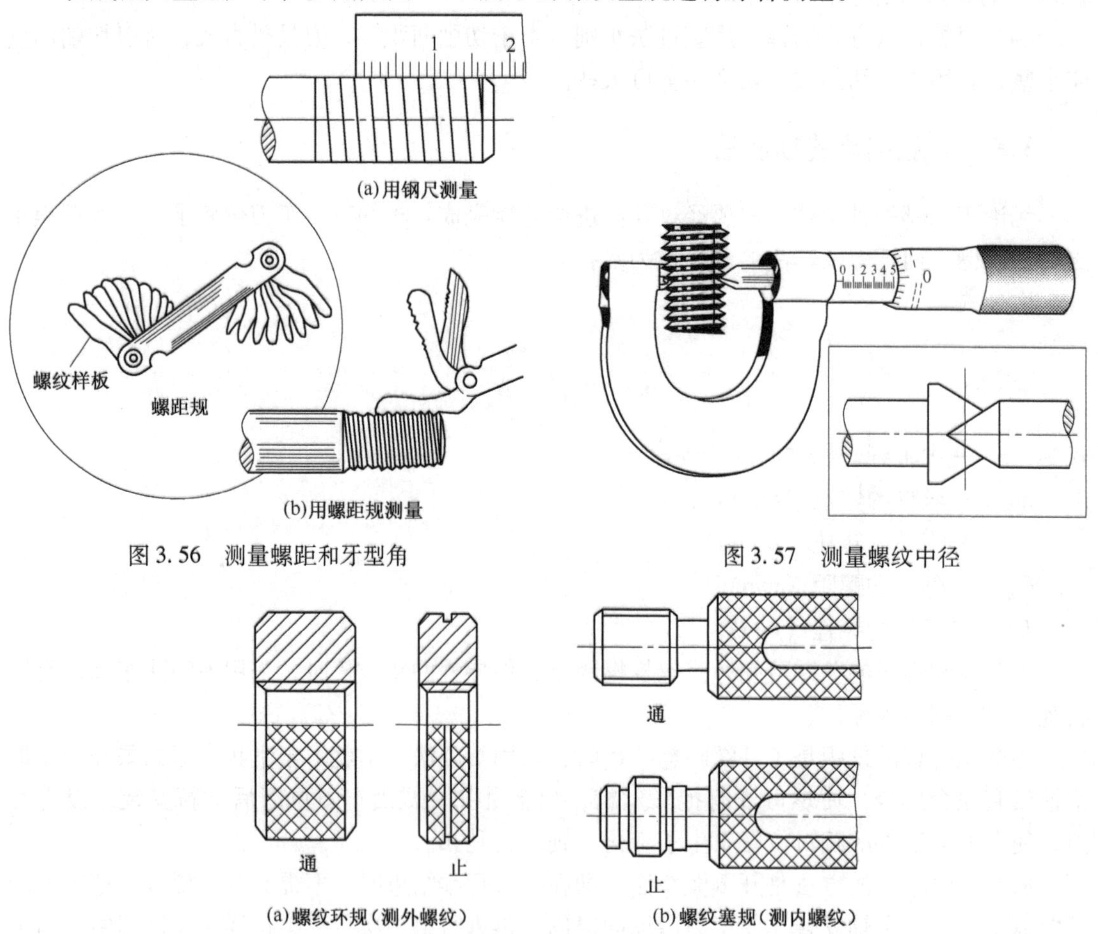

图 3.56　测量螺距和牙型角

图 3.57　测量螺纹中径

图 3.58　螺纹量规

3.8.9 车螺纹时的缺陷及预防措施

车螺纹时的缺陷及预防措施见表3.3。

表3.3 车螺纹时产生废品的原因及预防措施

废品种类	产生原因	预防措施
螺距不准	1. 在调整机床时，手柄位置放错了 2. 反转退刀时，开合螺母被打开过 3. 进给丝杠或主轴轴向窜动	1. 检查手柄位置是否正确，把放错的手柄改正过来 2. 退刀时不能打开开合螺母 3. 调整丝杠或主轴轴承轴向间隙，不能调间隙时换新的
中径不准	加工时切入深度不准	仔细调整切入深度
牙型不准	1. 车刀刀尖角刃磨不准 2. 车刀安装时位置不正确 3. 车刀磨损	1. 重新刃磨刀尖 2. 重新装刀，并检查位置 3. 重新磨刀或换新刀
螺纹表面不光洁	1. 刀杆刚性不够，切削时振动 2. 高速切削时，精加工余量太少或排屑方向不正确，把已加工表面拉毛	1. 调整刀杆伸出长度，或换刀杆 2. 留足够的精加工余量，改变刀具几何角度，使切屑不流向已加工面
扎刀	1. 前角太大 2. 横向进给丝杠的间隙太大	1. 减小前角 2. 调整丝杠间隙

3.9 实训项目21 成形车刀车削成形面

实训教学目的与要求

（1）了解成形车刀车成形面的工作原理。

（2）掌握成形车刀车成形面的方法与步骤。

有些零件如手柄、手轮、圆球等，它们的表面不是平直的，而是由曲面组成的，这类零件的表面叫做成形面（也叫特形面）。下面介绍三种加工成形面的方法。

3.9.1 用普通车刀车削成形面

如图3.59所示，首先用外圆车刀1把工件粗车出几个台阶，然后双手控制车刀2依纵向和横向的综合进给车掉台阶的峰部，得到大致的成形轮廓，再用精车刀3按同样的方法进行成

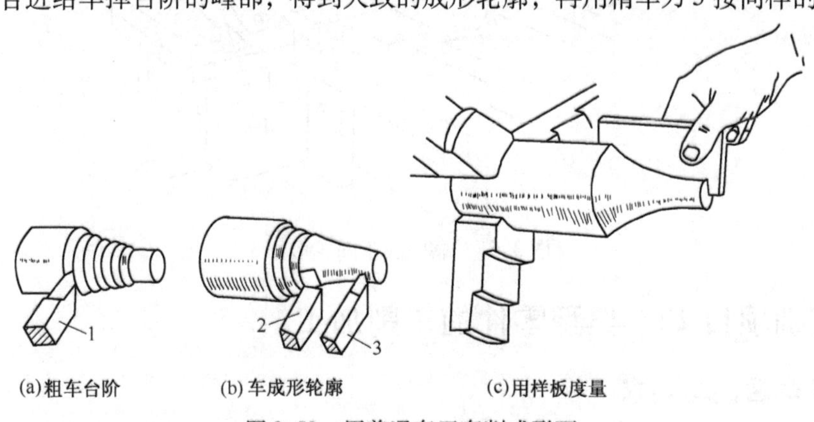

(a)粗车台阶 (b)车成形轮廓 (c)用样板度量

图3.59 用普通车刀车削成形面

形面的精加工，见图3.59（b）所示，再用样板检验成形面是否合格，见图3.59（c）所示。一般需经多次反复度量修整，才能得到所需的精度及表面粗糙度。这种方法对操作技术要求较高，但由于不需要特殊的设备，生产中仍被普遍采用，此法多用于单件操作，小批量生产。

3.9.2　用成形车刀车削成形面

这种方法是利用与工件轴向剖面形状完全相同的成形车刀来车出所需的成形面，也称为样板刀法，如图3.60所示。主要用于车削尺寸不大的且要求不太精确的成形面。

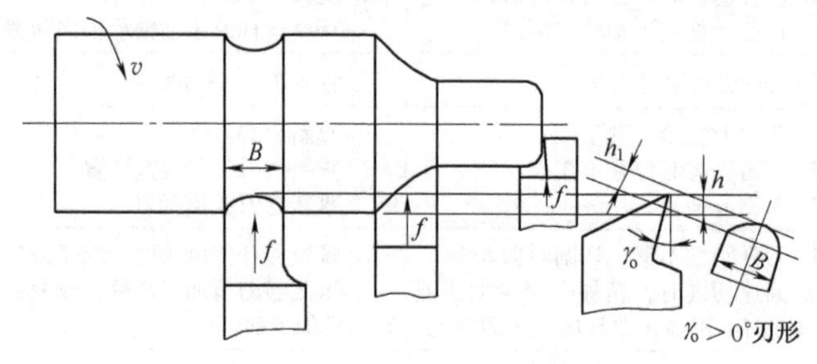

图3.60　成形车刀车削成形面

3.9.3　靠模法

利用刀尖运动轨迹与靠模（板或槽）形状完全相同的方法车出成形面，如图3.61所示。靠模安装在床身后面，车床中拖板需与丝杠脱开。其前端连接板上装有滚柱，当大拖板纵向自动进给时，滚柱即沿靠模的曲线槽移动，从而带动中拖板和车刀作与曲线槽形状一致的曲线运动，车出成形面来。

车削前，小拖板应转90°，以便用它调整车刀位置，并控制切深。这种方法操作简单，生产率高，但需要制造专用模具，适用于生产批量大、车削轴向长度长、形状简单的成形面零件。

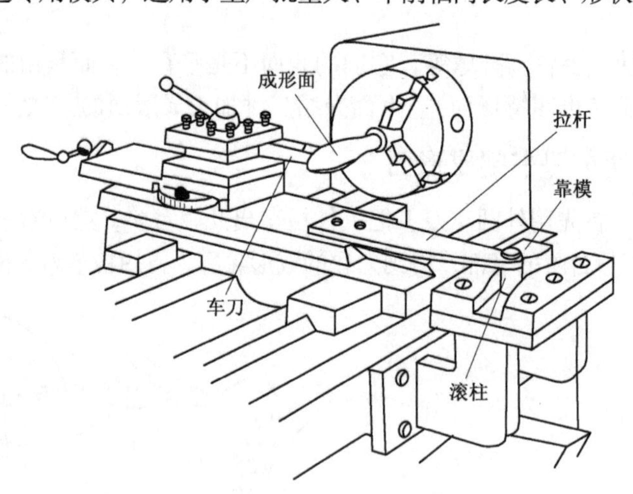

图3.61　靠模法车削成形面

3.10　实训项目22　典型零件的车削加工

实训教学目的与要求

（1）掌握典型零件的车削工艺安排

（2）掌握典型零件的车削加工顺序

3.10.1 轴类零件车削加工

1. 零件图样（见图3.62）

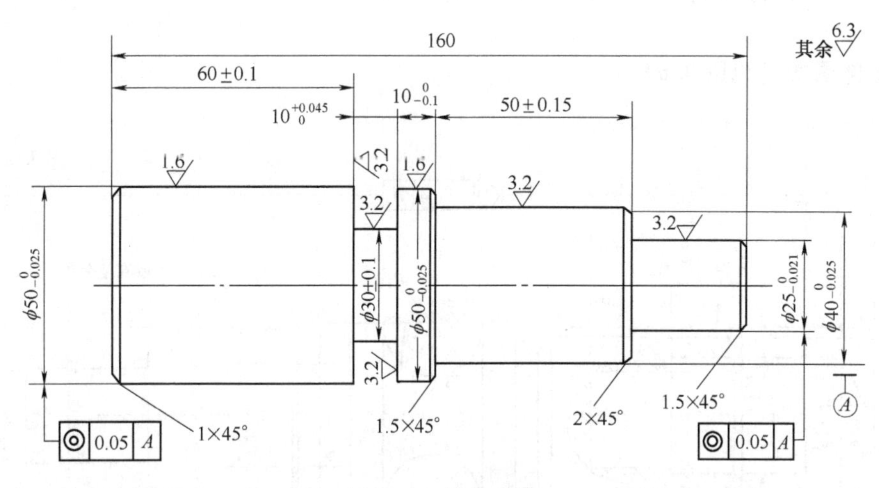

图3.62 轴类零件

2. 车削顺序

（1）用三爪自定心卡盘夹住棒料外圆（露出部分长度不少于100mm），用45°车刀车端面，车去长度约3mm左右。

（2）用90°车刀粗车ϕ40mm，ϕ25mm两级外圆，留2mm精车余量，并保证台阶长度，钻中心孔。

（3）调头夹住ϕ40mm外圆，车端面截总长至尺寸，钻中心孔。

（4）用后顶尖顶住，粗ϕ50mm外圆，留2mm余量。

（5）用切断刀车槽至于尺寸。

（6）采用双顶尖装夹精车ϕ50mm，ϕ40mm，ϕ25mm至尺寸，倒角符合要求。

3.10.2 套类零件车削加工

1. 工件图样（见图3.63）

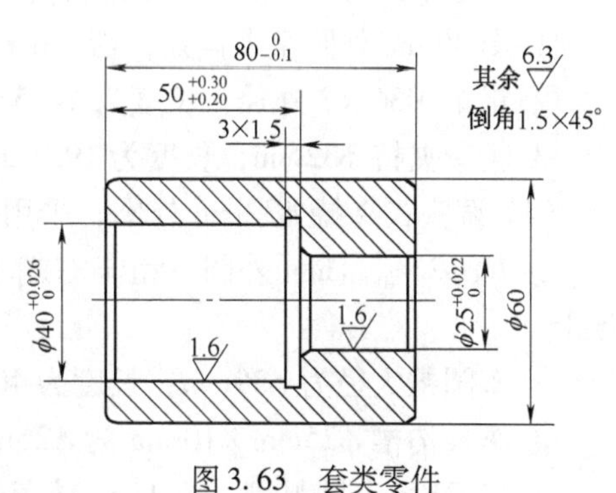

图3.63 套类零件

2. 车削顺序

（1）用三爪自定心卡盘夹住毛坯外圆，车端面、车外圆ϕ60mm长度至卡盘处，外圆倒角1.5×45°成形。

（2）调头，找正夹牢，车端面截总长至尺寸。车外圆ϕ60mm至接刀处。钻孔，粗车台阶孔ϕ40mm，ϕ25mm，各留2mm余量。车内沟槽至尺寸。

(3) 精车 ϕ40mm，ϕ25mm 台阶孔，孔口倒角 1.5 ×45°成形。

(4) 调头，找正夹牢，孔口倒角 1.5 ×45°成形。

3.10.3 带有多种表面轴类零件车削加工

1. 工件图样（见图 3.64）

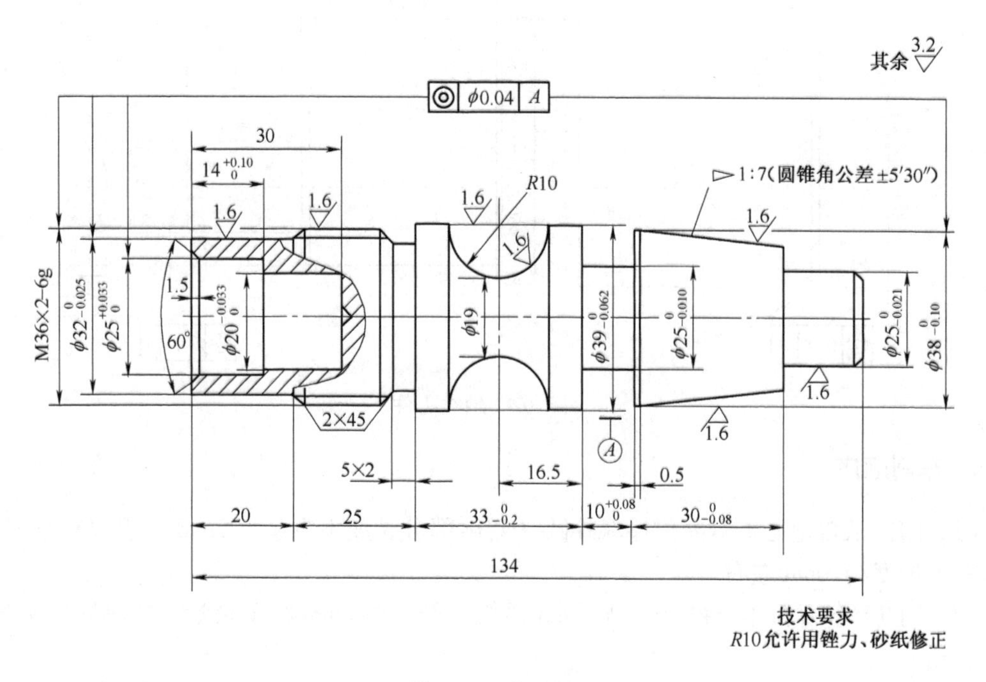

图 3.64 传动轴

2. 车削顺序

(1) 用三爪自定心卡盘夹持毛坯外圆，车端面，钻中心孔，车 ϕ30mm × 10mm 工艺台阶。

(2) 调头，找正夹牢，车端面截总长至尺寸，钻中心孔。

(3) 夹持 ϕ30mm ×10mm 工艺台阶，采用一夹一顶装夹方法，粗车左端下列尺寸：

① 车 39mm 外圆至卡盘处，留 1mm 的精车余量。

② 粗车 M36 ×2 外径，长度为 44.5mm，外圆留 1mm 精车余量。

③ 粗车夹持 ϕ32mm，长度为 19.5mm，外圆留 1mm 精车余量

(4) 调头，夹持 ϕ32mm 外圆，采用一夹一顶装夹方法，粗车右端下列尺寸：

① 车 $\phi 25_{-0.021}^{\ 0}$ mm 外圆，粗车右端下列尺寸，长度为 15.5mm 左右，外圆留 1mm 精车余量。

② 车圆锥大径为 ϕ39mm，长度为 40mm。

③ 车外沟槽 ϕ25mm ×10mm 为 ϕ26mm ×9mm，保证轴向尺寸 $33_{-0.20}^{\ 0}$ mm 为 33.5mm。

④ 车 R10mm 圆弧槽，留 1mm 精车余量。

（5）调头，用三爪自定心卡盘夹持 ϕ39mm 部分外圆，找正夹牢。

① 钻孔 ϕ18mm，深度为 30mm。

② 车孔 $\phi20_{0}^{0.033}$mm，深度为 30mm。

③ 车孔 $\phi25_{0}^{+0.033}$mm 至尺寸，深度 $14_{0}^{+0.10}$mm 至尺寸。

④ 孔口倒角 60°，宽 1.5mm 成形。

（6）用双顶尖装夹，精车左端下列尺寸：

① 精车 $\phi32_{-0.0025}^{0}$mm 外径，长度至尺寸。

② 车退刀槽 5mm ×2mm 至尺寸。

③ 粗车、精车 M36 ×2 成形。

（7）调头，用双顶尖装夹，精车右端下列尺寸：

① 精车外圆 $\phi39_{-0.062}^{0}$mm 至尺寸。

② 精车外沟槽 $\phi25_{-0.10}^{0}$mm，宽度 $10_{0}^{0.08}$mm 至尺寸，并保证中间轴向尺寸 $33_{-0.20}^{0}$mm。

③ 精车圆弧槽 R10mm 至尺寸，并用锉刀、砂布修光，使其达到表面粗糙度要求。

④ 精车 $\phi38_{-0.10}^{0}$mm 至尺寸。

⑤ 粗车、精车圆锥 1∶7 成形。

⑥ 精车 $\phi25_{-0.021}^{0}$mm 至尺寸，并保证 $30_{-0.08}^{0}$mm 锥体长度尺寸。

⑦ 倒角及锐角倒钝。

习　题　3

3.1　车刀的切削部分有哪几部分？分别有何作用？

3.2　车刀的几何角度有哪些？它们对切削过程有何影响？

3.3　安装车刀应注意哪些问题？

3.4　车削运动中的主运动和进给运动分别是什么？

3.5　车削加工时，工件有哪些装夹方法？

3.6　粗车外圆时，车刀的角度选择原则是什么？

3.7　车圆锥有哪些方法？

3.8　什么叫“乱扣”？如何避免乱扣？

3.9　螺纹加工时能否用光杠代替丝杠进行传动？为什么？

3.10　数控车床由哪几部分组成？

3.11　什么叫粗车和精车？切削用量对加工质量和生产率有何影响？

3.12　在车床上装夹工件的方法主要有哪几种？在车床上如何正确安装工件？

3.13　说明下列刀具材料牌号的含义：T12A，YG8，YT15。

3.14　已知切削部位工件最大直径为 86mm，切削速度 $v=120$m/min，求主运动的转速 n？

3.15　请在车床上加工如图 3.65 所示的工件。

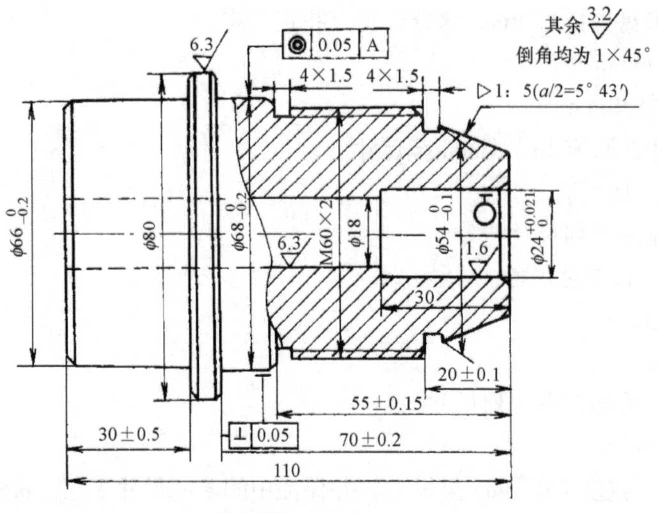

（a）套（材料：HT150）

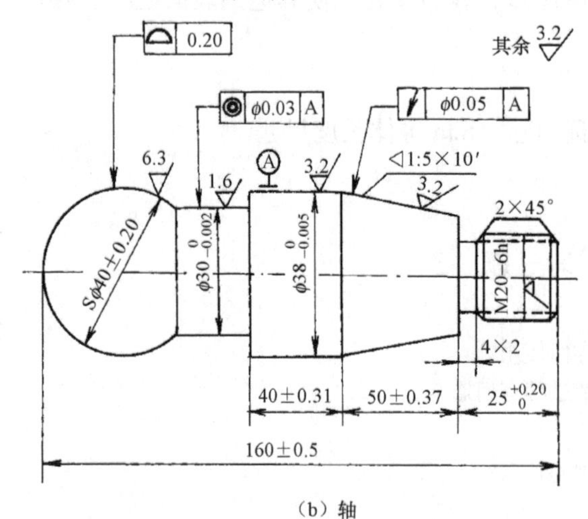

（b）轴

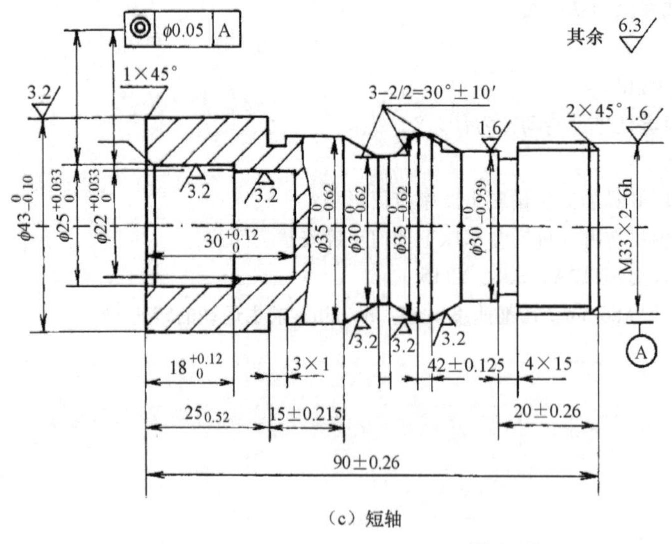

技术要求

1. 未注倒角处为0.3×45°。
2. 未注公差尺寸按IT14级。
3. 30°±10′锥面宽刃刀车削。
4. 不准用砂布、锉刀打磨抛光工件。

（c）短轴

图 3.65

模块4　铣 工 实 训

4.1　实训项目23　铣工基础

4.1.1　铣削运动和铣削用量

实训教学目的与要求

（1）了解铣削运动、铣削加工工艺范围及铣削用量。

（2）掌握铣削用量的选用。

铣削加工是在铣床上利用铣刀的旋转和工件的移动（转动）来加工工件的方法。铣削加工的范围非常广泛，可加工平面、台阶面、沟槽（包括键槽、直角槽、角度槽、燕尾槽、T形槽、圆弧槽、螺旋槽）和成形面等。此外，还可以进行孔加工（钻孔、扩孔、铰孔、镗孔）和分度工作。一般铣削加工精度可达IT9～IT8，表面粗糙度为R_a1.6～6.3mm。

在铣削中，铣刀的旋转运动和工件的移动（或转动）是铣削的基本运动。

铣刀的旋转运动为主运动。切削速度v_c一般指外圆上切削刃的线速度，一般用以下公式计算：

$$v_c = \frac{\pi Dn}{100}(\text{m/min}) = \frac{\pi Dn}{100 \times 60}(\text{m/s})$$

式中，D是铣刀直径（mm）；

　　n是铣刀每分钟转速（r/min）。

不断地把切削层投入切削，以逐渐切出整个工件的轮廓运动。铣削的进给运动为工件的移动。进给量有以下三种表示方法。

1. 进给速度v_f

即每分钟工件在进给运动方向上的位移量，单位是mm/min，也称每分钟进给量。

2. 每齿进给量f_z

即铣刀每转一个齿时，工件在进给运动方向上的相对位移量，单位是mm/z（即毫米/齿）。

3. 每转进给量f

即铣刀每转一周时，工件在进给运动方向上的相对位移量，单位是mm/r。进给速度v_f、每齿进给量f_z、每转进给量f这三种进给量之间的关系是：

$$v_f = f \cdot n = f_z \cdot z \cdot n$$

式中，z——铣刀的齿数；

n——铣刀每分钟转速（r/min）。

4. 背吃刀量 a_p

指平行于铣刀轴线方向上的切削层的宽度，单位为 mm。

5. 侧吃刀量 a_e

指垂直于铣刀轴线方向上的切削层的厚度，单位为 mm。

铣削速度、进给量、背吃刀量和侧吃刀量合称切削要素，合理地选用这些要素，对提高生产效率、改善表面粗糙度和加工精度有着密切的关系。

以铣平面为例，铣削用量及铣削要素如图 4.1 所示。

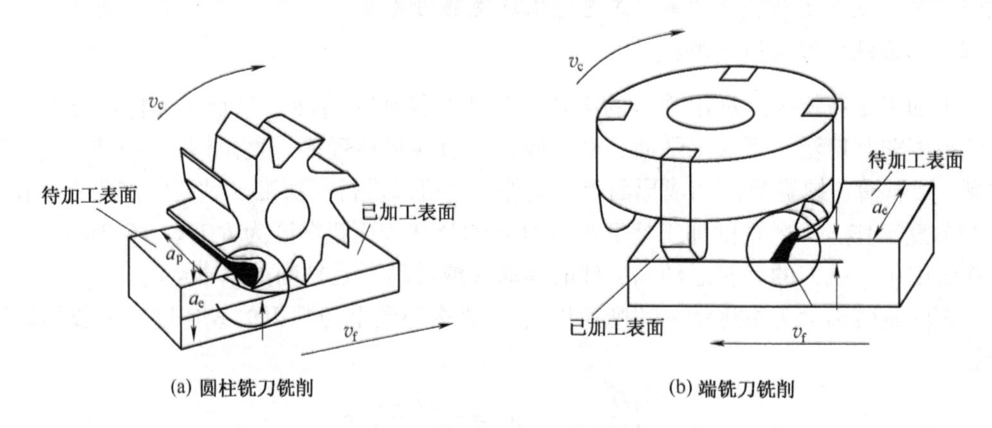

(a) 圆柱铣刀铣削　　(b) 端铣刀铣削

图 4.1　铣削用量及铣削要素

4.1.2　铣削特点及加工范围

1. 铣削特点

铣削加工的主要特点是用多齿刀具来进行切削，每个刀齿相当于一把车刀，它的切削基本规律与车削相似，刀齿可以轮换切削，因而刀具的散热条件好，允许有较大的进给量和较高的切削速度，加工效率高。此外铣刀的主运动是旋转运动，故可提高铣削用量。但是铣削是断续切削，切削面积和切削厚度随时变化，铣刀刀齿的不断切入和切出，使得切削力不断的变化，所以易产生冲击和振动。铣削加工是目前应用最广泛的切削加工方法之一。

2. 加工范围

铣削的加工范围十分广泛，可以用于加工成形面、平面、台阶面、特形面、特形槽、齿轮、螺旋槽等各种沟槽表面，以及切断和镗孔，另外还可以利用万能分度头进行分度件的加工。如图 4.2 所示。

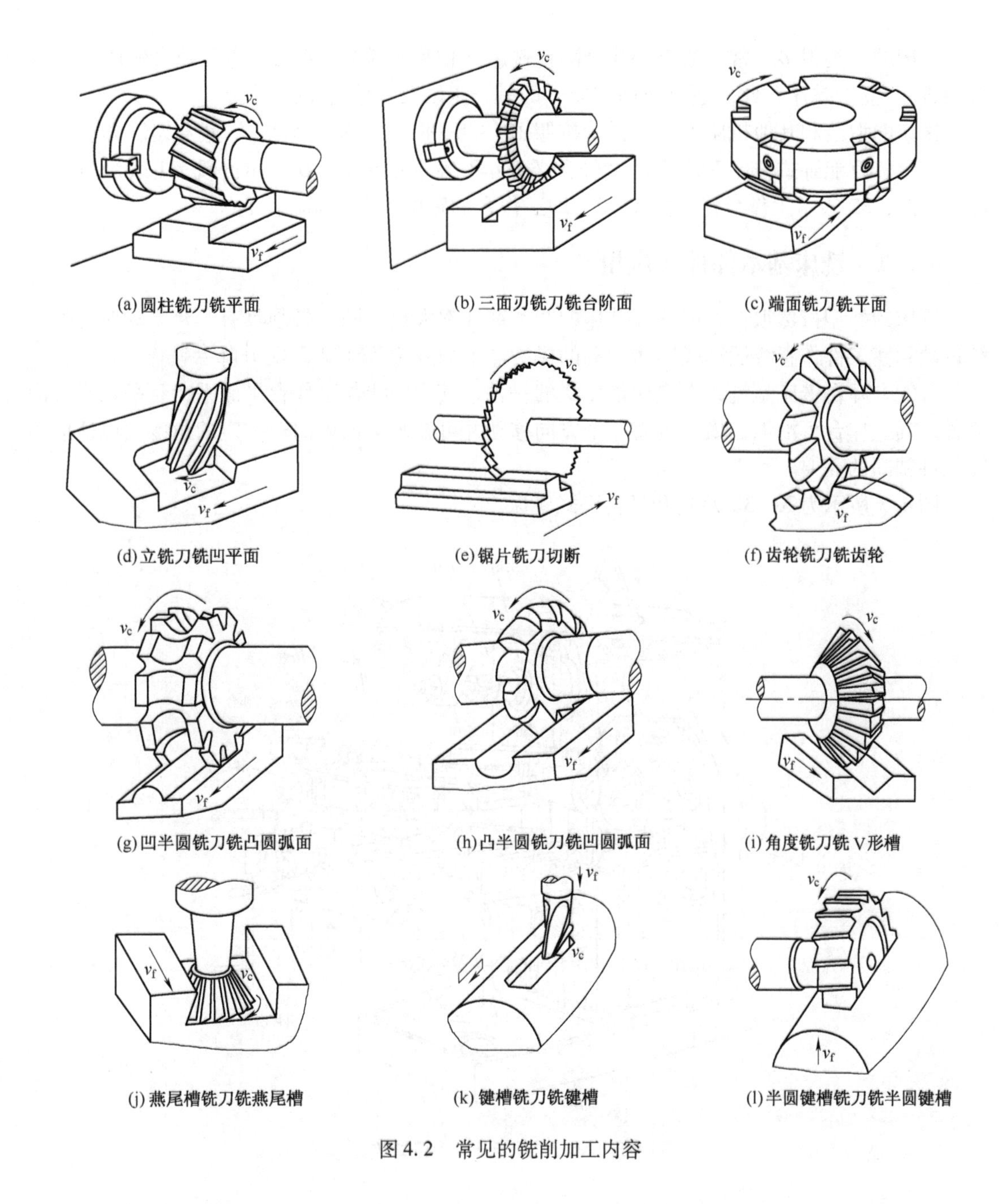

(a) 圆柱铣刀铣平面　(b) 三面刃铣刀铣台阶面　(c) 端面铣刀铣平面

(d) 立铣刀铣凹平面　(e) 锯片铣刀切断　(f) 齿轮铣刀铣齿轮

(g) 凹半圆铣刀铣凸圆弧面　(h) 凸半圆铣刀铣凹圆弧面　(i) 角度铣刀铣 V 形槽

(j) 燕尾槽铣刀铣燕尾槽　(k) 键槽铣刀铣键槽　(l) 半圆键槽铣刀铣半圆键槽

图 4.2　常见的铣削加工内容

4.2　实训项目 24　铣床及其附件

实训教学目的与要求

（1）了解铣床的种类、代号、加工特点及范围。

（2）了解铣床各部分的名称和作用。

（3）掌握卧式铣床的附件使用方法。

铣床的种类很多，常见的有卧式升降台铣床（俗称平铣）、卧式万能升降台铣床（俗称万能铣）、立式铣床，此外还有龙门铣床、键槽铣床以及数控铣床等等。

铣床的型号和其他机床型号一样，按照 JB1838—85《金属切削机床 型号编制方法》的规定表示。万能卧式铣床 X6132 的编号含义为：X 表示铣床类，6 表示卧铣，1 表示万能升降台铣床，32 表示工作台宽度的 1/10，即工作台的宽度为 320mm。

4.2.1 铣床基本部件及应用

铣床的类型虽然很多，但各类铣床的基本部件都大致相同，必须具有一套带动铣刀作旋转运动和使工件作直线运动或回转运动的机构。下面介绍 X6132 万能升降台铣床。

万能升降台铣床是铣床中应用最广泛的一种，其主轴线与工作台平面平行且呈水平方向放置，其工作台可沿纵、横、垂直三个方向移动并可在水平面内回转一定的角度，以适应不同工件铣削的需要。

图 4.3 所示为 X6132 万能升降台卧式铣床。

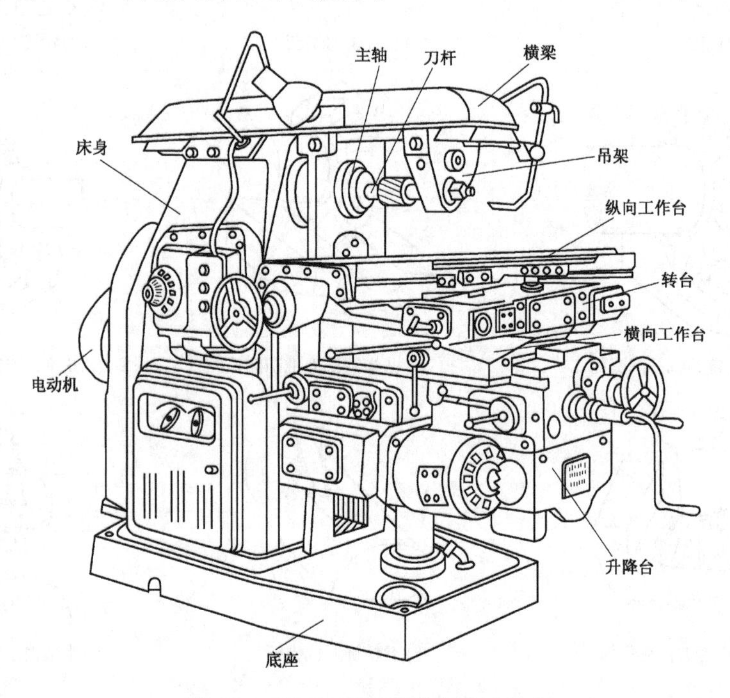

图 4.3　X6132 万能升降台卧式铣床

1. 床身和底座

床身是用来安装和连接机床上其他部件的，是机床的主体。其内部装有电动机及传动机构。床身一般用优质灰口铸铁做成箱体结构。底座在床身的下面，并把床身紧固在上面。升降丝杠的螺母座也安装在底座上。

2. 主轴

主轴是前端带锥孔的空心轴。锥度一般是 7∶24，铣刀刀轴就安装在锥孔中，并被带动旋转。主轴是铣床的主要部件，要求旋转平稳，无跳动和刚性好，需经过热处理和精密加工。

3. 横梁及吊架

横梁安装在床身的顶部，可沿顶部导轨移动。横梁上装有吊架，横梁和吊架的主要作用是支持刀轴的外端，以增加刀轴的刚性。横梁向外伸出的长度可以任意调整，以适应各种不同长度的刀轴。

4. 纵向工作台

纵向工作台是用来安装夹具和工件的，并作纵向移动。工作台上面有T形槽，用来安放T形螺钉以固定夹具和工件，其下面通过螺母与丝杠螺纹连接。其侧面有固定挡铁以实现机床的机动纵向进给。

5. 横向工作台

横向工作台在纵向工作台的下面，可沿升降台上面的导轨作横向移动，以带动工件横向进给。在横向工作台与纵向工作台之间设有回转盘，可使纵向工作台在±45°范围内转动。

6. 升降台

升降台借助升降丝杠支持工作台上下移动，以调整工作台面至铣刀的距离，也可作垂直向进给。机床进给系统中的电动机、变速机构和操纵机构等都安装在升降台内。

4.2.2 铣床的操作和调整

学习操作和调整铣床的步骤如下：

（1）详细了解铣床上每一个手柄、操纵杆、按钮和操作调整机构的用途和使用规则。

（2）将各锁紧手柄松开，用手摇动纵向、横向和升降手柄，直到合适位置。

（3）将总开关旋钮旋到“通”的位置，接通电源，并使开关指向主轴需要的旋转方向上。

（4）将主轴转速旋转到最低转速挡（30转/分），再按“启动”按钮，使主轴低速运转30分钟。

（5）把进给量调整到较低的速度（如60mm/min），推动进给手柄，使工作自动进给。分别推动三个进给手柄，可使工作台作纵向、横向和升降的自动进给运动。变速前必须停车，否则容易碰毛和打坏齿轮、离合器等传动件。

4.2.3 铣床主要附件

铣床的主要附件有机用平口钳、铣刀杆、回转工作台、万能铣头和万能分度头等。

1. 机用平口钳

机用平口钳是一种通用夹具，使用时应该先校正其在工作台上的位置，然后再夹紧工件。校正平口钳的方法一般有3种：

（1）用百分表校正，如图 4.4（a）所示。

（2）用 90°角尺校正。

（3）用划线针校正。

校正的目的是为了保证固定钳口与工作台面的垂直度、平行度，校正后利用螺栓与工作台 T 形槽连接将平口钳装夹在工作台上。装夹工件时，应按划线找正工件，然后转动平口钳丝杆，使活动钳口移动并夹紧工件，如图 4.4（b）所示。

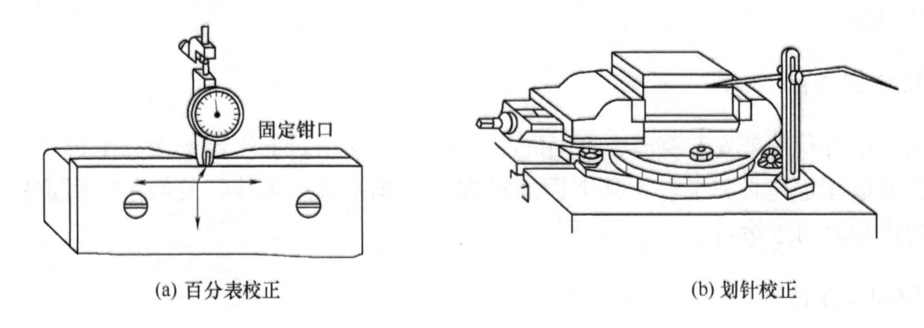

(a) 百分表校正　　(b) 划针校正

图 4.4　校正平口钳

2. 回转工作台

回转工作台又称转盘、圆形工作台，如图 4.5 所示。它的内部有一副蜗轮蜗杆，手轮与蜗杆同轴连接，转台与蜗轮连接，转动手轮，通过蜗轮蜗杆的传动使转台转动。转台周围有刻度可用来观察和确定转台的位置。

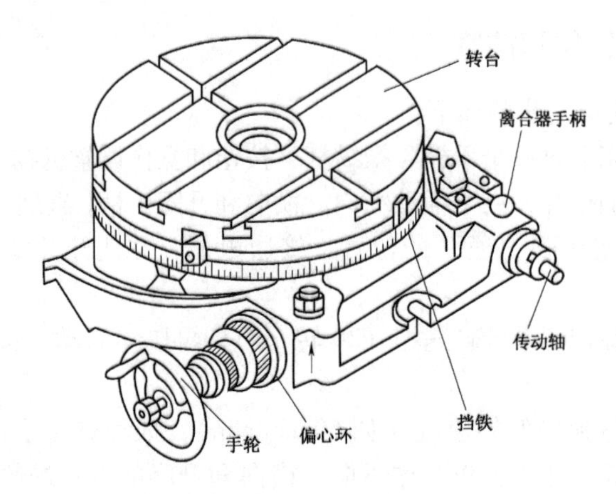

图 4.5　回转工作台

3. 万能铣头

万能铣头是扩大卧式铣床加工范围的附件。铣头的主轴可安装铣刀并根据加工需要在空间扳转任意角度。万能铣头的外形及其在卧式铣床上的安装情况如图 4.6 所示。通过底座用螺栓将铣头紧固在卧铣的垂直导轨上，铣床主轴的运动通过铣头内的两对伞齿轮传到铣头主轴和铣刀上。铣头壳体可绕铣床主轴轴线偏转任意角度。在图 4.6 中，图（a）所示为铣刀处于垂直位置，图（b）所示为铣刀处于向右倾斜位置，图（c）所示为铣刀处于向前倾斜位置。

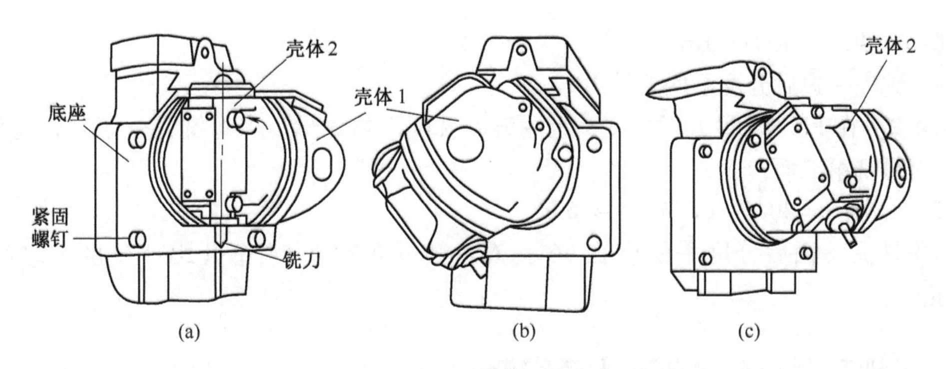

图 4.6　万能立铣头

4. 分度头

在铣削加工中，常会遇到铣六方、齿轮、花键和刻线等工作，这时，工件每铣过一面或一个槽之后，需要转过一个角度再铣下一面或下一个槽，这种工作叫做分度。分度头就是根据加工需要，对工件在水平、垂直和倾斜位置进行分度的机构。万能分度头是铣床的主要附件之一，其构造如图 4.7 所示，在它的基座上装有回转体，分度头的主轴可以随回转体在垂直平面内转动。主轴的前端常装上三爪卡盘或顶尖。分度时可摇动分度手柄，通过蜗轮蜗杆带动分度头主轴旋转进行分度。

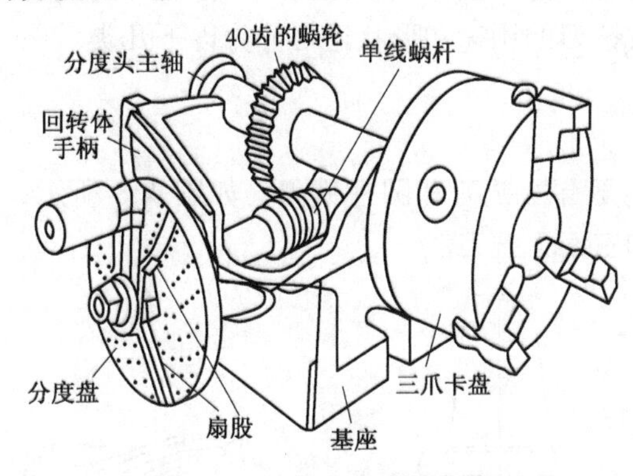

图 4.7　万能分度头的构造

常用分度头有 F11100、F11125、F11160，其中 F11125 型万能分度头在铣床上常用。它通过一对传动比为 1∶1 的直齿圆柱齿轮及一对传动比为 11∶140 的蜗杆副使主轴旋转。此分度手柄转过 40 转，主轴转 1 转，急速比为 11∶140，比数 40 就称为分度头的定数。

分度手柄转数 n 和工件圆周等分数 z 的关系如下：

$$1:40 = 1/z::n$$

$$n = 40/z$$

式中，n——分度手柄转数；

40——分度头的定数；

z——工件圆周等分数。

例 4.1　在 F11125 型万能分度头上用铣刀铣削四方，求每铣完一边后分度手柄要转多少转?

解： $n = 40/z = 40/4 = 10\text{r}$

即每铣完一边后分度手柄要转10r。

例4.2 在F11125型万能分度头上用铣刀铣削六角螺母，求每铣完一面后分度手柄要转多少转再铣第二面?

解： $n = 40/z = 40/6 = 62/3 = 644/66\text{r}$

即每铣完一面后分度手柄应在66孔圈上转过6转又44个孔距（分度叉之间包含45个孔）。

4.3 实训项目25 铣刀及其安装

教学目的与要求

（1）了解铣刀的材料、种类。

（2）掌握铣刀的应用，会装卸铣刀刀轴和铣刀。

4.3.1 常用铣刀种类

铣刀的种类很多，用处也各不相同。按材料不同可分为：高速钢和硬质合金两大类；按刀齿与刀体是否为一体又可分为：整体式和镶齿式；按铣刀的安装方法不同可分为：带孔铣刀和带柄铣刀。此外，按铣刀的用途和形状还可分为以下几类。

1. 加工平面的铣刀

加工平面用的铣刀主要有端铣刀和圆柱铣刀，如图4.8所示，如果是加工比较小的平面，也可以使用立铣刀和三面刃铣刀。

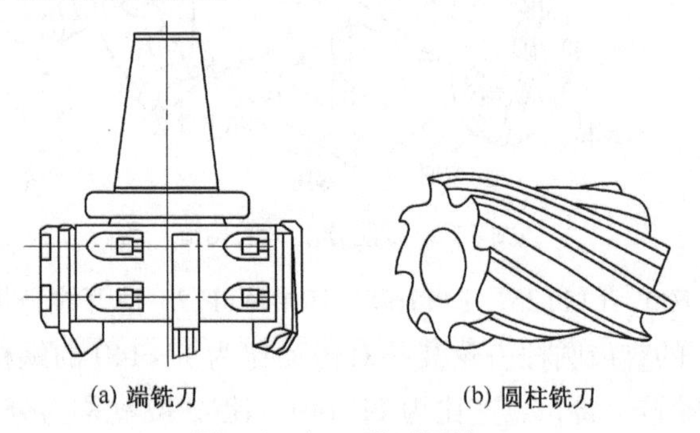

(a) 端铣刀　　(b) 圆柱铣刀

图4.8 加工平面用铣刀

2. 加工沟槽用的铣刀

加工直角沟槽用的铣刀主要有立铣刀、三面刃铣刀、键槽铣刀、盘形槽铣刀和锯片铣刀等。加工特形槽的铣刀主要有T形槽铣刀、燕尾槽铣刀和角度铣刀等，如图4.9所示。

3. 加工特形面所用的铣刀

根据特形面的形状而专门设计的成形铣刀又称特形铣刀，如半圆形铣刀和专门加工叶片内弧所用的特形成形铣刀。如图4.10所示。

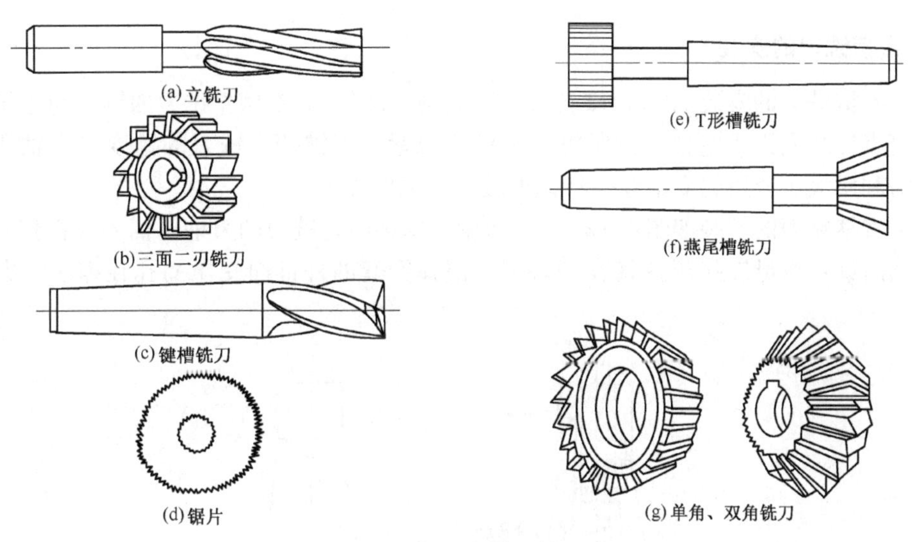

图 4.9　加工沟槽用铣刀

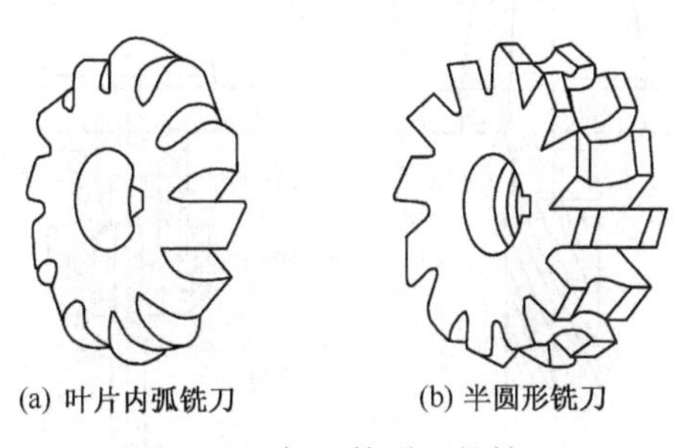

图 4.10　加工特形面的铣刀

4.3.2　铣刀的安装

1. 带孔铣刀的安装

带孔铣刀中的圆柱形铣刀或三面刃等盘形铣刀常用长刀杆安装，如图 4.11 所示。

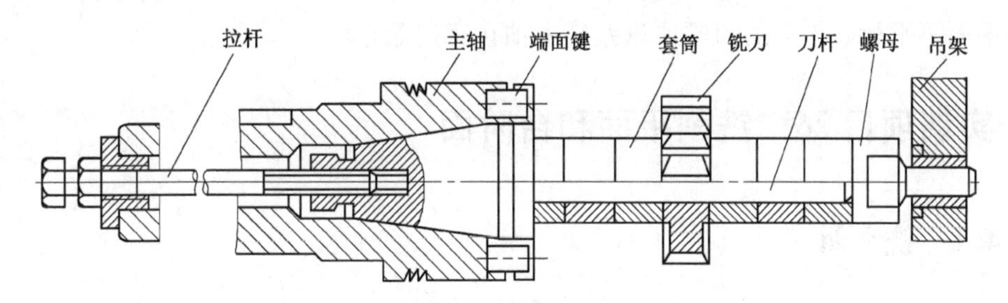

图 4.11　带孔铣刀的安装

安装时应注意：

（1）铣刀尽可能靠近主轴或吊架，以避免由于刀杆长在切削时产生弯曲变形而使铣刀出现较大的径向跳动，影响加工质量。

（2）为了保证铣刀的端面跳动小，在安装套筒时，两端面必须擦干净。

（3）拧紧刀杆端部螺母时，必须先装上吊架，以防止刀杆变弯。

2. 带柄铣刀的安装

（1）锥柄铣刀的安装如图4.12（a）所示。安装时，如锥柄立铣刀的锥度与主轴孔锥度相同，可直接装入铣床主轴中拉紧螺杆将铣刀拉紧。如锥柄立铣刀的锥度与主轴孔锥度不同，则需利用大小合适的变锥套筒将铣刀装入主轴锥孔中。

（2）直柄铣刀的安装如图4.12（b）所示。安装时，铣刀的直柄要插入弹簧套的光滑圆孔中，然后旋转螺母以挤压弹簧套的端面，使弹簧套的外锥面受压而孔径缩小，夹紧直柄铣刀。

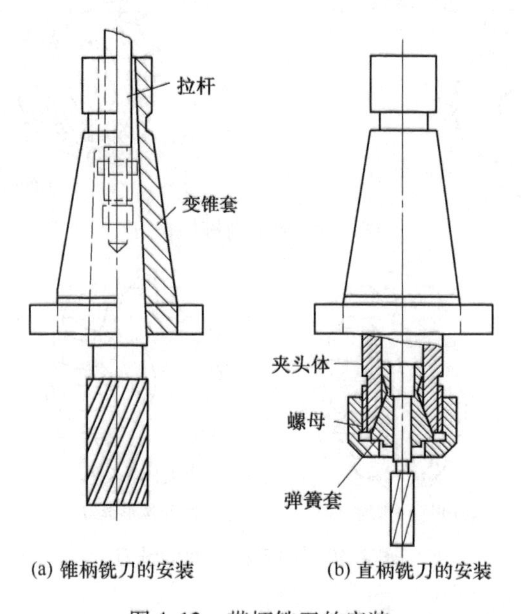

(a) 锥柄铣刀的安装　　(b) 直柄铣刀的安装

图4.12　带柄铣刀的安装

注意：铣刀安装好以后，必须检查其跳动是否在其允许的范围之内。各螺母和螺钉是否已经紧固。在一般的情况下，只要在铣床开动后，看不出铣刀有明显的跳动就可以了。造成铣刀跳动量过大的原因有可能是配合部位没有擦干净有杂物、刀轴受力过大有弯曲、刀轴垫圈的两平面不平行、铣刀的刃磨质量差或主轴孔有拉毛等。

4.4　实训项目26　铣削平面和台阶面

4.4.1　铣平面

实训教学目的与要求

（1）掌握铣刀和切削用量的选择方法。

（2）了解顺铣和逆铣的特点。

（3）了解铣削平面时产生废品的原因和预防措施。

（4）掌握铣削平面的方法、步骤和检测方法。

在铣床上铣削平面的方法有两种：周铣和端铣。

1. 周铣

利用分布在铣刀圆柱面上的刀刃进行铣削而形成平面的铁削。如图 4. 13 所示。周铣又分为顺铣和逆铣。

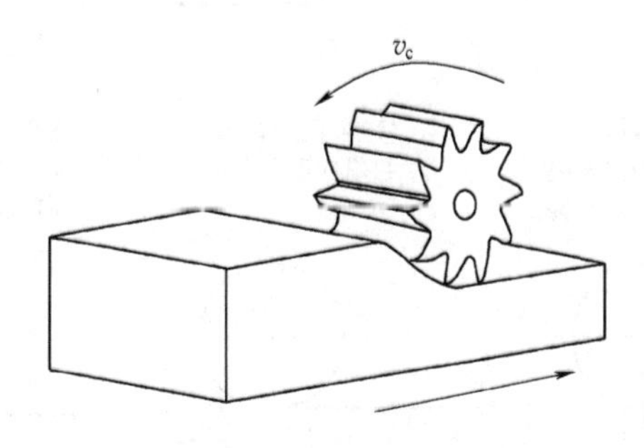

图 4. 13　周铣

顺铣：在铣刀与工件已加工面的切点处，铣刀切削刃的旋转运动方向与工件进给方向相同的铣削称为顺铣，如图 4. 14（a）所示。

逆铣：在铣刀与工件已加工面的切点处，铣刀切削刃的旋转运动方向与工件进给方向相反的铣削称为逆铣，如图 4. 14（b）所示。

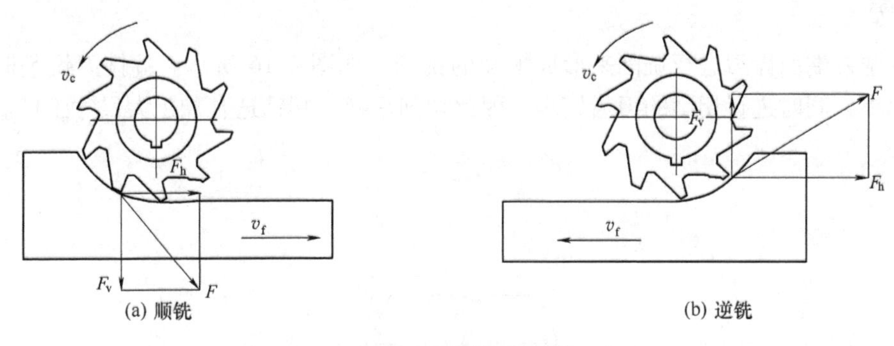

图 4. 14　顺铣和逆铣

用圆柱铣刀铣平面的步骤如下：

（1）铣刀的选择：由于用螺旋齿铣刀铣平面，排屑顺利，铣削平稳，所以在用圆柱铣刀铣平面时常选用螺旋齿铣刀。铣刀的宽度要大于工件待加工表面的宽度，以保证一次进给就可铣完待加工表面。且尽量选用小直径铣刀，以减小刀具振动，提高工件的表面质量。

（2）装夹工件：在 X6132 卧式铣床工作台面上安装机用虎钳，目测找正固定钳口与工作台纵向进给方向一致。可利用垫铁使工件高出钳口适当高度，并夹紧工件。

（3）确定铣削用量：根据工件的材料、加工余量、所选用铣刀的材料、铣刀直径及加工工件的表面粗糙度要求等来综合选择合理的切削用量。粗铣时：侧吃刀量 $a_e = 2 \sim 8$mm，每齿进给量 $f_z = 0.03$mm/z～0. 16mm/z，铣削速度 $v_c = 15$m/min～40m/min。精铣时：铣削速度 $v_c \leqslant 15$m/min 或 $v_c \geqslant 50$m/min，每转进给量 $f = 0.1$mm/r～1. 5mm/r，侧吃刀量 $a_e = 0.2 \sim 1$mm。

（4）铣削过程。铣削过程见图 4. 15 所示。

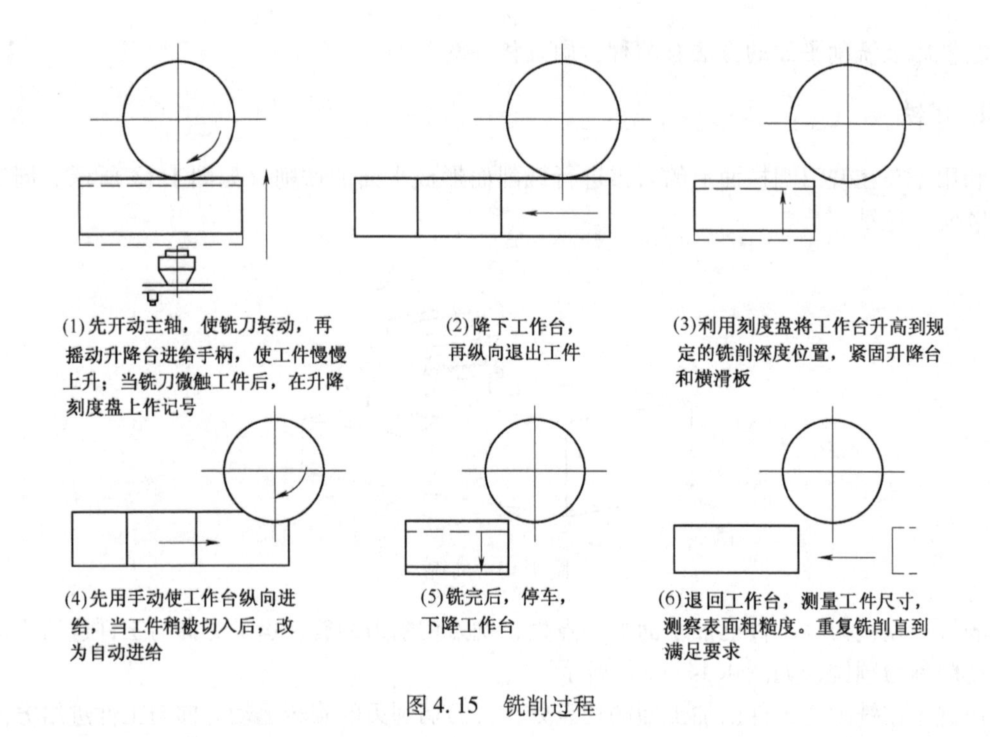

图 4.15　铣削过程

2. 端铣

利用铣刀端面齿刃进行铣削来形成平面的铣削。如图 4.16 所示。端铣刀铣削时，切削厚度变化小，同时进行切削的刀齿较多，因此切削平稳。端铣适合加工大尺寸工件。

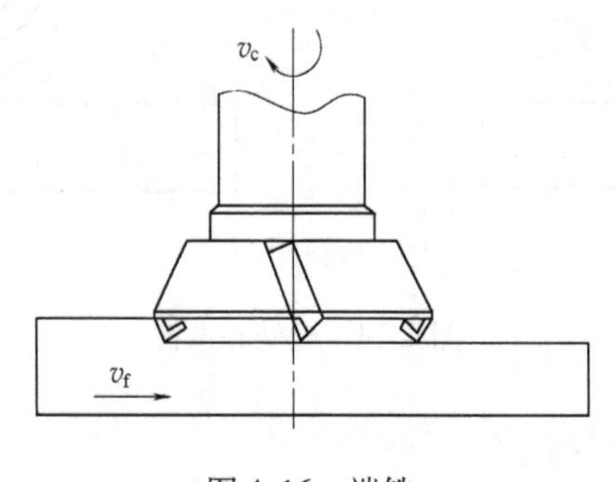

图 4.16　端铣

4.4.2　铣台阶面

在卧式铣床上加工尺寸不大的台阶面，一般都使用三面刃盘铣刀或立铣刀加工。

铣削如图 4.17 所示工件，加工步骤如下：

1. 选择铣刀

盘形铣刀的直径可按下面公式计算：

$$D > 2t + d$$

式中，D——铣刀直径，单位为 mm；

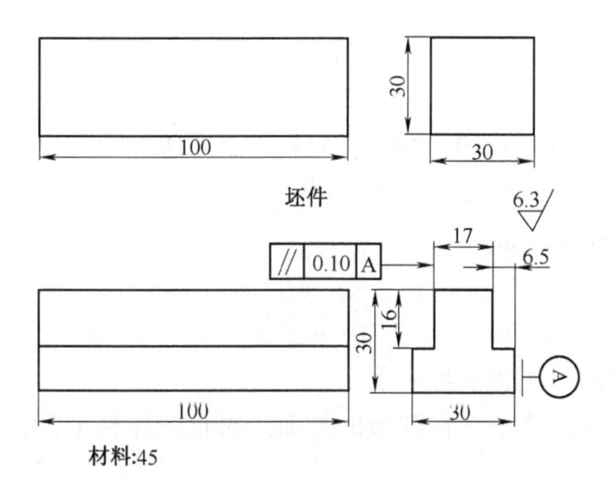

图 4.17　台阶件

t——铣削深度，单位为 mm；

d——刀轴垫圈直径，单位为 mm。

铣刀宽度 B 应该大于铣削层宽度，即铣刀宽度 $B>6.5$mm。铣刀的孔径选择 $\phi27$mm，刀轴垫圈外径为 40mm，那么铣刀的直径为：

$$D>16\times2+40$$

即

$$D>72\text{mm}$$

根据上述条件，现选用一把直径为 80mm、宽度为 10mm、孔径为 27mm、齿数为 18 的错齿三面刃铣刀。

2. 安装虎钳和工件

把虎钳安装在工作台上，并加以校正，使钳口与工作台纵向进给方向平行。再把工件安装在虎钳内，根据图样上的尺寸，铣削层深度达到 16mm，所以工件应高出钳口 17mm 以上（不可太多），在工件下面垫适当厚度的平行垫块，使工件紧贴垫块与工作台台面平行。如图 4.18 所示。

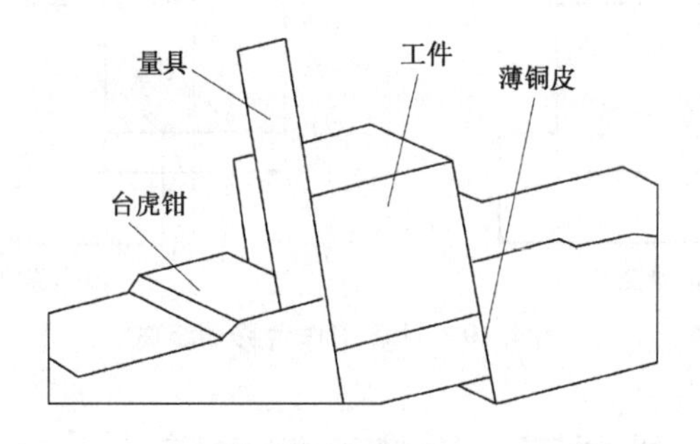

图 4.18　安装工作

在钳口内侧最好垫上薄铜皮，以防止夹伤工件的两侧面。在敲击工件时，要用铜锤轻轻敲打，以免损伤工件表面。

3. 确定铣削用量

从工件的加工余量可知，$B=6.5$mm，$t=16$mm，表面粗糙度为 $R_a=6.3\mu$m，若采用三面刃盘铣刀加工，采用 $S_{齿}=0.04$mm/z（毫米/齿），$v=28$m/min（米/分）。在 X6132W 型铣床上，$n=235$r/min，$s=75$mm/min。

4. 调整铣削位置

调整铣刀铣削位置的方法和步骤如下：

（1）横向移动工作台，使工件在铣刀的外面，再把工作台上升，使工件表面比铣刀刀刃高，但不能超过 16mm。

（2）开动机床，使铣刀旋转，并移动横向工作台，使工件侧面渐渐靠近铣刀，直到铣刀轻轻擦到工件侧面为止，然后把横向工作台的刻度盘调整到零线位置。

（3）下降工作台，再摇动横向手柄，使工作台横向移动 6.5mm，并把横向固定手柄扳紧。

（4）调整铣削层深度，先渐渐上升工作台，一直到工件顶面与铣刀刚好接触。纵向退出工件，再上升 16mm，并把垂直移动的固定手柄扳紧。接着即可开动切削液泵和机床，进行切削。

（5）在铣另一边的台阶时，铣削层深度可采取原来的深度，不必再重新调整。为了获得 17mm 的台阶宽度，调整时可按照图 4.19（a）算出工作台所需的横向移动量 A。（见图 4.19（b））A 就等于台阶上部宽度 b 加铣刀宽度 B（或铣刀直径 d）。在作横向移动之前必须松开紧固手柄，移动完毕，应立即再扳紧。

为了能够保证工件的尺寸精度，在加工第一个工件时，可以少铣去一些余量，然后根据测量的数据，进行第二次调整，并记录刻度值，再铣去其余的余量。第一个工件检查合格后，再铣其余的工件。

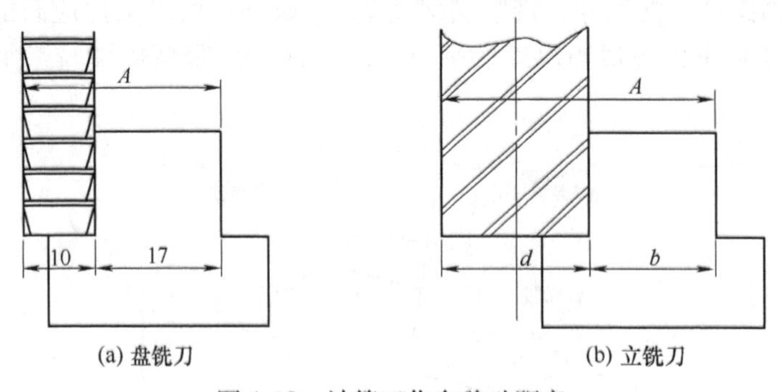

图 4.19　计算工作台移动距离

4.5　实训项目 27　铣斜面、沟槽及螺旋槽

实训教学目的与要求

（1）掌握斜面的铣削方法。

（2）掌握选择键槽铣刀的方法。
（3）掌握T形槽铣削时铣刀的选择。
（4）掌握斜面的测量方法。

4.5.1 铣斜面

常见的斜面铣削方法有以下几种。

1. 使用倾斜垫片铣斜面

在零件设计基准的下面垫一块倾斜的垫铁，则铣出的平面就与设计基准面成倾斜位置，如果改变斜垫铁的角度，就可加工出不同的零件斜面。如图4.20（a）所示。

2. 使用分度头铣斜面

在一些圆柱形或特殊形状的零件上加工斜面时，可利用分度头将工件转成所需位置而铣出所需斜面。如图4.20（b）所示。

3. 使用万能立铣头铣斜面

由于万能立铣头能方便地改变刀轴的空间位置，所以可通过转动立铣头以使刀具相对于工件倾斜一个角度，即可铣出所需斜面。如图4.20（c）所示。

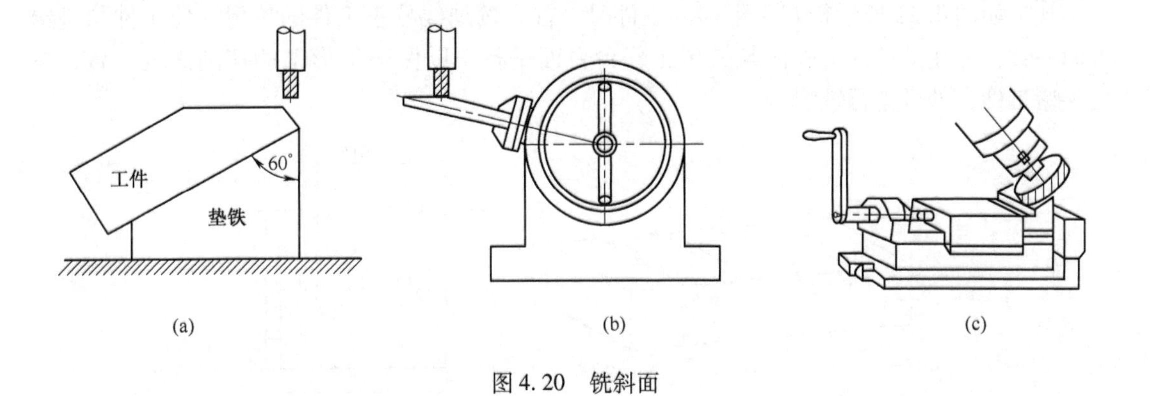

(a) (b) (c)

图4.20 铣斜面

4.5.2 铣沟槽

常见的键槽有封闭式和开口式两种。

1. 封闭式键槽

对于封闭式键槽，单件生产一般在立式铣床上加工。当批量较大时，则通常在键槽铣床上加工。在键槽铣床上加工时，利用专用抱钳把工件卡紧后，见图4.21（a），再用键槽铣刀一层一层地铣削，直到符合要求为止，如图4.21（b）所示。

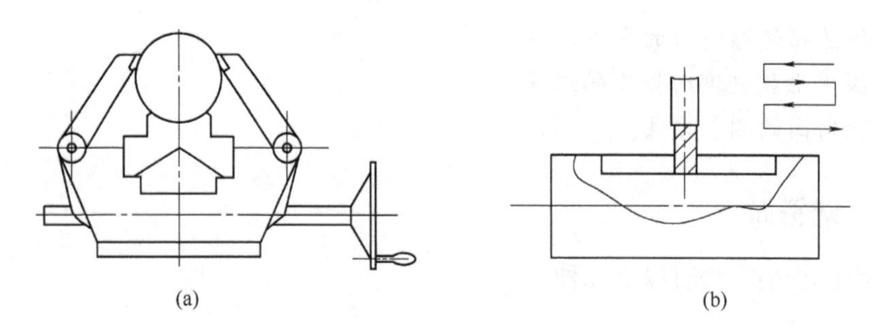

图 4.21　铣封闭式键槽

若用立铣刀加工，由于铣刀中央无切削刃，因此必须预先在槽的一端钻一个落刀孔，才能用立铣刀铣键槽。

2. 铣开口式键槽

使用三面刃铣刀铣削。由于铣刀的振摆会使槽宽变大，所以铣刀的宽度应稍小于键槽的宽度。对于宽度精度要求较高的键槽，可先试铣，以便确定铣刀合适的宽度。

铣刀和工件安装好以后，要仔细地对刀，也就是确保工件的轴线与铣刀的中心平面对准，以保证键槽的对称性。然后进行铣削深度的调整，调整好以后才可铣削。当键槽较深时，需要分多次走刀切削。

4.5.3　铣 T 形槽

加工如图 4.22 所示带有 T 形槽的工件时，首先按划线校正工件的位置，使工件与进给方向一致，并使工件的上平面与铣床工作台台面平行，以保证 T 形槽的切削深度一致，然后夹紧工件，即可进行铣削。

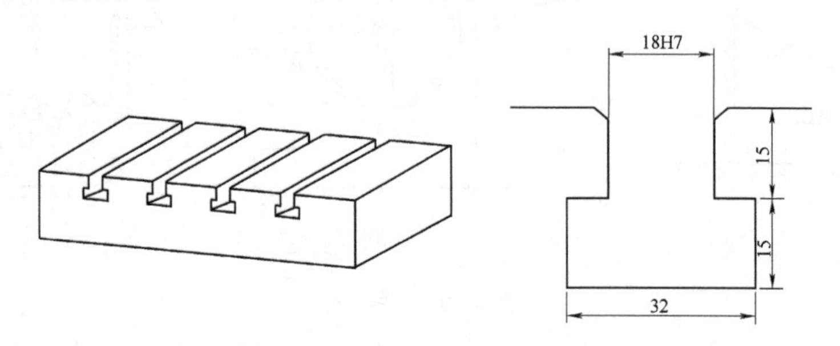

图 4.22　T 形槽工件

1. 铣 T 形槽的步骤

（1）铣直角槽。在立式铣床上用立铣刀（或在卧式铣床上用三面刃盘铣刀）铣出一条宽 18H7 深 30mm 的直角槽，如图 4.23（a）所示。

（2）铣 T 形槽。拆下立铣刀，装上直径 32mm、厚度 15mm 的 T 形槽铣刀。接着把 T 形槽铣刀的端面调整到与直角槽的槽底相接触，然后开始铣削，如图 4.23（b）所示。

（3）槽口倒角。如果 T 形槽在槽口处有倒角，可拆下 T 形槽铣刀，装上倒角铣刀倒角，如图 4.23（c）所示。

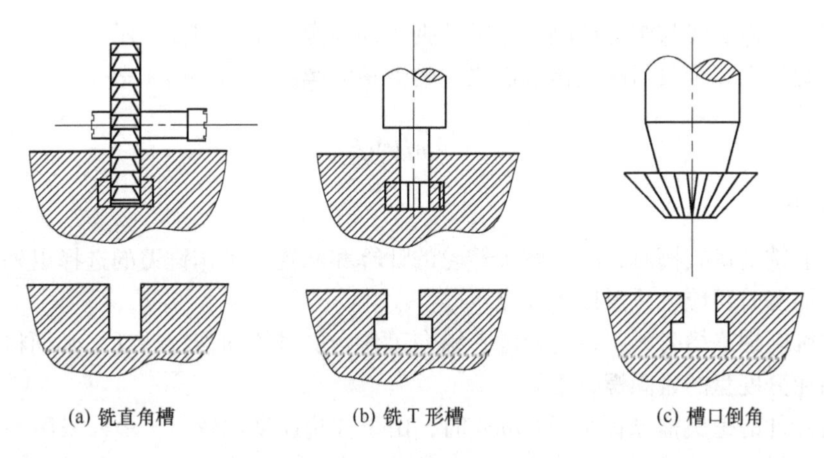

图 4.23　T 形槽的铣削步骤

2. 铣 T 形槽应注意的事项

（1）T 形槽铣刀在切削时金属屑排除比较困难，经常把容屑槽填满而使铣刀不能切削，以至铣刀折断，所以必须经常清除金属屑。

（2）T 形槽铣刀的颈部直径比较小，要注意因铣刀受到过大的切削力和突然的冲击力而折断。

（3）由于排屑不畅，切削时热量不易散失，铣刀容易发热，在铣钢质材料时，应充分浇注切削液。

（4）T 形槽铣刀在切削时的工作条件差，所以进给量和切削速度要相对小，但铣削速度不能太低，否则会降低铣刀的切削性能，并且增加每齿的进给量。

4.5.4　铣螺旋槽

在铣床上常用万能分度头铣削带有螺旋线的工件。这类工件的铣削称为铣螺旋槽。

1. 螺旋线的概念

如图 4.24 所示，有一个直径为 D 的圆柱体，假设把一张三角形的纸片 ABC 绕到圆柱体上，这时底边 AC 恰好绕圆柱体一周，而斜边环绕圆柱体所形成的曲线就是螺旋线。

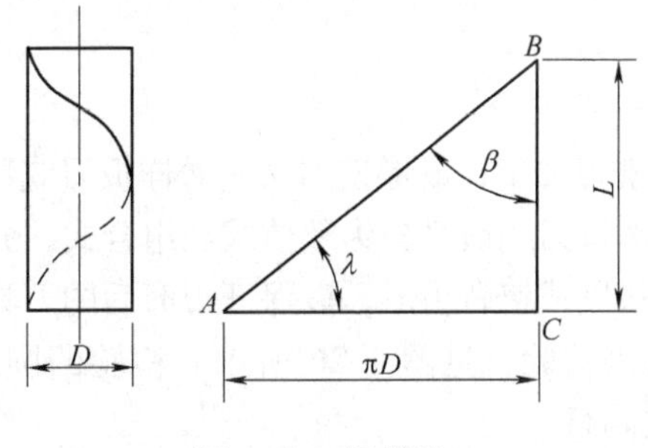

图 4.24　螺旋线

螺旋线要素有以下几个：

（1）导程螺旋线绕圆柱体一周后，在周线方向上所移动的距离就是导程，一般用 L 表示。

（2）螺旋角螺旋线与圆柱体轴线之间的夹角即为螺旋角，用β表示。

（3）螺旋升角螺旋线与圆柱体端面之间的夹角为螺旋升角，用λ表示。

则有

$$L = \pi D \text{ctg}\beta$$

2. 注意事项

在铣床上铣削螺旋槽时，除了解决转轮的计算和配置、工作铣刀的选择以外，当工件夹好后在具体加工时还应该注意以下几点：

（1）在铣削螺旋槽时，工件需要随着纵向工作台的进给而连续转动，必须将分度头主轴的紧固手柄和分度盘的紧固螺钉松开。

（2）当工件的螺旋槽导程小于80mm时，由于挂轮速度比较大，最好采用手动进给。在实际工作中，手动进给时可转动分度手柄，使分度盘随着分度手柄一起转动。

（3）加工多头螺旋槽时，由于铣床和分度头的传动系统内都存在着一定的传动间隙，因此在每铣好一条螺旋槽后，为了防止铣刀将已加工好的螺旋槽表面碰伤，应在返程前将升降工作台下移一段距离。

（4）在确定铣削方向时要注意两种情况，如图4.25所示。一是当工件和芯轴之间没有定位键时，要注意芯轴螺母是否会自动松开。二是工件在切削力的作用下，有相对芯轴作逆时针转动的趋向，由于端面摩擦力的关系，所以螺母也会跟着作逆时针转动而逐渐松开，因此正确的铣削方向应该如图4.25（b）所示

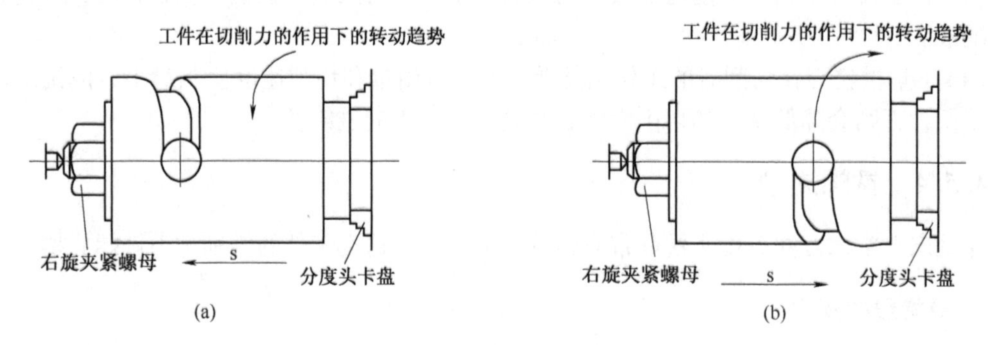

图4.25　铣削螺旋槽切削方向

4.5.5　铣台阶面及曲面

1. 铣成形面

成形表面一般采用成形铣刀加工，成形铣刀又叫做样板刀或特形铣刀，其切削刃的形状和工件的特形面完全一样。成形铣刀一般又分为整体式和组合式，分别用于铣削较窄和较宽的成形面。成形面铣刀的刀齿一般制成铲背齿形，以保证刃磨后的刀具保持原有的截面形状。

凹、凸圆弧面可用样板来检验，见图4.26所示。检验凹圆对称中心时可用略比圆弧稍小或等于圆弧直径的圆棒来测量。

2. 铣曲面

曲面一般可在立式铣床或仿形铣床（即靠模铣床）上铣削。在立式铣床上铣削曲线外

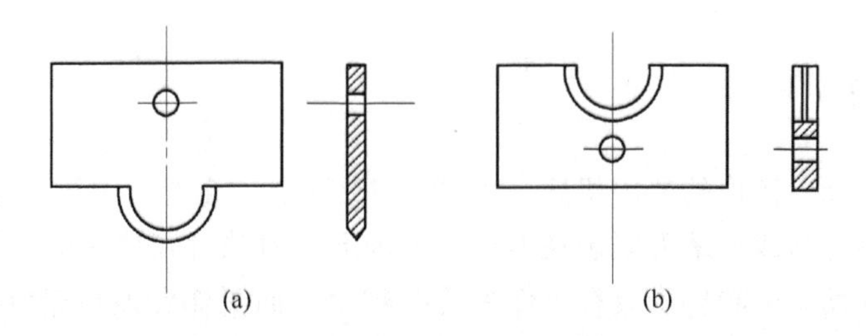

图 4.26　凹凸圆弧检验样板

形的方法有：用圆转台铣削；按划线用手动进给铣削及按靠模铣削。

为了提高加工质量和生产效率，并使操作简便省力，一般可采用靠模铣削法。靠模法就是做一个与工件形状相同的靠模板，依靠它使工件或铣刀始终沿着它的外形轮廓线作进给运动，从而获得准确的曲面外形。

4.6　实训项目 28　齿轮齿形加工

实训教学的目的与要求

(1) 掌握常用齿轮的加工方法。

(2) 了解齿轮加工机床的基本操作。

齿轮齿形的加工方法很多，但基本上可以分为两种：一是成形法，即利用与刀刃形状和齿槽形状相同的刀具在普通铣床上切制齿形的方法；二是展成法，即利用齿轮刀具与被切齿轮的互相啮合运动而切出齿形的方法。采用成形法加工齿轮，其齿轮精度比展成法加工的齿轮精度低，但是它不需要用专用机床和价格昂贵的展成刀具。

4.6.1　铣齿

在卧式铣床上，利用万能分度头和尾架顶尖装夹工件，用与被切齿轮模数相同的盘状（或指状）铣刀铣削，当一个齿槽铣好以后，再利用万能分度头进行一次分度，铣削下一个齿槽。图 4.27 所示为铣削直齿圆柱齿轮的方法。

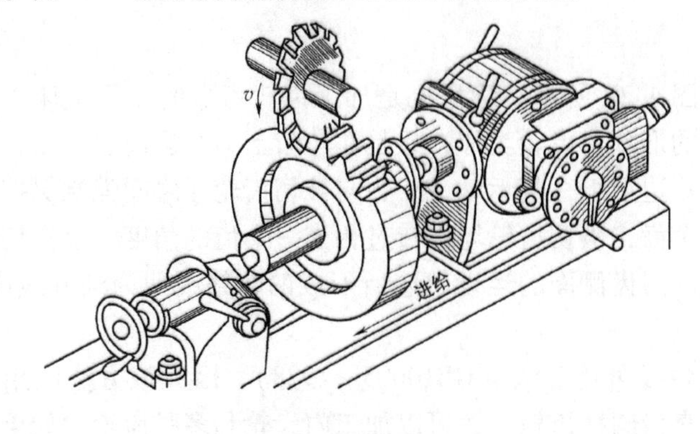

(a)齿轮盘铣刀铣齿轮

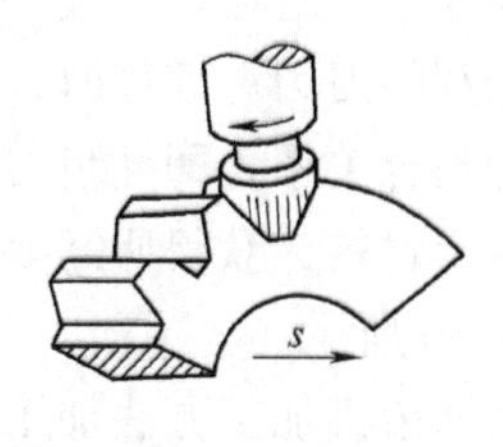

(b)指形铣刀铣齿轮

图 4.27　铣齿轮

4.6.2 滚齿

滚齿机是加工齿轮齿形的专用机床，如图 4.28 所示。滚齿机主要由工作台、刀架、支撑架、立柱和床身等组成。滚刀安装在刀架的刀轴上，刀轴可旋转一定的角度，刀架可沿立柱垂直导轨上下移动。齿轮坯安装在工作台的心轴上，而工作台既可带动工件作旋转运动，又可沿床身水平导轨左右移动。实际上，滚齿是按一对交错轴斜齿轮相啮合的原理进行齿轮加工的。齿轮滚刀相当于一个螺旋角很大、齿数很少的交错轴斜齿轮，工件为另一个交错轴斜齿轮，在滚齿的过程中，强制滚刀与齿轮坯按一定速比关系保持一对交错轴斜齿轮的啮合运动。

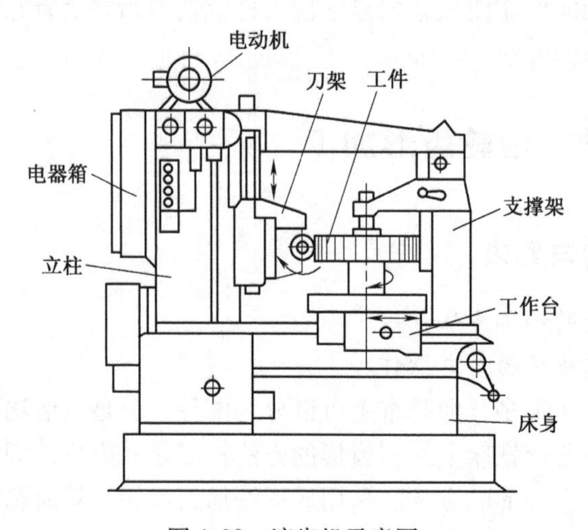

图 4.28 滚齿机示意图

用滚齿加工方法加工的齿轮精度可达 7 级（GB10095－1988）。另外，由于该方法是连续切削，所以生产率高。滚齿加工不但能加工直齿圆柱齿轮，还可以加工斜齿圆柱齿轮和蜗轮，但不能加工内齿轮和多联齿轮。

4.6.3 插齿

插齿加工在插齿机上进行，如图 4.29 所示。滚齿机是加工齿轮齿形的专用机床。插齿过程相当于一对齿轮对滚。插齿刀的形状与齿轮类似，只是在轮齿上刃磨出前、后角，使其具有锋利的刀刃。插齿时，插齿刀一边上下往复运动，一边与被切齿轮坯之间强制保持一对齿轮的啮合关系，即插齿刀转过一个齿，被切齿轮坯也转过相当一个齿的角度，逐渐切去工件上多余材料，获得所需要的齿形。刀齿侧面的运动轨迹所形成的包络线即为渐开线齿形。如图 4.30 所示。

用插齿机加工方法加工的齿轮精度可达 7 级（GB10095—1988），因此该方法应用很广泛。插齿加工不但广泛应用于加工直齿圆柱齿轮，还可以加工内齿轮和多联齿轮，如果在插齿机上安装螺旋刀轴附件，还可以加工交错轴斜齿内外齿轮。

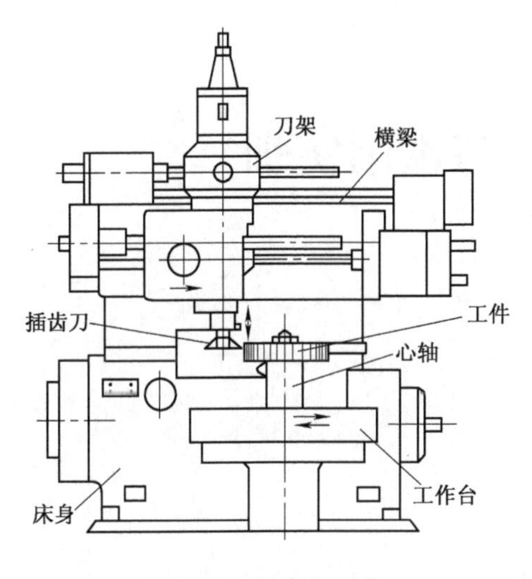

图 4.29 插齿机示意

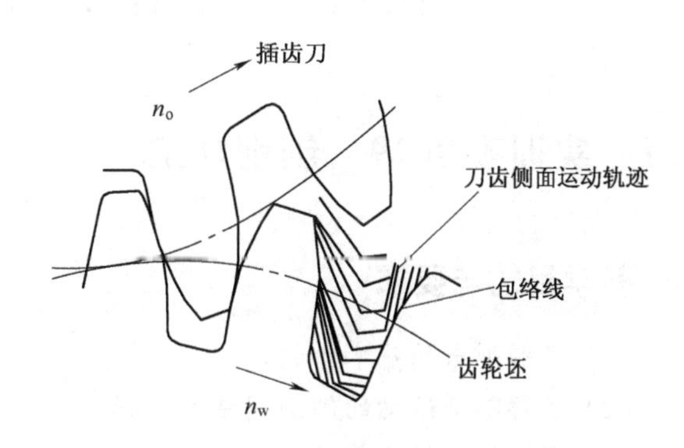

图 4.30 齿轮渐开线的形成

习 题 4

4.1 什么是铣削的主运动和进给运动？

4.2 逆铣和顺铣各有什么特点？

4.3 铣削加工工艺特点有哪些？

4.4 X6132 万能卧式铣床主要由哪几部分组成？

4.5 回转工作台有什么用途？使用时应注意什么问题？立铣头的用途是什么？

4.6 螺旋齿圆柱铣刀比直齿圆柱铣刀在铣削时有何特点？

4.7 在铣床上如何铣直齿圆柱齿轮？加工模数 m = 2，齿数 z = 30 的齿轮，如何选择齿轮铣刀？

4.8 为什么要开车对刀？为什么必须停车变速？

4.9 同一模数的铣刀，可否加工不同模数或任意齿数的齿轮？为什么？

4.10 齿形加工原理分哪两类？插齿、铣齿、滚齿各属于哪一类？

4.11 在铣床上加工不同形状的表面，说明铣刀有哪几种？你在铣削加工实习时见到过哪几种铣刀？

4.12 请利用分度头在铣床上加工一个六方体。

4.13 请在铣床上加工如图 4.31 所示的工件。

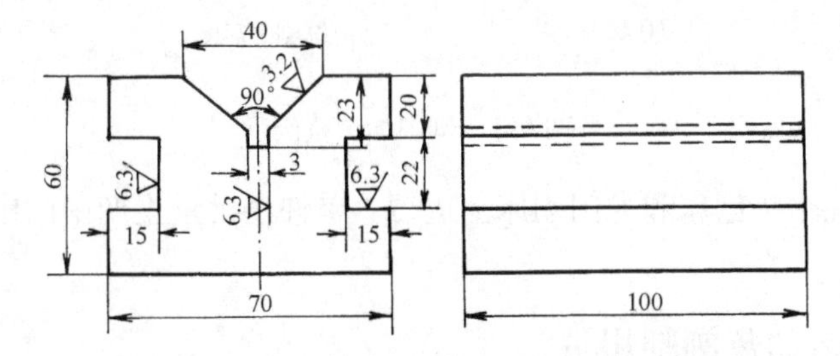

图 4.31 铣直角槽和 V 形槽工件图（材料：45 钢）

模块 5　刨削、拉削与镗削实训

5.1　实训项目 29　刨削加工

教学目的与要求

(1) 了解刨床的基本结构。

(2) 了解刨削运动的刨削用量的选择。

(3) 了解刨刀的安装。

用刨刀在刨床上对工件进行切削加工的工艺过程，称为刨削。

刨削能加工的表面有水平面、垂直面、斜面、直角槽、V 形槽、燕尾槽以及直线型成形面等。图 5.1 为牛头刨床所能完成的工作。刨削后两平面之间的尺寸公差等级可达 IT9～IT8，表面粗糙度 R_a 值可达 3.2～1.6μm。

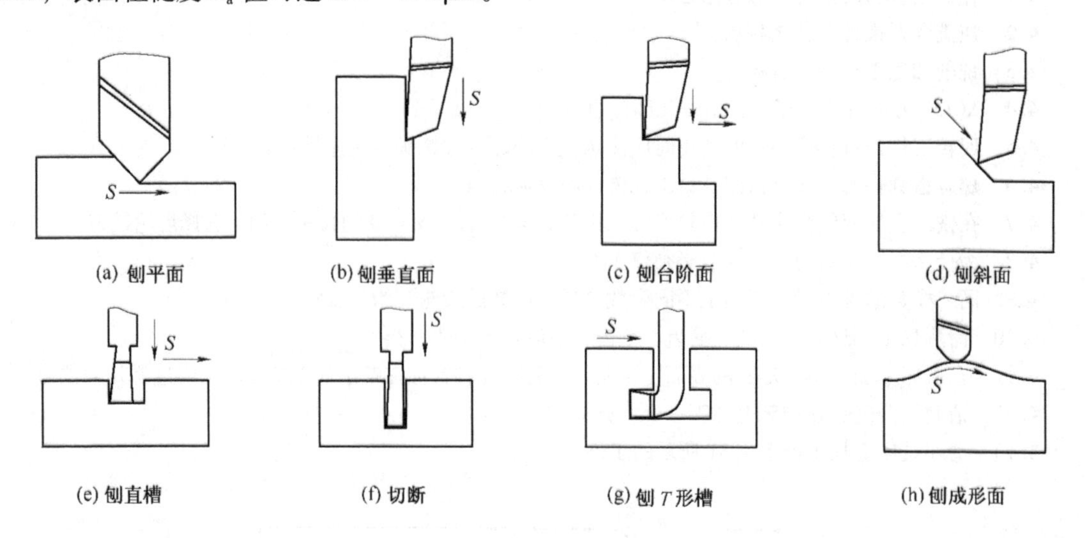

图 5.1　刨削加工范围

刨削加工可以在牛头刨床和龙门刨床上进行。单件小批量生产中的中小型零件通常多在牛头刨床上进行。

5.1.1　刨削运动及刨削用量

刨削时，刨刀（或工件）的往复直线运动是主运动，刨刀前进时切下切屑的行程，称为工作行程或切削行程；反向退回的行程，称为回程或返回行程。刨刀（或工件）每次退回后作间歇横向移动称为进给运动，如图 5.2 所示。由于往复运动在反向时，惯性力较大，因而限制了主运动的速度不能太高，因此生产率较低。但刨床结构简单，万能性好，价格低，使用方便，刨刀也简单，故在单件、小批量生产及加工狭长平面时仍然广泛应用。另外，因为刨削是间歇切削，速度低，回程时刀具、工件能得到充分冷却，所以一般不加冷却液。

刨削用量包括刨削深度、进给量和切削速度。

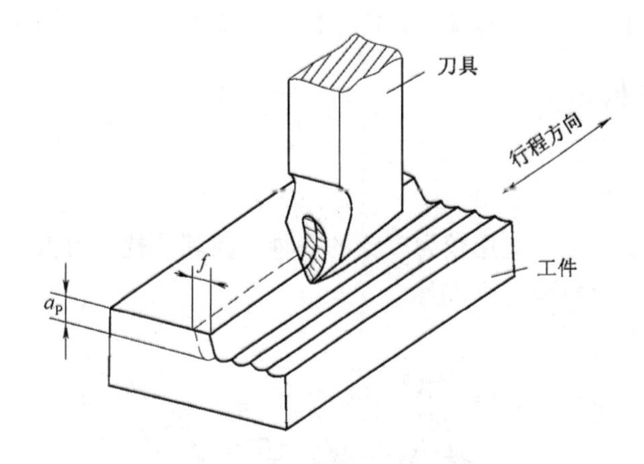

图 5.2　刨削运动和刨削用量

1. 刨削深度 a_p

刨刀在一次行程中从工件表面切下的材料厚度。单位为 mm。

2. 进给量 f

刨刀或工件每往复一次，刨刀和工件之间相对移动的距离。单位为 mm/str。

3. 切削速度 v

指工件和刨刀在切削时相对运动的速度。在牛头刨床上是指滑枕（刀具）移动的速度，这个速度在龙门刨床上是指工作台（工件）移动的速度。单位是 m/min。

采用曲柄摇杆机构传动的牛头刨床，因工作行程的速度是变化的，它的平均速度可按下式计算：

$$v_{平均} = \frac{nL(1+m)}{60 \times 1000}(\mathrm{m/s})$$

式中，L——行程长度，单位为 m；

n——刨刀每分钟往复次数；

$m = \frac{v_{工}}{v_{回}}$——工作行程与返回行程运动速度比值。

当取 $m = 0.7$ 时，上式可简化为：

$$v_{平均} = 0.0017nL(\mathrm{m/s})$$

要保证刨削安全，工作中一定要注意以下几点：

(1) 工作时，要穿好工作服，女同志要戴好工作帽。

(2) 装夹工件要安全可靠，工作台和横梁上不准堆放任何物品。开车前要前后照顾，避免发生机床或人身事故。

(3) 机床在运行时，禁止进行变速、调整机床、清除切屑、测量工件等操作。清除切屑要用刷子，不可直接用手，以免刺伤手指。

(4) 机床在运转时，不允许离开机床。

(5) 工作中如发现机床有异常情况，应立即停车检查。

5.1.2 刨削类机床

1. 牛头刨床

牛头刨床是刨削类机床中应用较为广泛的一种，因其滑枕、刀架形似“牛头”而得名。图 5.3 为常用的型号为 B6050 牛头刨床。

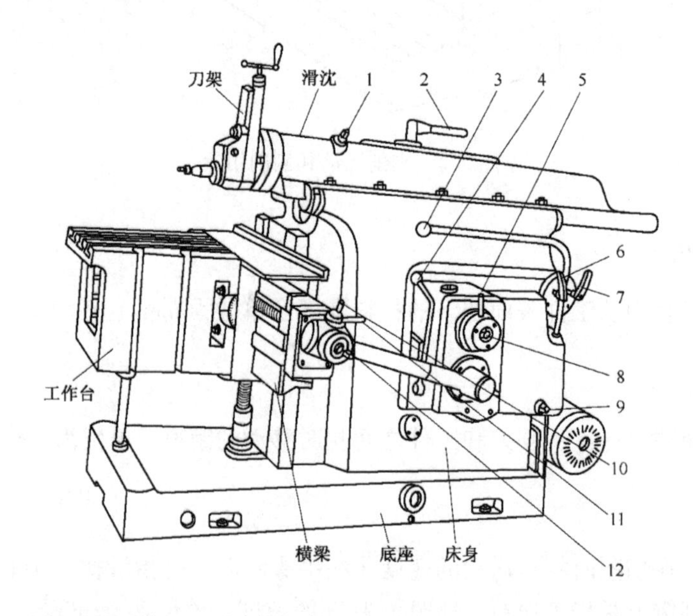

1—滑枕位置调整方榫；2—滑枕锁紧手柄；3—离合器操纵手柄；4—工作台快动手柄；
5—进给量调整手柄；6、7—变速手柄；8—行程长度调整方榫；9—变速到位方榫；
10—工作台横、垂向进给选择手柄；11—进给换向手柄；12—工作台手动方榫；

图 5.3 B6050 牛头刨床

B6050 牛头刨床主要由以下几部分组成。

(1) 床身。用于支承和连接刨床各部件，其顶面水平导轨供滑枕作往复运动用，前侧面垂直导轨供工作台升降用。床身内部装有传动机构。

(2) 滑枕。其前端装有刀架，滑枕带动刨刀作往复直线运动。

(3) 刀架。刀架（见图 5.4）用于夹持刨刀，摇动刀架手柄，滑板可沿转盘上的导轨带动刨刀上下移动。松开转盘上的螺母，将转盘扳转一定角度后，可使刀架斜向进给。滑板上还装有可偏转的刀座（又称刀盒）。抬刀板可以绕 A 轴向上转动。刨刀安装在刀架上，在返回行程时刨刀可绕 A 轴自由上抬，以减少刀具与工件的摩擦。

(4) 横梁。横梁安装在床身前侧的垂直导轨上，其底部装有升降横梁用的丝杠。

（5）工作台。用于安装夹具和工件。两侧面有许多沟槽和孔，以便在侧面上用压板螺栓装夹某些特殊形状的工件。工作台除可随横梁上下移动或垂向间歇进给外，还可沿横梁水平横向移动或横向间歇进给。

B6050 牛头刨床的传动机构主要有以下两种。

（1）曲柄摇杆机构。曲柄摇杆机构装在床身内部。其作用是把电动机传来的旋转运动转变成滑枕的往复直线运动。

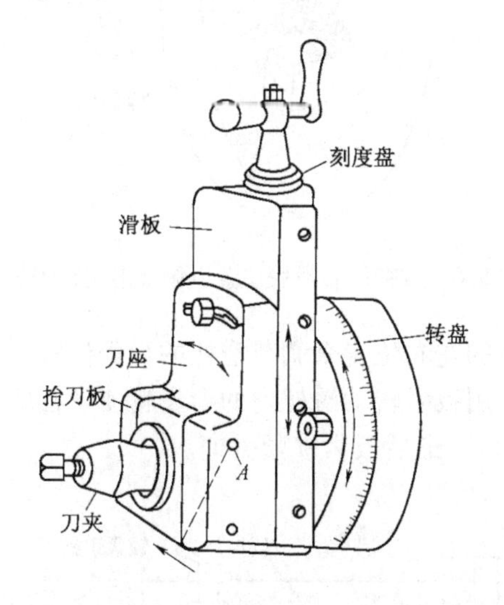

图 5.4　牛头刨床刀架

曲柄摇杆机构由摇臂齿轮和摇臂等组成，见图 5.5 所示。摇臂的下端与支架相连，上端与滑枕的螺母相连。当摇臂齿轮由小齿轮带动旋转时，偏心滑块就带动摇臂绕支架中心左右摆动，于是滑枕便作往复直线运动。

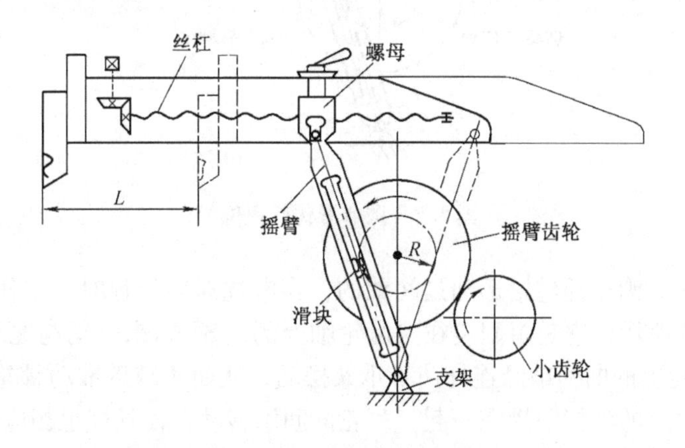

图 5.5　摇臂机构示意图

刨削前，要调节滑枕的行程大小，使它的长度略大于工件刨削表面的长度。调节滑枕行程长度的方法是改变摇臂齿轮上滑块的偏心位置，见图 5.6 所示。转动方头便可使滑块在摇臂齿轮的导槽内移动，从而改变其偏心距（图 5.5 中的 R）。偏心距越大，则滑枕行程越长。

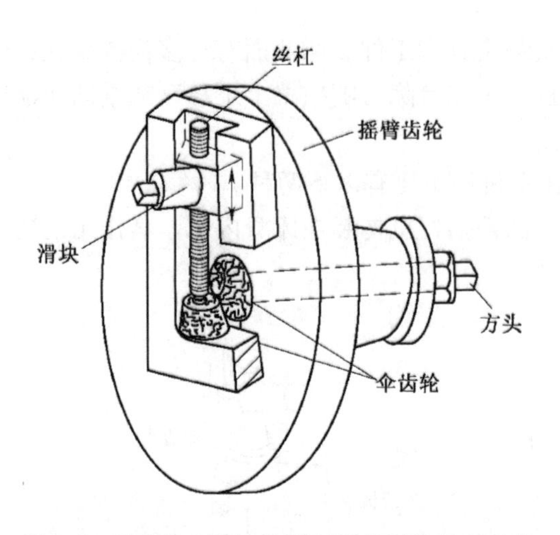

图 5.6　改变偏心滑块位置以调节滑枕行程长度

刨削前，还要根据工件的左右位置来调节滑枕的行程位置。调节方法是先使摇臂停留在极右位置，松开锁紧手柄，用扳手转动滑枕内的伞齿轮使丝杠旋转，从而使滑枕右移至合适位置（如图 5.7 中虚线所示），最后扳紧锁紧手柄。

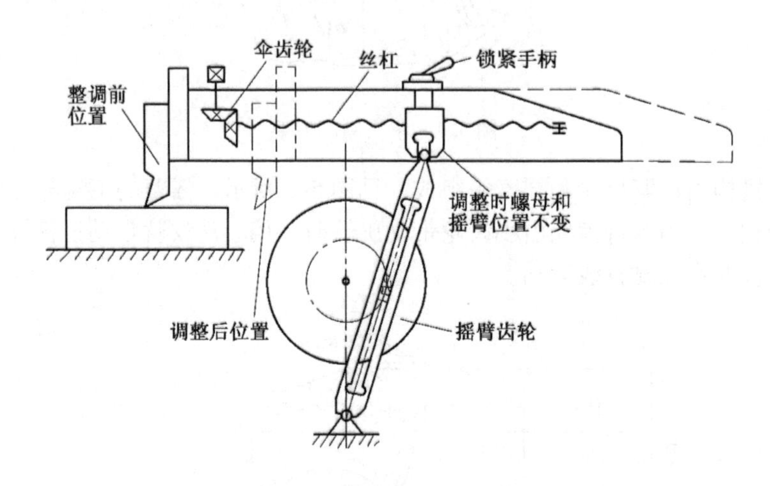

图 5.7　调节滑枕行程位置

（2）棘轮机构。刨床的进给运动是间歇的，当滑枕返回行程时，工作台完成进给运动。进给运动如图 5.8 所示，它是由固定在大齿轮轴上的齿轮 Z_{12} 来驱动与之相啮合的另一齿轮 Z_{13}，通过这个齿轮上的曲柄销经连杆使棘爪架摆动，从而使棘爪推动棘轮拨过一定的齿数。由于棘轮同工作台上的丝杠固接在一起，棘轮的间歇转动，使丝杠也相应转动，从而带动工作台作横向进给。进给量的大小是可以调节的，如图 5.9 所示。棘爪架摆动角 ϕ 是一定的，转动棘轮罩，可改变棘爪拨动棘轮的齿数。

将棘爪提起，转动 180°再与棘轮啮合，即可改变工作台的进给方向。如将棘轮提起，则棘爪与棘轮分离，机动进给停止。此时可用手动使工作台移动。

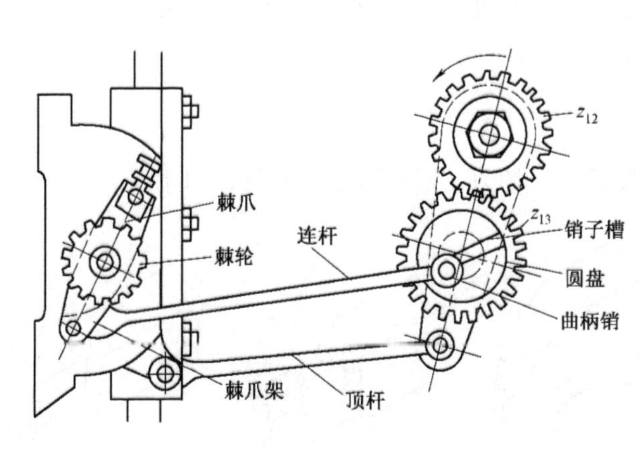

图 5.8　棘轮机构

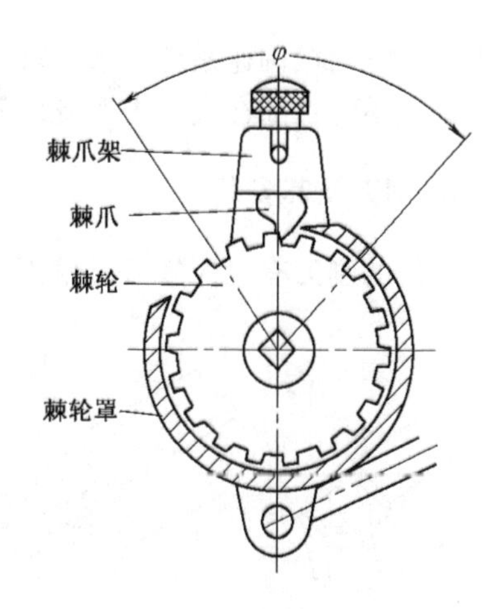

图 5.9　棘轮

5.1.3　龙门刨床

龙门刨床因有一个大型的“龙门”式框架结构而得名，如图 5.10 所示。其主要特点是：主运动是工作台带动工件作往复直线运动，进给运动则是刀架沿横梁或立柱作间歇运动。它主要由床身、工作台、减速箱、立柱、横梁、进刀箱、垂直刀架、侧刀架、润滑系统、液压安全器及电气设备等组成。

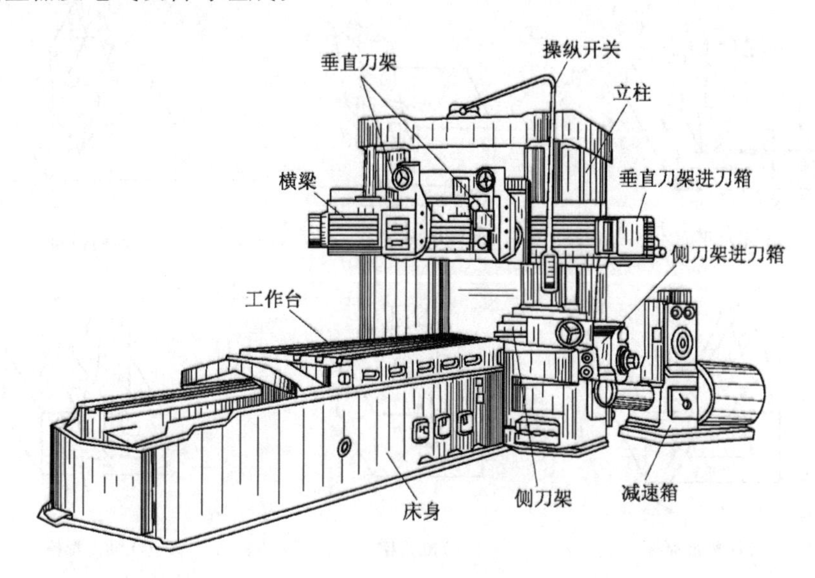

图 5.10　龙门刨床

龙门刨床主要用于大型零件的加工，以及若干件小型零件同时刨削。在进行刨削加工时，工件装夹在工作台上，根据被加工面的需要，可分别或同时使用垂直刀架和侧刀架，垂直刀架和侧刀架都可作垂直或水平进给。刨削斜面时，可以将垂直刀架转动一定的角度。目前，刨床工作台多用直流发动机、电动机组驱动，并能实现无级调速，使工件慢速接近刨刀，待刨刀切入工件后，增速达到要求的切削速度，然后工件慢速离开刨刀，工作台再快速退回。工作台这样变速工作，能减少刨刀与工件的冲击。在小型龙门刨床上，也有使用可控硅供电－电动机调速系统，来实现工作台的无级调速，但因其可靠性较差，维修也较困难，故此调速系统目前在大、中型龙门刨床上用得较少。

1. 刨刀及其安装

常用的刨刀有平面刨刀、偏刀、角度偏刀、切刀、弯切刀等，如图5.11所示。

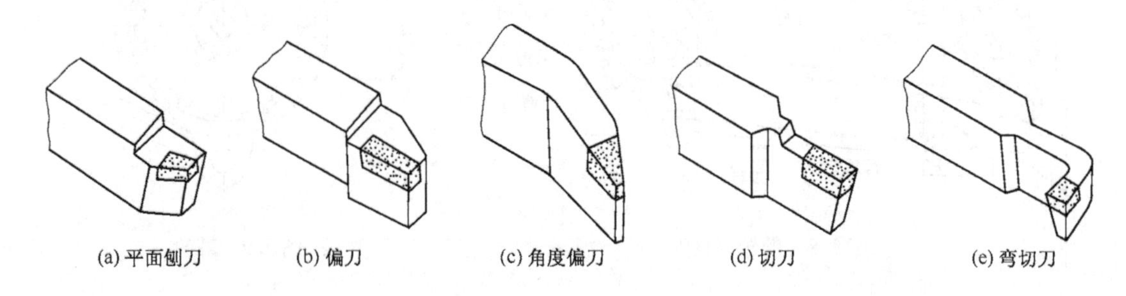

图5.11　刨刀的种类

各种刨刀的用途如图5.12所示。平面刨刀用于加工水平面；见图5.12（a），偏刀加工垂直面和外斜面；见图5.12（b）、（c），角度偏刀加工内斜面和燕尾槽；见图5.12（d），切刀加工直角槽和切断工件见图5.12（e），弯切刀加工T形槽见图5.12（f）。

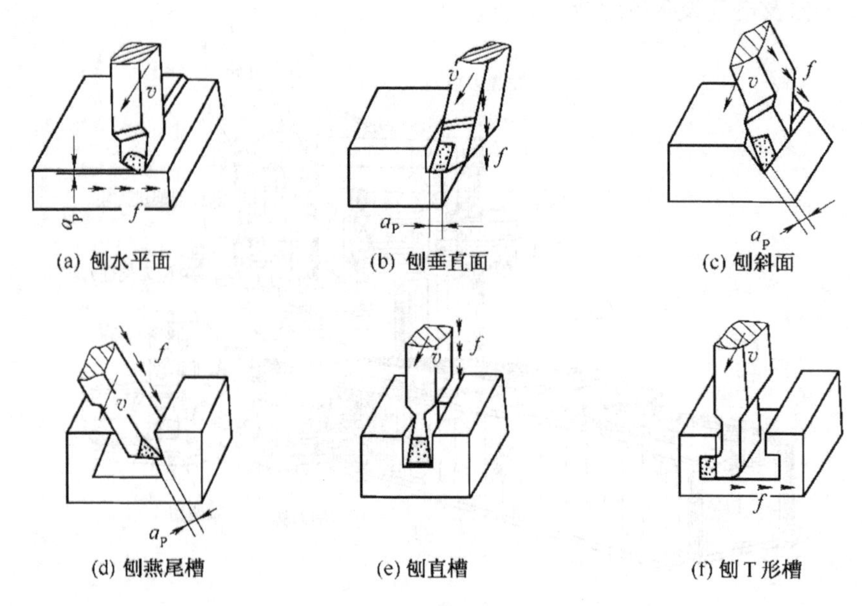

图5.12　刨刀的用途

选择刨刀一般应按加工要求、工件材料和形状来确定。例如，加工铸铁时通常采用钨钴类硬质合金的弯头刨刀。粗刨平面时一般采用尖头刨刀，见图5.13（a）。刨刀的刀尖部分应磨出半径 $r=1\sim3$mm 的圆弧，然后用油石研磨，这样可以延长刨刀的使用寿命。当加工表面粗糙度在2.2mm以下的平面时，粗刨后还要进行精刨。精刨时常采用圆头刨刀或宽头平刨刀，见图5.13（b）、（c）。精刨时的吃刀深度不能太大，一般在0.1～0.2mm左右为宜。

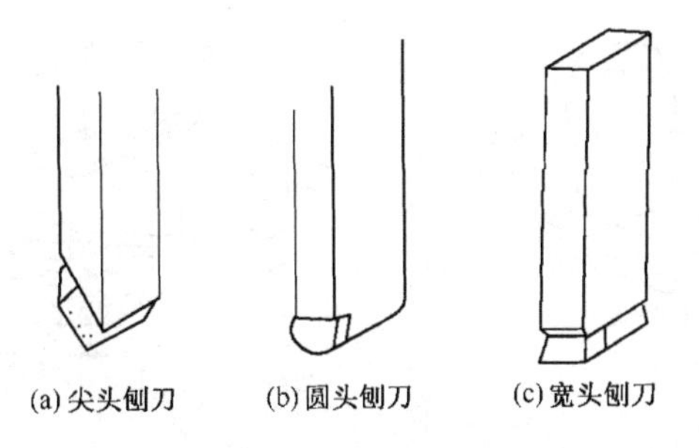

图 5. 13　平面刨刀

刨刀安装在刀夹内时，应注意如下事项：

（1）刨平面时，刀架和刀座都应处在中间垂直位置，见图 5. 14。

（2）刨刀在刀架上不能伸出太长，以免它在加工中发生振动和断裂。直头刨刀的伸出长度一般不宜超过刀杆厚度的 1. 5～2 倍。弯头刨刀可以伸出稍长一些，一般稍长于弯曲部分的长度，见图 5. 15 所示。

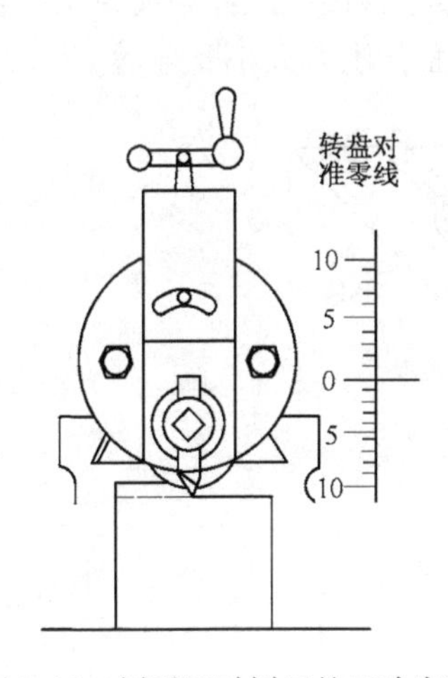

图 5. 14　刨平面时刨刀的正确安装

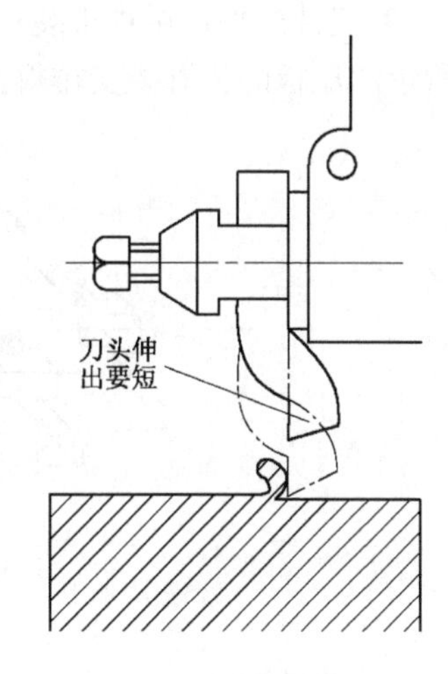

图 5. 15　刨刀的伸出长度

（3）在装刀或卸刀时，一只手扶住刨刀，另一只手由上而下或倾斜向下用力扳转螺钉将刀具压紧或松开。用力方向不得由下而上，以免抬刀板撬起或夹伤手指。

牛头刨床工件装夹方法常用的有平口钳装夹和压板螺栓装夹两种。

2. 平口钳装夹

平口钳是一种通用夹具，多用于小型工件的装夹。在平口钳上装夹工件时应注意下列事项：

（1）工件的加工面要高于钳口，如果工件的高度不够，应用平行垫铁将工件垫高。

（2）为了保护钳口不受损伤，可在钳口上垫铜片或铝片等护口片。但在加工与定位面垂直的平面时，如果垂直度要求高，则钳口上不易垫护口片，以免影响定位精度。

（3）装夹工件时，要用手锤轻轻敲击工件，使工件贴实垫片。在敲击已加工过的表面时，应该使用铜锤或木锤，见图 5. 16（a）所示。

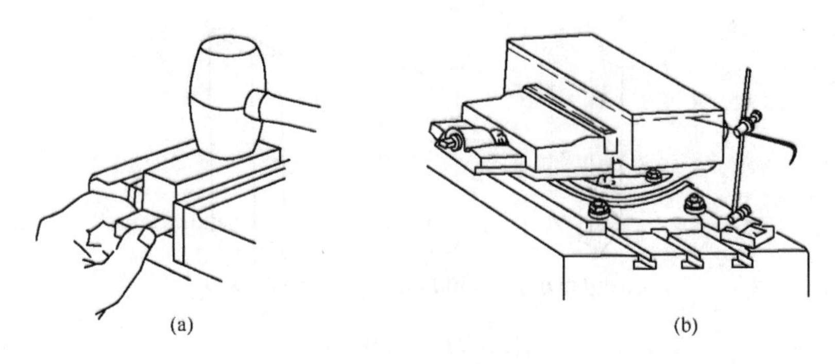

图 5.16　用平口钳装夹工件

（4）如果工件是按划线加工的，可用划线盘或卡钳来检查划线与工作台之间的平行度，见图 5.16（b）所示。

3. 压板螺栓装夹

对于大型工件或平口钳难于装夹的工件，可用压板螺栓直接把工件装夹在工作台上，如图 5.17 所示。压板的位置要安排得当，压点要靠近切削面，压力大小要合适。

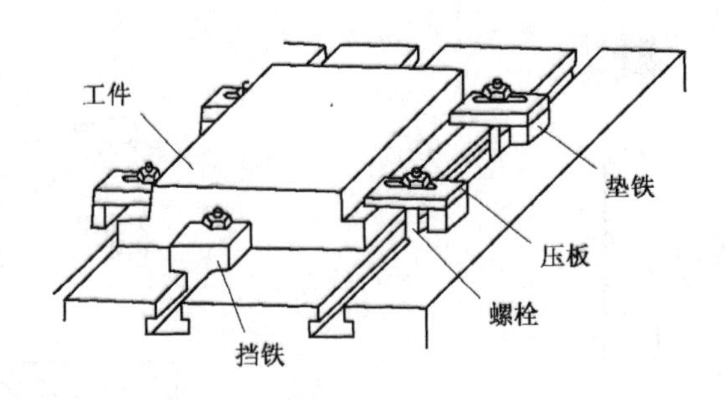

图 5.17　用压板螺栓装夹工件

5.1.4　刨削加工

1. 刨水平面

刨水平面时，刀架和刀座均在中间垂直位置上，如图 5.18（a）所示。刨削深度 a_p 为 0.1～4mm，进给量 f 为 0.3～0.6mm/str，粗刨取较大值，精刨取较小值。切削速度 v 随刀具材料和工件材料不同而略有不同，一般取 12～50（m/min）左右。上述切削用量也适用于刨削垂直面和斜面。

操作顺序按下列步骤进行：

（1）装夹工件。

（2）装夹刀具。

（3）把工作台升高到接近刀具的位置。

（4）调整滑枕行程长度及位置。

（5）调整滑枕每秒钟的往复次数和进给量。

(6) 开车，先手动进给试切，停车测量尺寸时，利用刀架上的刻度盘调整切削深度，如工件余量较大时，可分几次切削加工。

2. 刨垂直面

刨垂直面是指用垂直走刀来加工垂直平面的方法。它通常用于不能用刨水平面的方法加工的工件，或者用这种方法加工比较方便的情况。例如，加工较长工件的两端面，改用刨垂直面的方法加工时，就不会存在装夹上的困难。

刨垂直面须采用偏刀。安装偏刀时，刨刀伸出的长度应大于整个刨削面的高度。刨削时，先把刀架转盘的刻线对准零线，再将刀座按一定方向偏转合适的角度，一般为10°～15°，如图5.18（b）所示。偏转刀座的目的是使抬刀板在回程中能使刨刀抬离工件加工面，保护已加工表面，减少刨刀磨损。刨垂直面时，有的牛头刨床只能手动进给。手动进给是用手间歇地转动刀架手柄移动刨刀来实现的。有的牛头刨床即可手动进给，又可自动进给，即工作台带动工件间歇向上移动。

3. 刨斜面

刨斜面最常用的方法是正夹斜刨，即依靠倾斜刀架进行。刀架扳转的角度应等于工件的斜面与铅垂线的夹角。刀座偏转方向与刨垂直面相同，即刀座上端偏离加工面，见图5.18（c）。在牛头刨床上刨斜面只能手动进给。

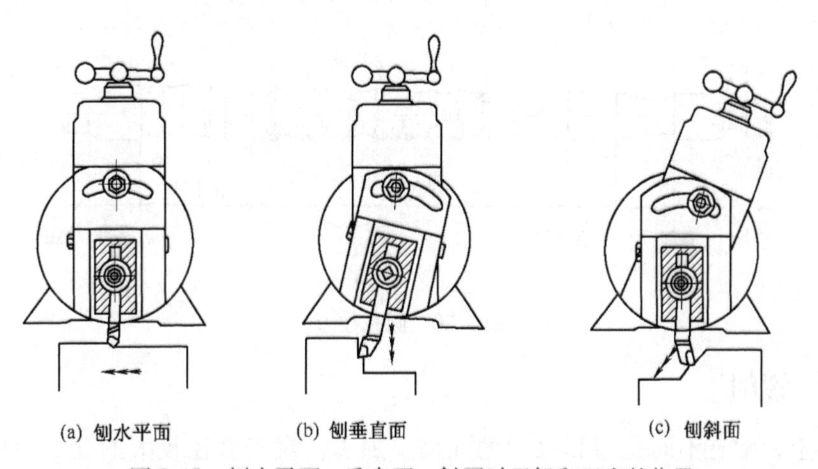

图5.18 刨水平面、垂直面、斜面时刀架和刀座的位置

5.2 实训项目30 拉削与镗削

教学目的与要求

(1) 了解拉削、镗削的运动方式。

(2) 了解拉削、镗削运动的加工工艺范围。

5.2.1　拉削

拉削是在拉床上用拉刀加工工件内、外表面的方法。拉床有卧式拉床和立式拉床两种。

镗削是在镗床、车床或铣床上，用镗刀或工件旋转作主运动，镗刀或工件作进给运动，对工件的孔进行切削的加工方法。

拉削生产效率高，适宜大批量生产，而且能保证比较高的加工精度和表面粗糙度。一般加工精度为IT5～IT8，表面粗糙度为3.2～0.8mm。但拉刀价格昂贵。

拉床只有一个主运动，即拉刀的直线往复运动。拉刀是一种单刃刀具，根据工件加工表面形状的不同，拉刀的形状也不同。在拉床上可以拉削各种孔（通孔），如图5.19所示。还可拉削平面、半圆弧面以及一些用其他加工方法不便加工的内外表面。常用的是圆孔拉刀，如图5.20所示。拉刀的柄部是夹持部位；尾部用于支承拉刀防止下垂的部位；切削部由多刀齿组成，包括粗切齿和精切齿，齿升量为0.02～0.1mm；校准部起校正和修光作用。

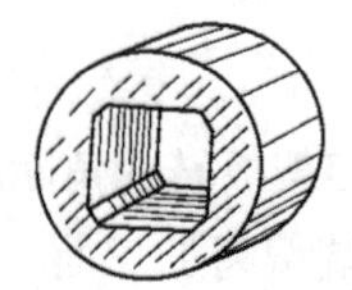

图5.19　拉削各种孔形

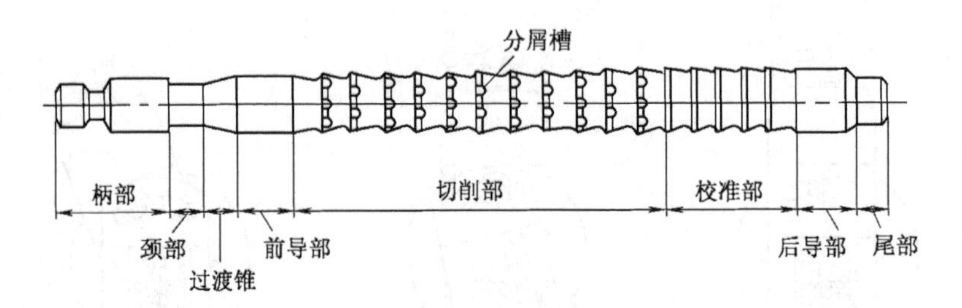

图5.20　圆孔拉刀

5.2.2　镗削

在零件上，常有不同类型和尺寸的孔需要加工。对于直径较大的孔、内成形表面或孔内的环形凹槽等，多采用镗孔的方法加工。在车床上可较方便地对旋转体零件上的孔进行镗削，在镗床和铣床上可以对外形较复杂、又不便于在车床上装夹的零件上的孔进行镗削加工。但是，在上述机床上镗孔的位置精度较低，而且多用于批量较小的场合。当生产批量较大、孔的相互位置精度要求较高时，大多需要在镗床上采用镗孔夹具（镗模）来进行加工。

镗床主要是用镗刀加工形状复杂和大型工件上的精密的、相互平行和垂直的孔系。其特点是孔的尺寸精度和位置精度较高，加工精度可达IT7，表面粗糙度可达1.6～1.8mm。镗床还可铣削端面、燕尾面、钻孔、铰孔等。按结构和用途的不同，镗床可分为卧式镗床、坐标镗床、金刚镗床及其他类型的镗床。

1. 卧式镗床

卧式镗床是镗床中应用最广的一种。其外形如图 5.21 所示。它主要由床身、立柱、主轴箱、尾架、镗杆支承和工作台等部分组成。加工时，刀具装在主轴或花盘上，通过主轴箱可获得需要的各种转速和轴向进给量，同时可随着主轴箱沿立柱导轨上下移动。工件安装在工作台上，与工作台一起可实现纵向和横向进给运动。有的镗床工作台还可以回转一定的角度，以适应各种不同加工情况的需要。当装在主轴上的镗杆伸出较长时，可用尾架上的镗杆支承来支承它的伸出端，以增加镗杆的刚性。

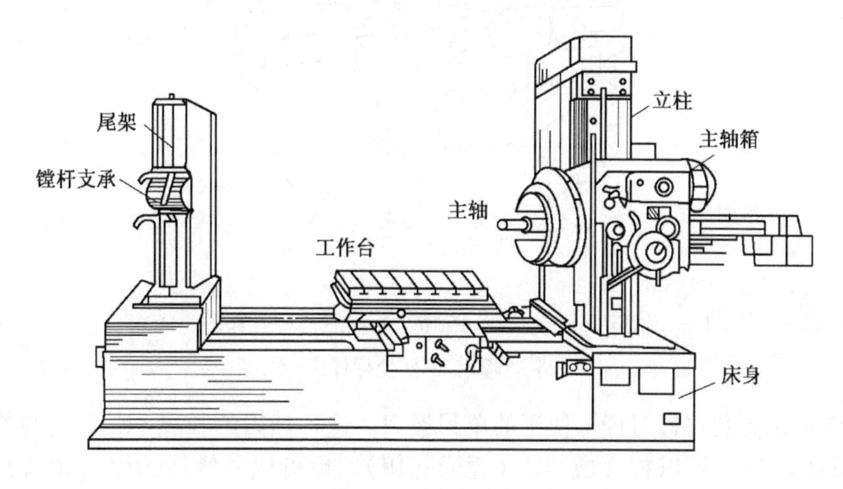

图 5.21　卧式镗床

2. 坐标镗床

坐标镗床多用来加工轴线平行的直角坐标精密孔系，利用精密附件——水平回转台、角度工作台还可以加工极坐标和轴线相交或交叉的精密孔系，也可用于检验精密工件和进行精密工件的划线工作。坐标镗床有便于读数的精密读数装置，最小读数值为 0.001mm。其工作台的定位精度一般为 0.002～0.004mm。

坐标镗床按结构形式基本上可分为单柱式及双柱式两种。

图 5.22 为单柱式坐标镗床的外形。其特点是，两个坐标方向的运动是靠移动工作台来实现的。机床由床身、工作台、主轴箱以及立柱等组成。床身上装有工作台。主轴箱沿着立柱导轨上下移动，以调整镗头高低位置，适应不同高度的零件加工。

单柱式坐标镗床一般适合于加工板状零件，如钻模、镗模、夹具等。加工时，机床主轴带动刀具旋转作主体运动，主轴套筒沿轴向作进给运动。

3. 镗孔刀具

镗刀是在镗床、车床、六角车床、自动机床以及其他专用机床上用以镗孔的刀具。

根据结构特点及使用方式，镗刀可分为单刃镗刀、多刃镗刀、浮动镗刀和可调镗刀等。

（1）单刃镗刀：单刃镗刀（又称杆状镗刀）只有一个主切削刃，不论粗加工或精加工都适用，但生产率比多刃镗刀低，对操作技术要求较高。

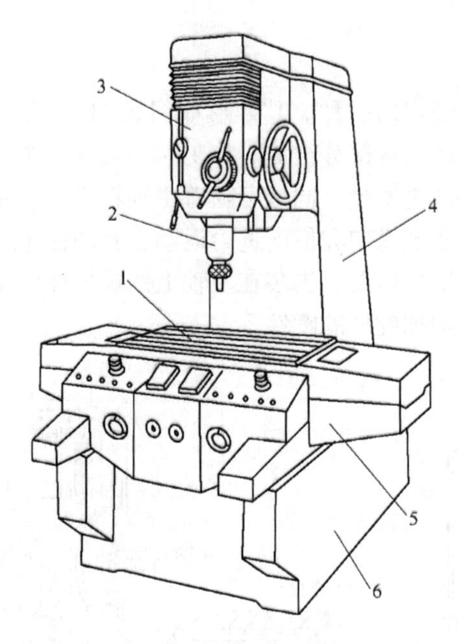

1—工作台；2—主轴；3—主轴箱；4—立柱；5—床鞍；6—床身

图 5. 22　单柱坐标镗床

图 5. 23 所示为装在镗刀杆上使用的单刃镗刀。这种镗刀的长度不长。它与镗刀杆的安装角度（见图 5. 24）可以相交成 90°（镗通孔用），也可成一倾斜角度（镗盲孔或阶梯孔用）。镗刀头的切削部分可以是镶焊的或机械夹固的硬质合金刀片，也可用高速钢整体制造。单刃镗刀在镗刀杆上的夹持方式如图 5. 25 所示。

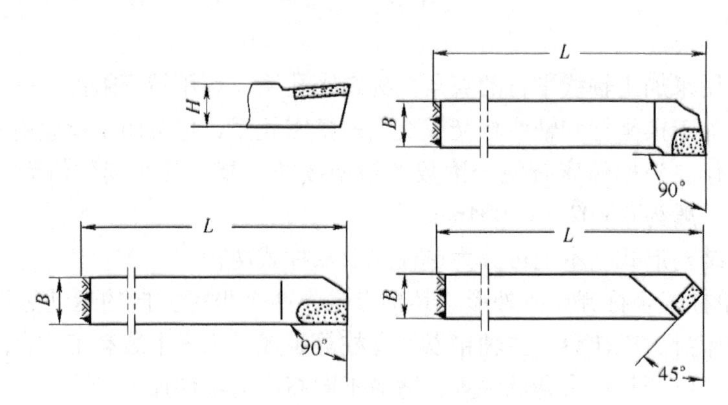

图 5. 23　夹持在镗刀杆上的单刃镗刀

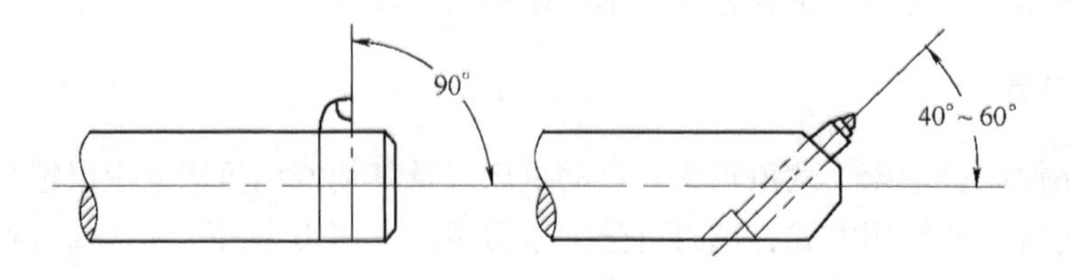

图 5. 24　单刃镗刀在镗刀杆上的安装形式

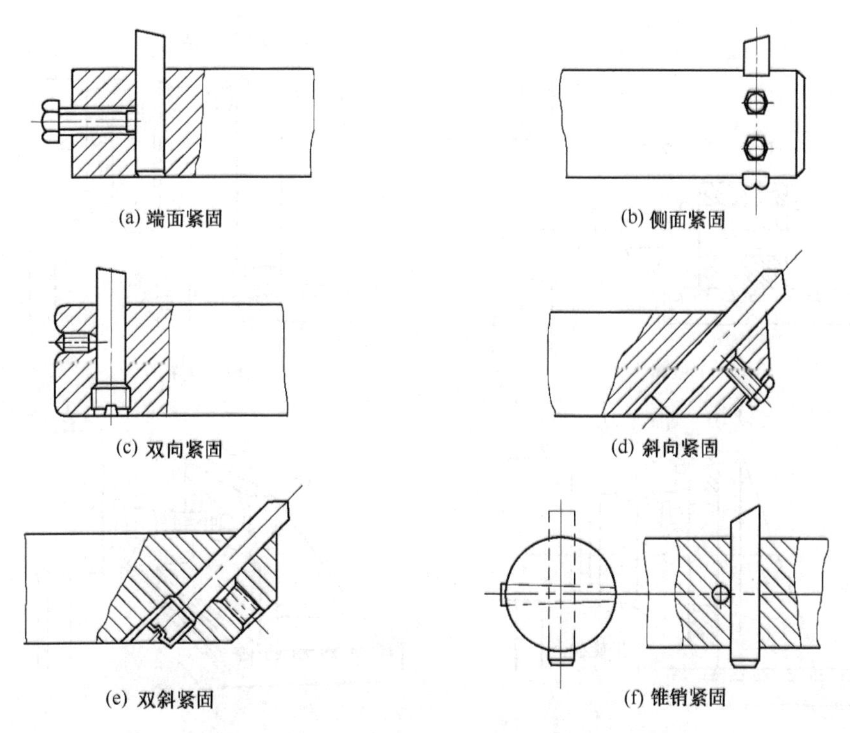

图 5.25 单刃镗刀在镗杆上的夹持方式

（2）多刃镗刀：多刃镗刀是在同一镗刀杆上装有一个或几个镗刀头的刀具。它可以在一次进给中完成粗镗或精镗工件上的同轴孔和阶梯孔，由于生产率较高，所以在成批生产中用得比较广泛。

4. 镗床上能完成的工作

镗床上能进行的主要工作如图 5.26 所示。

镗短的和长的同轴孔采用的刀杆和方法见图 5.27（a）、（b）所示。镗削轴向距离较大的同轴孔时，也可用短镗杆在镗好一端的孔后，将工作台回转 180°，再镗削另一端的孔，见图 5.27（c）所示。这时，两孔的同轴度由于镗床回转工作台的定位精度较高可以得到保证。

在镗削相互垂直的孔时，可先加工一个孔，然后很方便地将工作台回转 90°，再加工另一个孔。利用回转工作台的定位精度来保证两孔的垂直度。

钻孔、扩孔及铰孔时，与在钻床上加工一样，刀具装在主轴的锥孔中作主旋转运动，同时作轴向进给运动（或工作台沿着刀具轴向作进给运动）。

在镗床上还可用装在主轴上的端铣刀铣平面，见图 5.26（d）所示。

将刀具装在平旋盘的刀架上作旋转运动，并沿径向导轨作径向进给，用以车端面，见图 5.26（c）所示。车外圆时，刀具只作旋转运动，工作台带着工件完成进给运动。

在坐标镗床上除可进行钻孔、扩孔、铰孔、镗孔、刻线、划线、精铣平面等多种工作外，还可将坐标镗床作为测量设备，用来测量工件的相互位置精度和形状误差。

如果没有镗床，中小型工件也可以在卧式铣床或立式铣床上镗孔。在铣床上镗孔，一般是把工件直接装夹在工作台的台面上，把镗刀杆安装在铣床主轴中，后面用拉杆螺丝拉紧。

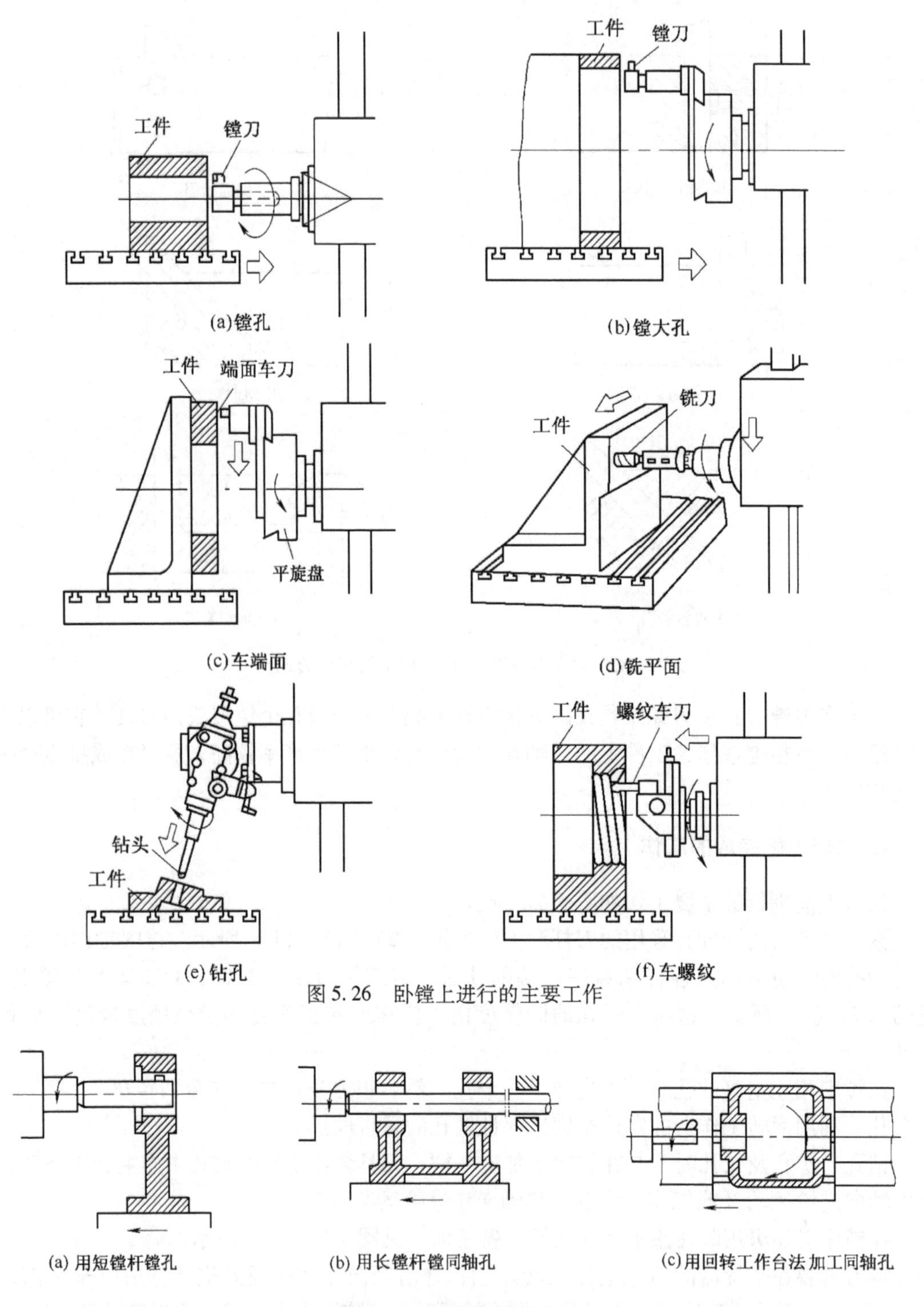

图 5.26 卧镗上进行的主要工作

图 5.27 镗削同轴孔的方法

镗削时的主运动由镗刀旋转完成，而辅助运动则由主轴或工作台的移动完成，并且可以通过铣床工作台的三个方向相互垂直的移动，很方便地调整镗刀与工件的相互位置。

为了控制孔距尺寸，在精度要求不高的情况下，可以利用铣床的刻度盘进行控制；在孔距精度要求较高时，则需使用块规和百分表控制。

图 5.28 为双柱式坐标镗床。这类坐标镗床具有由两个立柱、顶梁和床身构成的龙门框架，主轴箱装在横梁 2 上，而横梁可沿立柱导轨上下移动，工作台支承在床身导轨上。镗孔坐标位置由主轴箱沿横梁导轨移动和工作台沿床身导轨移动来确定。

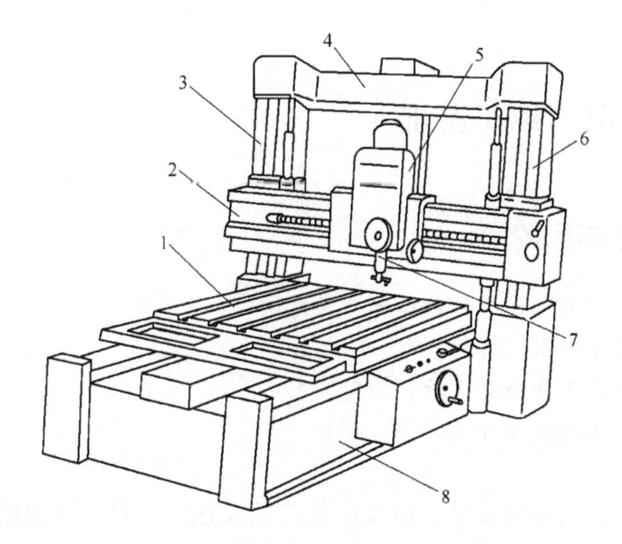

1—工作台；2—横梁；3、6—立柱；4—顶梁；5—主轴箱；7—主轴；8—床身

图 5.28　双柱坐标镗床

习　题　5

5.1　刨削时刀具和工件须作哪些运动？与车削相比，刨削运动有何特点？

5.2　刨刀安装时有什么要求？牛头刨床能加工哪些平面？

5.3　刨刀为什么往往做成弯头的？

5.4　什么是拉削？试分析拉削的优点。

5.5　卧式镗床由哪些部分组成？它能完成什么工作？坐标镗床在结构和使用条件方面有什么特点？

5.6　通过观察牛头刨床的结构，说明牛头刨床摇臂机构和变速机构的作用。

5.7　说明在牛头刨床上加工如图 5.29、图 5.30 所示工件的步骤，用简图和操作要点说明。

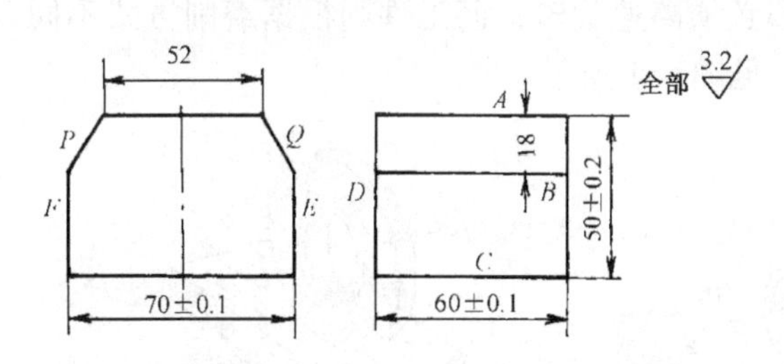

图 5.29　刨平面工件图（材料：HT150）

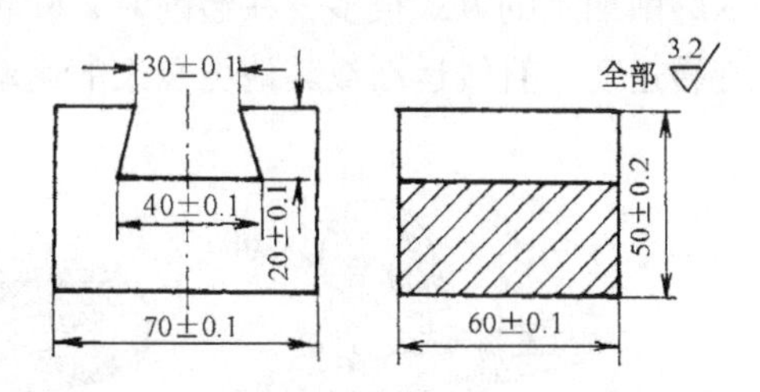

图 5.30　刨燕尾槽工件图（材料：HT150）

模块6　磨 工 实 训

6.1　实训项目31　磨工基础

实训教学目的与要求

(1) 了解磨床的种类、代号、加工特点及范围。

(2) 了解磨削安全知识

(3) 了解外圆磨床各部分的名称和作用。

(4) 掌握外圆磨床的操作方法。

磨削是在磨床上，用砂轮或其他磨具以较高的线速度，对工件表面进行切削加工的方法。它是一种精密加工方法，应用范围很广。其基本工作内容有磨外圆、磨内圆、磨平面、磨螺纹、磨齿轮、磨花键、磨导轨、磨成形面以及刃磨各种刀具等。

磨削加工与车、铣、刨等切削加工相比，有以下特点：

(1) 磨削加工能获得很高的加工精度及表面粗糙度。通常加工精度可达IT5～IT7，表面粗糙度可达0.8～0.2mm。采用精密磨削、超精密磨削以及镜面磨削工艺时，表面粗糙度可达0.1～0.01mm。

(2) 不仅能加工软材料（如未淬火的钢、铸铁和有色金属等），而且还可加工硬度很高、用金属刀具很难加工甚至根本不能加工的材料（如淬火钢、硬质合金等）。

(3) 磨削加工的余量很小，因此在磨削之前，应先进行粗加工以及半精加工。近来由于毛坯制造技术的发展和高速强力磨削的应用，有些零件也可以不经过粗加工，直接进行磨削加工，现已成为磨削加工的发展方向之一。

磨削加工的方式很多，在磨削时，砂轮都必须高速旋转，而工件则根据磨削方式不同，作旋转运动、直线运动或其他更复杂的运动，见图6.1所示。

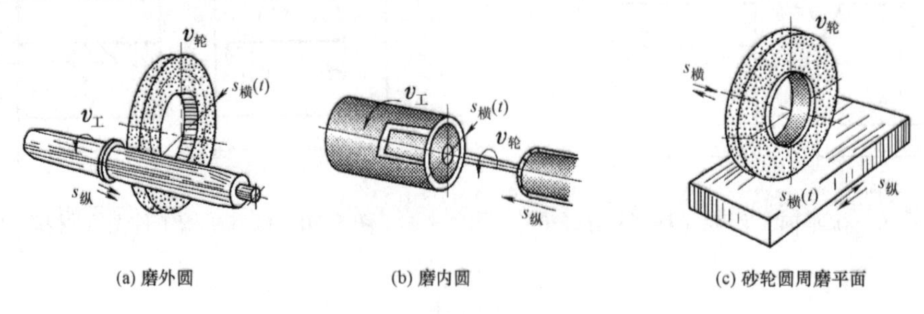

(a) 磨外圆　(b) 磨内圆　(c) 砂轮圆周磨平面

图6.1　磨削加工范围

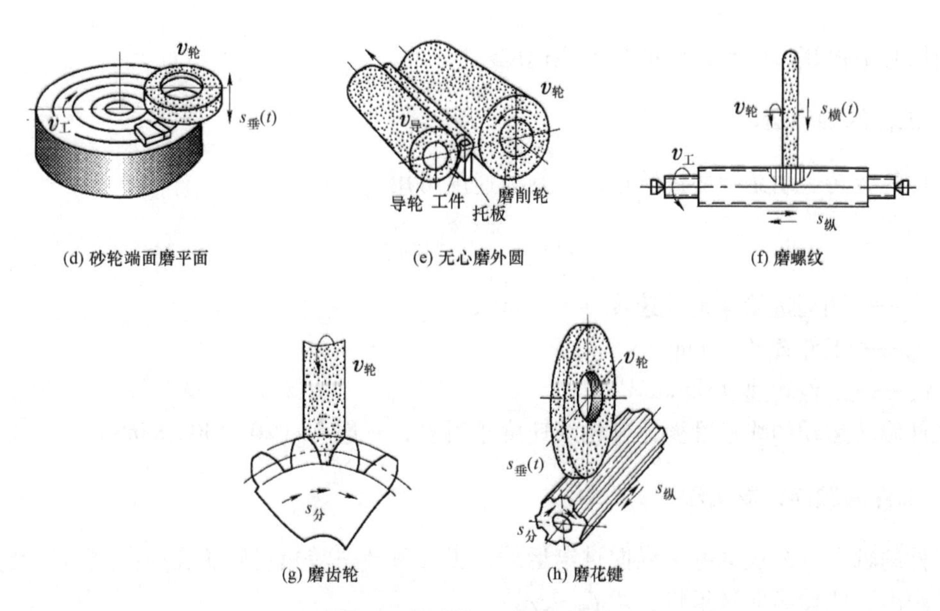

图 6.1　磨削加工范围（续）

6.1.1　磨削运动及磨削用量

现已外圆磨削为例说明磨削运动和磨削用量，如图 6.2 所示。

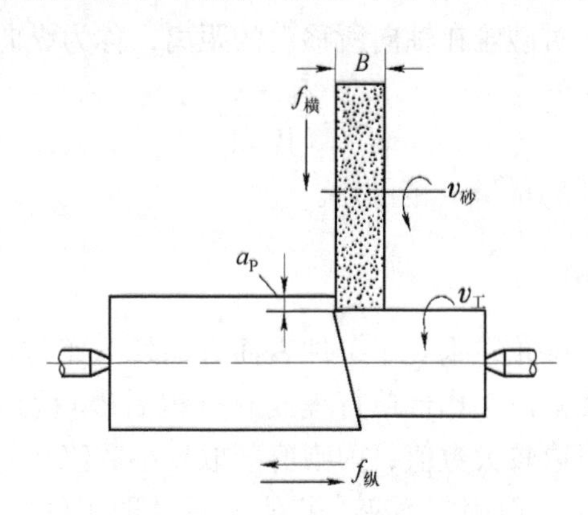

图 6.2　磨削运动和磨削用量

1. 砂轮的旋转运动

砂轮的旋转运动是主运动，主运动速度（砂轮的线速度）可用下式计算：

$$v_砂 = \frac{\pi \cdot d_0 \cdot n_0}{1000}$$

式中，$v_砂$——砂轮线速度（m/s）；

d_0——砂轮直径（mm）；

n_0——砂轮转速（r/s）。

砂轮的线速度很高，外圆磨削与平面磨削时一般为（30～35）m/s；内圆磨削时一般在（18～30）m/s。每个砂轮上都标注有允许的最大线速度。为防止机床振动和发生砂轮碎裂事故，使用时不得超过砂轮允许的最大线速度。

2. 工件的旋转运动

工件的旋转运动是圆周进给运动，其线速度可用下式计算：

$$v_{工} = \frac{\pi \cdot d_w \cdot n_w}{1000}$$

式中，$v_{工}$——圆周进给运动线速度（m/min）；

d_w——工件直径（mm）；

n_w——工件转速（r/min）。

工件旋转运动的线速度要比砂轮线速度小得多，一般为（20～30）m/min。

3. 工件的轴向往复运动

工件的轴向往复运动称为纵向进给运动，工件每转一转相对砂轮在纵向进给运动方向所移动的距离，叫做纵向进给量，用$f_{纵}$ 表示：

$$f_{纵} = KB$$

式中，$f_{纵}$——纵向进给量（mm/r）；

K——系数。精加工取0.2～0.4，粗加工取0.4～0.8；

B——砂轮宽度（mm）。

在单位时间内，工件相对砂轮在轴向所移动的距离，称为纵向进给速度，用$v_{纵}$ 表示：

$$v_{纵} = \frac{f_{纵} \cdot n_w}{1000}$$

$v_{纵}$ 一般在（0.02～0.05）m/min 范围内。

4. 砂轮的横向进给运动

每次磨削行程终了时，砂轮在垂直于工件表面方向切入工件的运动称为横向进给运动，又叫吃刀运动。这种进给量都以工作台单行程或双行程后砂轮切入量（磨削深度 a_p）来表示，外圆磨削、平面磨削可取较大数值，内圆磨削取较小数值。

在上述磨削用量中，$v_{砂}$ 一般固定不变。其他三项（即工件的旋转运动、工件的轴向往复运动、砂轮的横向进给运动）应根据工件材料、加工精度和表面粗糙度的要求来选取，并据此调整机床。

6.1.2 磨削安全知识

磨削安全有以下主要内容：

（1）必须正确安装和紧固砂轮，并要装好砂轮防护罩，砂轮的线速度不应超过允许的安全线速度。

（2）磨削前，砂轮应经过2min 空转试验，才能开始工作。初开车时，不可站在砂轮的正面，以防砂轮飞出伤人。

（3）磨削前，必须细心地检查工件的装夹是否正确，紧固是否可靠，磁性吸盘是否失灵，以防工件飞出伤人或损坏机床设备。

(4) 开车前必须调整好换向撞块的位置并将其紧固，以免由于撞块松动而使工作台行程过头，使夹头卡盘或尾架碰撞砂轮，发生工件弹出或砂轮碎裂等事故。

(5) 磨削时，必须在砂轮和工件转动后再进给，在砂轮退刀后停车，否则容易挤碎砂轮和损坏机床，而且易使零件报废。

(6) 测量工件或调整机床都应在磨床头架停车以后再进行。机床运转时，严禁用手接触工件或砂轮，也不要在旋转的工件或砂轮附近做清洁工作，以免发生意外。

(7) 一个工件加工结束后，必须将砂轮架横向进给手轮（外圆磨床）或垂直进给手轮（平面磨床）退出一些，以免装好下一个工件再开车时，砂轮碰撞工件。

(8) 工作结束或完成一个段落时，应将磨床有关操纵手柄放在“空挡”位置上，以免再开车时部件突然运动而发生事故。

6.2 实训项目 32 砂轮的选择与安装

实训教学目的与要求

(1) 了解砂轮的种类、代号。

(2) 掌握砂轮选择、安装与修整的方法。

6.2.1 砂轮的种类与选择

砂轮是磨削的主要工具。它是由磨料和黏合剂粘结在一起焙烧而成的疏松多孔体，见图 6.3 所示。可以粘结成各种形状和尺寸。如图 6.4 所示。

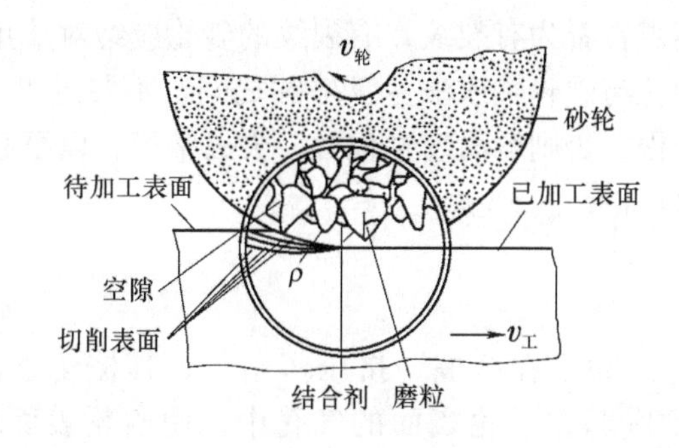

图 6.3 砂轮的组成

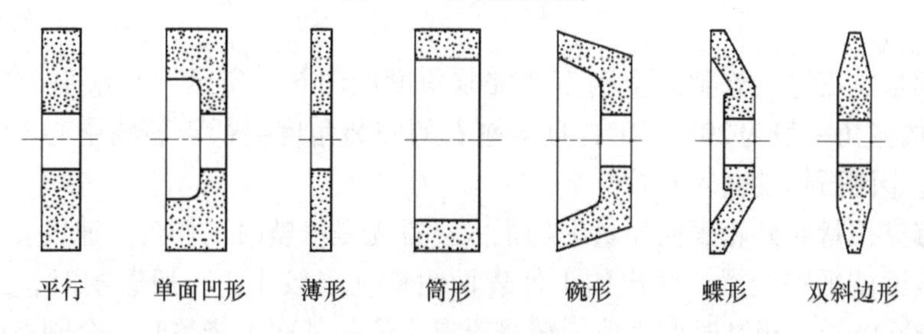

图 6.4 砂轮的形状

砂轮的磨粒直接担负切削工作，因其具有“自锐性”，所以锋利和坚韧。常用的磨粒有两类：刚玉类（Al_2O_3）适用于磨削钢料及一般刀具；碳化硅类（SiC）适用于磨削铸铁、青铜等脆性材料以及硬质合金材料。

磨粒的大小用粒度表示。粒度号数越大，颗粒越小。粗颗粒用于粗加工及磨软料；细颗粒则用于精加工。

砂轮的硬度是指磨削时，在磨削力的作用下，磨料从砂轮表面脱落的难易程度。砂轮硬度的选择，一般是根据工件材料来决定的。

加工硬材料时，用软砂轮；磨软材料时则用硬砂轮；磨削紫铜和黄铜时，要用粒度小的软砂轮。

为便于选用砂轮，在砂轮的非工作表面上印有特性代号，如：

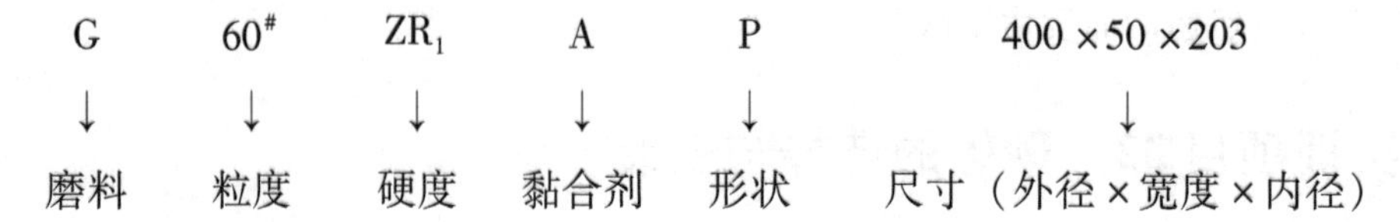

6.2.2　砂轮的安装与修整

砂轮因在高速中工作，安装前须经过外观检查，不应有裂纹，并且经过静平衡试验。

1. 砂轮的安装

在磨床上安装砂轮时，要特别注意，因为砂轮的转速很高，如安装不当，就有因为破裂而造成事故的危险。

安装砂轮前，首先要检查所选的砂轮有无裂纹。这可观察外形或用木棒轻敲，如发出清脆声音者为好，发出嘶哑声音者为有裂纹，有裂纹的砂轮应绝对禁止使用。

安装砂轮时，砂轮内孔与砂轮轴或法兰盘外圆之间，不要过紧，否则磨削时受热膨胀，易使砂轮胀裂；也不能过松，否则容易发生偏心，失去平衡，以至起振动。一般配合间隙为0.1～0.8mm，高速砂轮间隙要小一些。

2. 砂轮的修整

在磨削过程中，砂轮的磨粒在摩擦、挤压作用下，其棱角逐渐磨圆变钝，或者在磨削韧性材料时，磨削常常嵌塞在砂轮表面的气孔中，使砂轮表面堵塞，最后使砂轮丧失切削能力。这时就需要修整砂轮，以恢复砂轮的切削能力与外形精度，从而保证工件的加工精度。

砂轮常用金刚石进行修整。金刚石的安装角度如图6.5所示。与水平面的倾角一般取10°，与端面的倾角一般为20°～30°，且金刚石的安装角度要低于砂轮中心1～2mm，以减少振动，避免金刚石钻尖嵌入砂轮。

砂轮的修整用量对砂轮表面质量影响很大。首先是修整时工作台的速度。工作台的速度低，砂轮的表面就平整光滑，磨出的工件表面粗糙度也较小。一般磨削时，工作台速度取(0.003～0.006)m/s。粗磨时取大值，精磨时取小值。其次，修整时，金刚石的横向进给量（切削深度）也很重要，粗磨时，取0.01～0.03mm，精磨时取0.005～0.015mm，最后做无横向进给的光整加工。

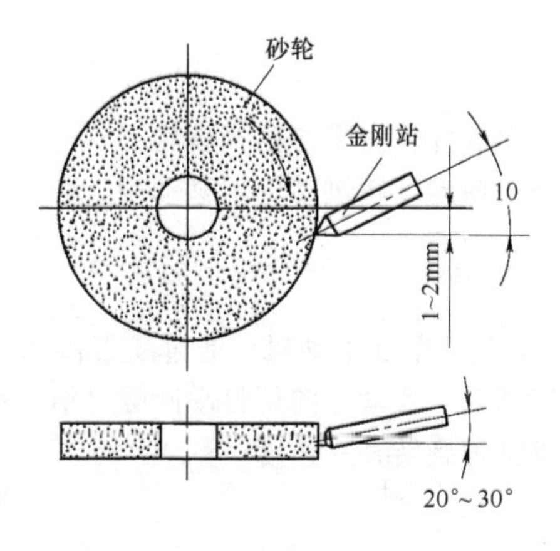

图 6.5　金刚石的安装角度与高度

修整砂轮时，要用大量的冷却液，以冲掉脱落的碎粒，也可避免金刚石因为温度剧烈升高而引起破裂。

6.3　实训项目 33　磨削加工

实训教学目的与要求

(1) 了解外圆磨床各部分的名称和作用。

(2) 掌握外圆磨床的操作方法。

(3) 了解平面磨床及其操作方法。

6.3.1　万能外圆磨床

万能外圆磨床是磨床中应用最普遍的。它用于磨削各种内外圆柱面、圆锥面零件，也可磨带肩的端面和平面。

万能外圆磨床主要由下列六个部分组成，如图 6.6 所示。

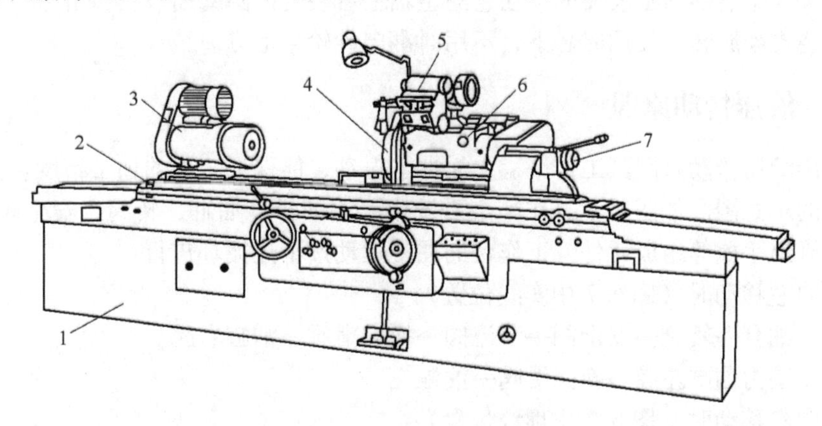

1—床身；2—工作台；3—头架；4—砂轮；5—内圆磨头；6—砂轮架；7—尾架

图 6.6　万能外圆磨床外形图

1. 床身

床身1用来安装各部件，上部件装有工作台和砂轮架，内部装置有液压传动系统。床身上的纵向导轨供工作台移动用，横向导轨供砂轮架移动用。

2. 砂轮架

砂轮架6供安装砂轮4，并装有单独电动机，通过皮带传动带动砂轮高速旋转。砂轮架可在床身后部的导轨上作横向移动。移动方向可自动间隙进给，也可手动进给，或者快速趋近工件和退出。砂轮架绕垂直轴可旋转某一角度。

3. 头架

头架3上有主轴，主轴端部可以安装顶尖、拨盘或卡盘，以便装夹工件。主轴由单独电动机通过皮带传动，通过变速机构带动，使工件获得不同的传动速度。头架可在水平面内偏转一定的角度。

4. 尾架

尾架7的套筒内有顶尖，用来支承工件的另一端，尾架在工作台的位置可根据工件的不同长度调整。尾架可在工作台上纵向移动。扳动尾架上的杠杆，顶尖套筒可伸出缩进，以便装卸工件。

5. 工作台

工作台由液压传动沿着床身上的纵向导轨作直线往复运动，使工件实现纵向进给。在工作台前侧面的T形槽内装有两个换向挡块，用以操纵工作台自动换向。工作台也可手动。工作台分上下两层，上层可在水平面内偏转一个不大的角度（±8°），以便磨削圆锥面。

6. 内圆磨头

内圆磨头5是磨削内圆表面的，在它的主轴上可装上内圆磨削砂轮，由另一个电动机带动内圆磨头绕支架旋转，使用时翻下，不用时翻向砂轮架上方。

6.3.2 液压传动原理

磨床采用液压传动是因其工作平稳，无冲击振动，能保证工件的加工精度。图6.7为液压传动原理的示意图。如图所示，在整个系统中，有油泵、油缸、转阀、安全阀、节流阀、换向滑阀、操纵手柄等组成元件。工作台的往复运动按下述循环进行。

工作台向左移动时（图6.7中实线位置）：

高压油：油泵→转阀→安全阀→节流阀→换向滑阀→油缸右腔。

低压油：动力油缸左腔→换向滑阀→油池。

工作台向右移动时（图6.7中虚线位置）：

高压油：油泵→转阀→安全阀→节流阀→换向滑阀→油缸左腔。

低压油：动力油缸左腔→换向滑阀→油池。

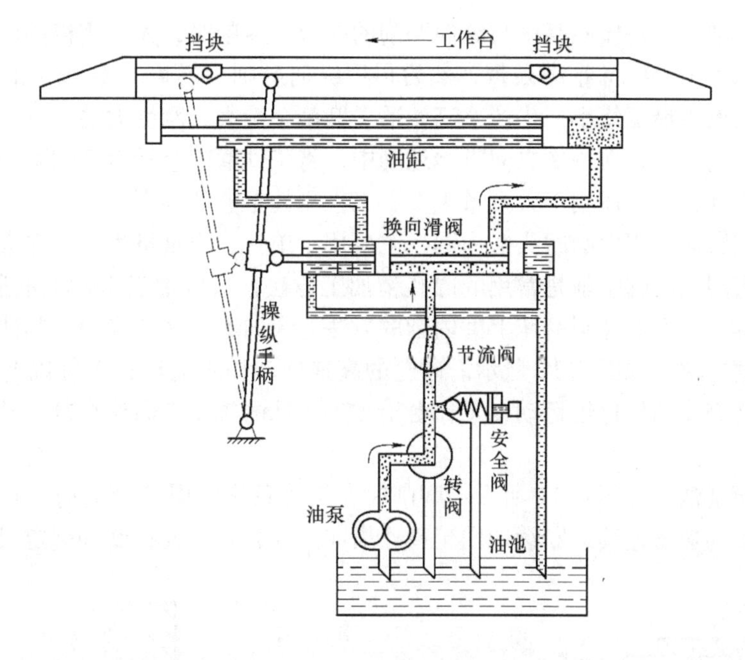

图 6.7　液压传动原理示意图

操纵手柄由工作台侧面左右挡块推动。工作台的行程长度由改变挡块的位置来调整。当转阀转过 90°时，油泵中的高压油全部流会油池，工作台停止。安全阀的作用是使系统中维持一定的压力，并把多余的高压油排入油池。

6.3.3　磨外圆操作方法

磨外圆时常用的工件装夹方法有：两顶尖装夹、三爪自定心卡盘装夹和四爪单动卡盘装夹等。

在外圆磨床上磨外圆的常用方法有纵向磨削法、横向磨削法、综合磨削法和深度磨削法等四种。

（1）纵向磨削法。如图 6.8 所示。磨削时，砂轮的高速旋转为主运动，工件转动及随工作台作纵向往复移动为进给运动。纵磨法的磨削精度高，表面粗糙度值小，适应性好，但生产率低。常用于单件小批量生产及精磨。

（2）横向磨削法。如图 6.9 所示。横向磨削法又称切入磨削法。磨削时，由于砂轮厚度大于工件被磨削外圆的长度，工件无纵向进给运动。横磨法背向力大，工件易弯曲变形，产生热量多，工件易烧伤，但生产率高，适于大批量生产、精度要求较低、磨削长度短、刚性好的外圆磨削。

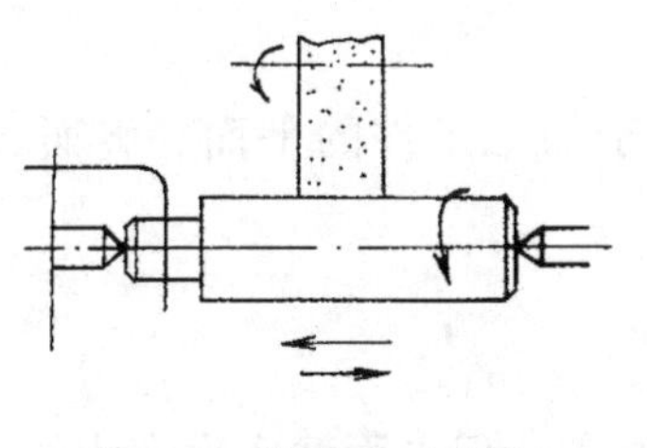

图 6.8　纵磨法（外圆）

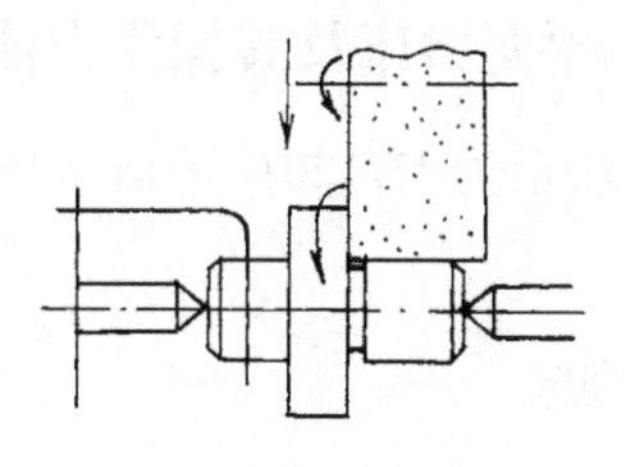

图 6.9　横磨法（外圆）

(3) 综合磨削法。是横向磨削与纵向磨削的综合。磨削时，先采用横向磨削法分段粗磨外圆，并留0.03～0.04mm精磨余量，然后再用纵向磨削（精磨）到规定的尺寸。该磨削方法精度高，表面粗糙度值小，生产率高，适于磨削余量大、刚度大的工件。

(4) 深度磨削法。是在一次纵向进给运动中，将工件磨削余量全部切除而达到规定尺寸要求的高效率磨削方法。适用于大批量生产、工件刚性足够的场合。

在万能外圆磨床上用内圆磨头磨内圆，主要用于单件、小批量生产。在大批量生产中则采用内圆磨床磨削。内圆磨削是常用的内孔精加工方法，可以加工工件上的通孔、不通孔、台阶孔及端面等。在万能外圆磨床上磨内圆的方法有纵向磨削法和横向磨削法两种。

(1) 纵向磨削法。如图6.10所示。砂轮的高速回转作主运动；工件以与砂轮回转方向相反的低速回转完成圆周进给运动；工作台沿被加工孔的轴线方向作往复移动完成工件的纵向进给运动。

(2) 横向磨削法。如图6.11所示。磨削时，工件只作圆周进给运动，砂轮回转为主运动，同时以很慢的速度连续或断续地向工件作横向运动，直至孔径磨到规定尺寸。

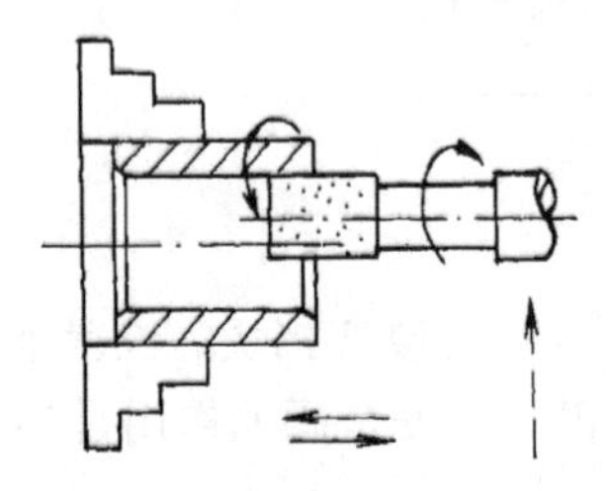

图6.10 纵向磨削法（内孔）

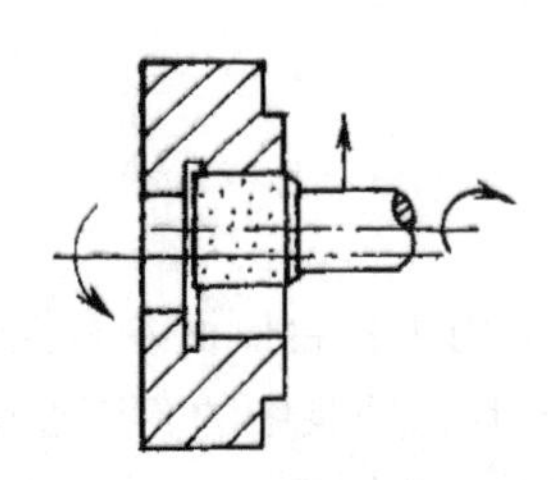

图6.11 横向磨削法（内孔）

在安装工件和调整机床后，可按下列步骤磨外圆：

(1) 开动磨床，使砂轮和工件转动。将砂轮慢慢靠近工件，直至与工件稍微接触。开放冷却液。

(2) 调整切深后，使工作台纵向进给，进行一次试磨。磨完全长后用分厘卡检查有无锥度。如有锥度，须转动工作台加以调整。

(3) 进行粗磨。粗磨时，工件每往复一次，切深为0.01～0.025mm。磨削过程中因产生大量的热量，因此须有充分的冷却液冷却，以免工件表面被"烧伤"。

(4) 进行精磨。精磨前往往要修整砂轮。每次切深为0.005～0.015mm。精磨至最后尺寸时，停止砂轮的横向切深，继续使工作台纵向进给几次，直至不发生火花为止。

(5) 检验工件尺寸及表面粗糙度。由于在磨削过程中工件的温度有所提高，因此测量时应考虑热膨胀对工件尺寸的影响。

6.3.4 平面磨床及其操作方法

图6.12所示为M7120D平面磨床，主要用于加工工件的平面、斜面、垂直面及成形面。

1. 平面磨床

平面磨床的工作原理与外圆磨床和内圆磨床相似。但平面磨床没有头架及尾架，对于

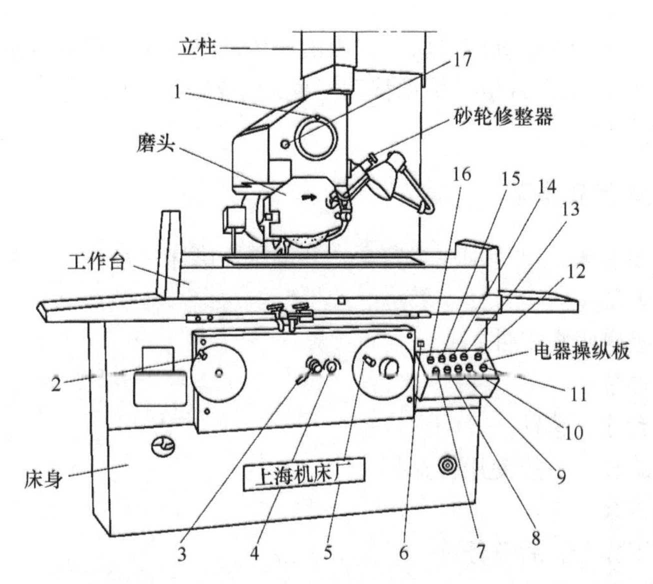

1—砂轮横向手动手轮；2—工作台手动手轮；3—工作台自动及无级调速手柄；4—砂轮横向自动进给（断续或连续）旋钮；5—砂轮升降手动手轮；6—砂轮垂向进给微动手柄；7—总停按钮；8—液压油泵启动按钮；9—砂轮上升点动按钮；10—砂轮下降点动按钮；11—电磁吸盘开关；12—切削液泵开关；13—砂轮高速启动按钮；14—砂轮停止按钮；15—砂轮低速启动按钮；16—电源指示灯；17—砂轮横向自动进给换向推拉手柄

图 6.12　M7120D 平面磨床

钢、铸铁等工件可直接安装在电磁工作台上，靠电磁吸力来吸住工件；对于由铜、铜合金、铝及铝合金等非导磁材料制成的零件，可通过精密虎钳装置固定在工作台上。

在平面磨床上磨削平面，通常有周边磨削和端面磨削两种方法。

(1) 周边磨削法。用砂轮圆周面磨削工件，如图 6.13 所示。该法能获得较高的加工质量，但生产率低，适用于精磨。

(2) 端面磨削法。用砂轮端面磨削工件，如图 6.14 所示。该法生产率高，但加工精度低，适用于粗磨。

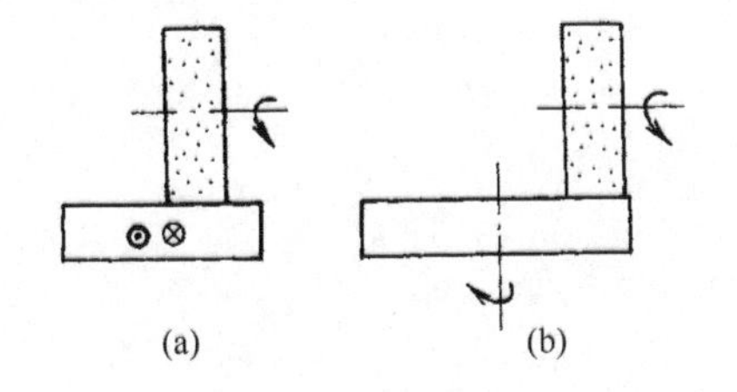

图 6.13　周边磨削法

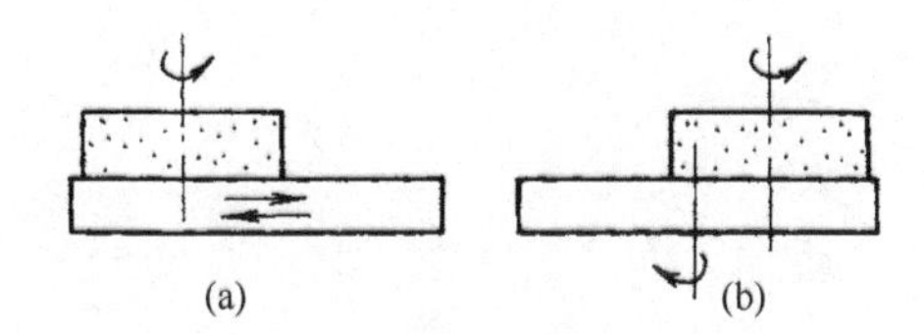

图 6.14　端面磨削法

2. M7120D 平面磨床的组成

M7120D 平面磨床由床身、工作台、立柱、磨头、砂轮、修整器和电器操纵板等组成。

磨头上装有砂轮、砂轮的旋转为主运动。砂轮由单独的电动机驱动，有 1500r/min 和 3000r/min 两种转速，分别由按钮 15 和 13 控制，一般情况多用低速挡。磨头可沿拖板的水平横向导轨作横向移动或进给，可手动（使用手轮）或自动（使用旋钮 4 和推拉手柄 17）；磨头还可随着拖板沿立柱的垂直导轨作垂直方向运动，这些动作多通过手动操纵（使用手轮 5 或微动手柄 6）控制。

矩形工作台装在床身水平纵向导轨上，由液压传动实现工作台的往复移动，带动工件纵向进给（使用手柄3）。工作台也可手动移动（使用手轮2）。工作台上装有电磁吸盘，用以装夹工件（使用开关11）。

3. 平面磨床的使用和操纵

使用和操纵平面磨床，要特别注意安全。开动平面磨床一般按下列顺序进行：

（1）接通机床电源。

（2）启动电磁吸盘吸牢工件。

（3）启动液压油泵。

（4）启动工作台往复移动。

（5）启动砂轮旋转，一般使用低速挡。

（6）启动切削液泵。

停车一般先停工作台，后总停。

习　题　6

6.1　什么是磨削？在磨床上加工有哪些特点？

6.2　什么是磨料的粒度？应如何选择？

6.3　砂轮的硬度与磨粒的硬度有何不同？应如何选择砂轮的硬度？

6.4　平面是怎样进行磨削的？工件如何安装在工作台上？

6.5　以外圆磨床为例，说明磨削外圆时的主运动和进给运动，并用示意图表示。

6.6　磨削加工为什么能获得精度高和表面粗糙度低的表面？

模块7 铸造实训

7.1 实训项目34 砂型与整模造型

实训教学目的与要求

(1) 了解铸造加工的工艺范围和作用。

(2) 掌握砂型铸造基本操作方法。

熔炼金属，制造铸型，并将熔融金属浇入铸型，凝固后获得一定形状和性能的铸件的成形方法称为铸造，其特点是金属在液态下成形。

用于铸造的金属称为铸造合金，常用的铸造合金有铸铁、铸钢和铸造有色金属，其中铸铁、特别是灰铸铁用得极为广泛。

铸件的生产方法有多种，如砂型铸造、特种铸造，其中以砂型铸造应用最广。砂型铸造生产铸件的过程如图7.1所示，其中主要工序为：制造模样和芯盒、制备型砂和芯砂、造型和造芯、合箱、金属的熔炼与浇注、落砂、铸件的清理与检验。

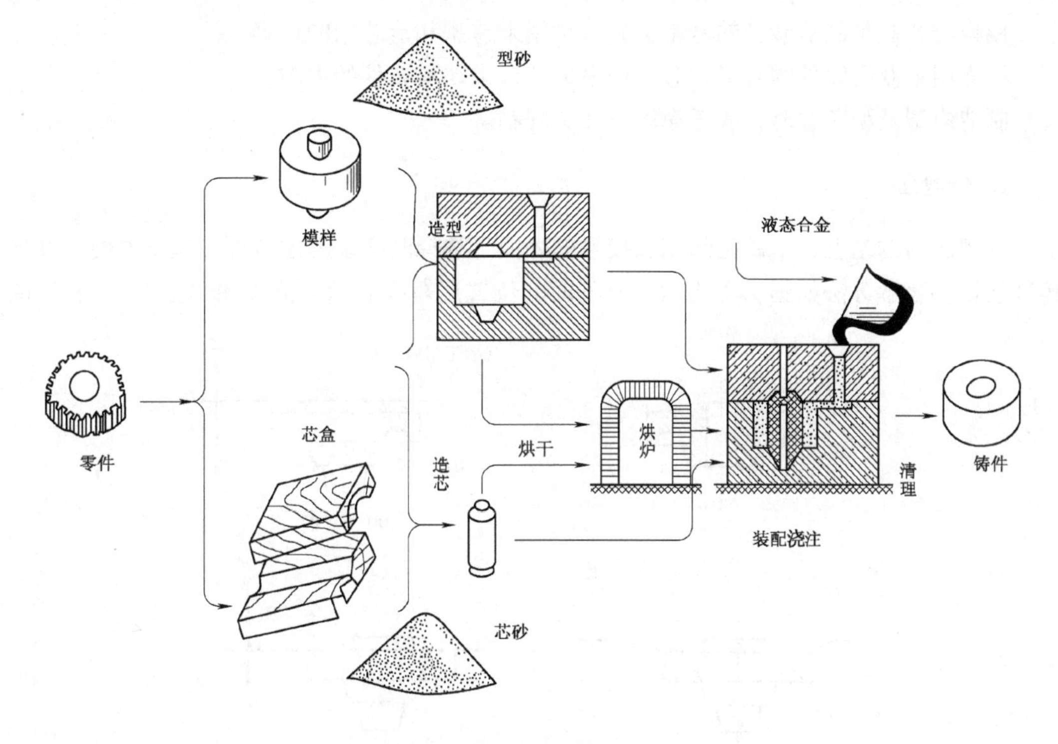

图7.1 砂型铸造工艺过程

砂型的组成、模样及芯盒

7.1.1 砂型

砂型一般由上砂型、下砂型、砂芯和浇注系统等几部分组成。上下砂箱通常要用定位销定位或用做泥号的方法定位以防止错箱。砂型装配图如图 7.2 所示。

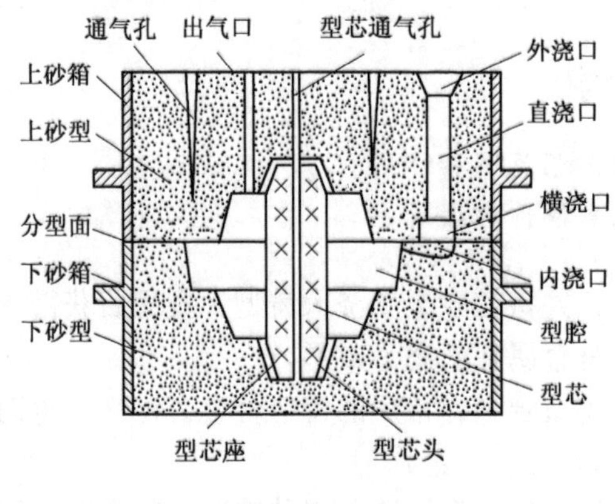

图 7.2 砂型装配图

7.1.2 模样与芯盒

模样与芯盒是制造砂型的基本工具，是用来造型和造芯用的模具。

模样用来获得铸件的外形，芯盒用来造芯，以获得铸件的内腔。

制造模型及型芯盒时，应考虑以下几个问题。

1. 分型面

分型面指的是上、下砂型间相互接触的表面。选择时必须考虑造型、起模方便，并保证铸件质量。表示方法如图 7.3 所示。分型面的位置用短线表示，箭头和“上”、“下”两字

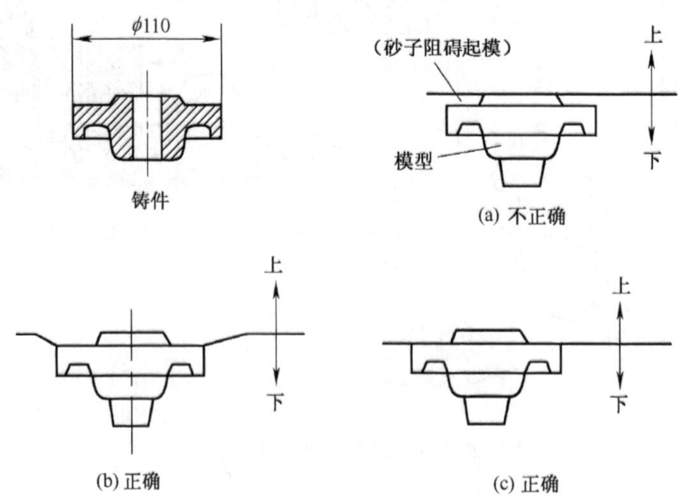

图 7.3 分型面应选在最大截面处

表示上型和下型的位置。分型面的确定应注意以下原则：

(1) 分型面应选择在模型的最大截面处，以便于取模，

(2) 尽可能使铸件在同一砂型内，以减少错箱和提高铸件的精度。图 7.4 (a) 为分模造型，易错箱，分型面位置不够合理；图 7.4 (b) 为整模、挖砂造型，铸件大部分在同一砂型内，不易错箱，飞边少，分型面位置较合理。

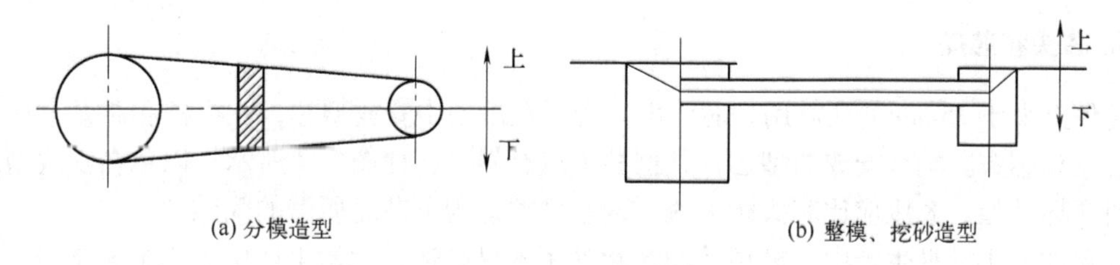

图 7.4　分型面的选择应能减少错箱

(3) 应使铸件中重要的机加工面朝下或垂直于分型面。因为浇注时，液体金属中的渣子、气泡总是浮在上面，铸件的上表面缺陷较多，铸件的下表面和侧面的质量较好，如图 7.5 所示。

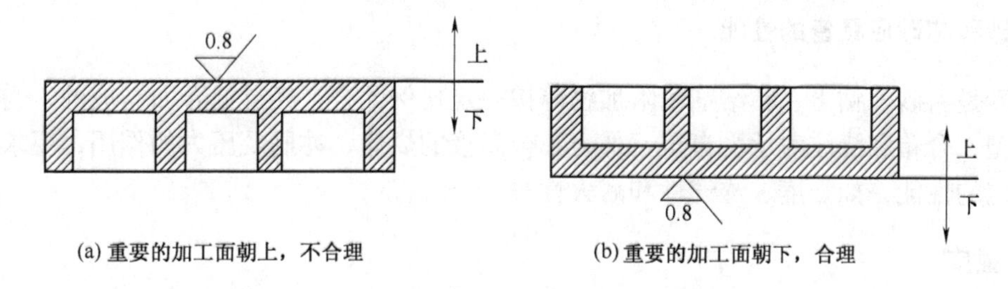

图 7.5　分型面的选定

(4) 尽量采用平直面为分型面，少用曲折面为分型面，这样可以简化制模和造型工艺，降低铸件成本和提高铸件精度。

2. 加工余量

铸件需要切削加工的表面，在制作模样时，均需留出加工余量。其大小根据铸造合金的种类、加工精度、铸件的形状和尺寸、加工面在浇注时的位置等来确定。铸钢件、大铸件及形状复杂的铸件，其余量较大。

3. 起模斜度

为了便于从砂型中取出模型或从芯盒中取出型芯，凡垂直于分型面的表面都应做出 0.5°～4°的起模斜度。

4. 收缩余量

液态金属在冷却时要产生收缩，为了补偿铸件收缩，模样尺寸应比铸件大，其增大的数值称为收缩余量。收缩余量主要根据合金的线收缩率来确定。灰口铸铁的线收缩率约为 1.0%，铸钢为 1.5%～2.0%，铝合金为 1.0%～1.5%。如有一铸钢件的长度为 50mm，线

收缩率为2%，则收缩余量为1mm，模样长度为51mm。

5. 铸造圆角

为了避免铸件在冷缩时与尖角处产生裂纹以及起模时损坏砂型等缺陷，在制作模样时，与模型壁之间的交角要做成圆角过渡，以改善铸件质量。

6. 芯头和芯座

铸件上大于25mm的孔需用型芯铸出。为了在砂型中安放型芯，在模样和芯盒上应分别做出芯座和芯头。垂直安放的型芯，其型芯头应有斜度，如图7.2所示，以免在安放型芯及合箱时碰坏砂型。芯座应比芯头稍大些，两者之差即为下芯时所需的间隙。

在单件和小批量生产中，模型及型芯盒常用木材制造，大量生产中多用金属制造。

7.1.3 型砂和芯砂

砂型和芯型是由型砂和芯砂做成的。型砂和芯砂的质量直接影响着铸件的质量，型（芯）砂质量不好会使铸件产生气孔、砂粘、夹砂等缺陷。

型砂和芯砂应具备的性能

型砂是由砂、粘土、粘结剂和附加物等按一定比例配合，经过混合而制成的。为保证型砂在造型、合箱和浇注时承受自重、外力、金属液的烘烤、冲刷及压力的作用，要求型砂应具备一定的性能，如强度、透气性和耐火性等。

1. 强度

为了使铸型在造型、合箱、搬运和在液体金属的冲击下不致损坏，型砂和芯砂必须具有一定的强度。

2. 透气性

型砂和芯砂能让气体通过的性能，称为透气性。在浇注时，铸型中会产生大量气体，液体金属中也会析出气体．这些气体必须从铸型中排出。如透气性不足，气体将留在铸件里，形成气孔。

3. 耐火性

在高温的液体金属作用下，型砂和芯砂不被烧结或熔化的性能，称为耐火性。如耐火性不够，铸件表面将产生粘砂的缺陷，使铸件清理和切削加工困难，甚至造成废品。

7.1.4 型（芯）砂的组成

型砂和芯砂主要由原砂和黏结剂组成。原砂中石英（SiO_2）含量高、杂质少，则耐火性高，砂粗而均匀，则透气性好。能使砂粒相互黏结的物质称为黏结剂，黏结剂有普通黏土和膨润土（又称陶土）两种。普通黏土的储量丰富，来源广，成本低；而膨润土的黏结力则比普通黏土强。

为了使黏土或膨润土发挥黏结作用，须加入适量的水。并使之具有一定的强度和透气性。在型砂和芯砂中，有时还加入一些附加物以改善型（芯）砂性能。例如，加入木屑以改善铸型和芯的透气性，加入煤粉以防止铸件黏砂，使铸件表面光滑等。

7.1.5 整模造型及造芯

造型及造芯是铸造生产中最主要的工序，对于保证铸件尺寸精度和提高铸件质量有着重要的作用。

实际生产中，由于铸件的大小、形状、材料、批量和生产条件不同，需要采用不同的造型方法。造型方法可分为手工造型和机器造型两大类。本章仅介绍手工造型。手工造型的方法很多，灵活多样，主要有整模造型、分模造型、挖砂造型、假箱造型、刮板造型等。

1. 砂箱及造型工具

手工造型常用的工具如图 7.6 所示。

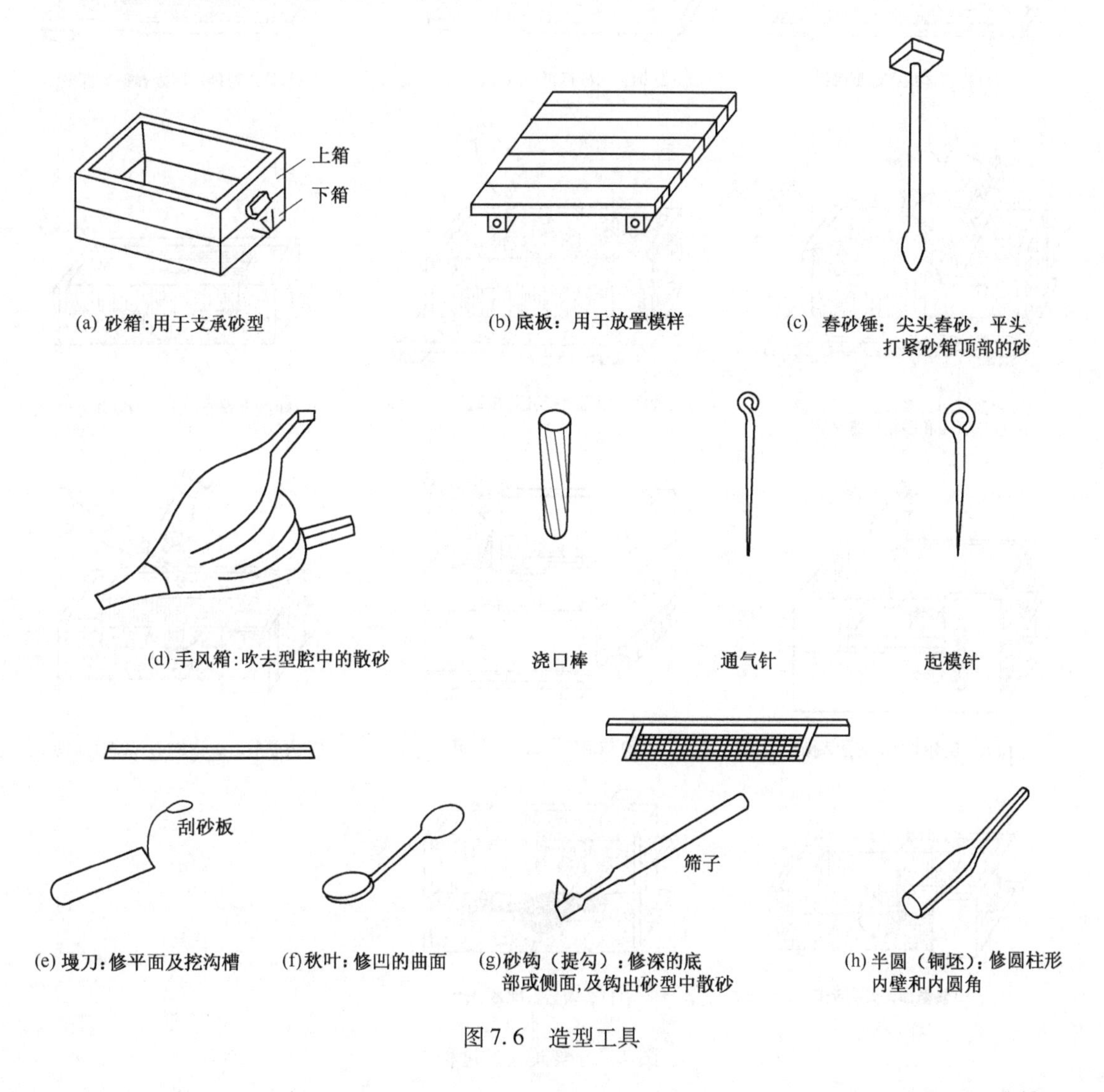

图 7.6　造型工具

2. 整模造型

整模造型的特点是：模样是一个整体，且一般放在下箱。分型面是平面。造型方法简便，铸件不受砂箱未对准的影响，所得形状和尺寸精度较好，故适用于外形轮廓上有一个平面可作为分型面的简单铸件，如齿轮坯、轴承座、皮带轮罩等。如图 7.7 所示为整模造型过程。

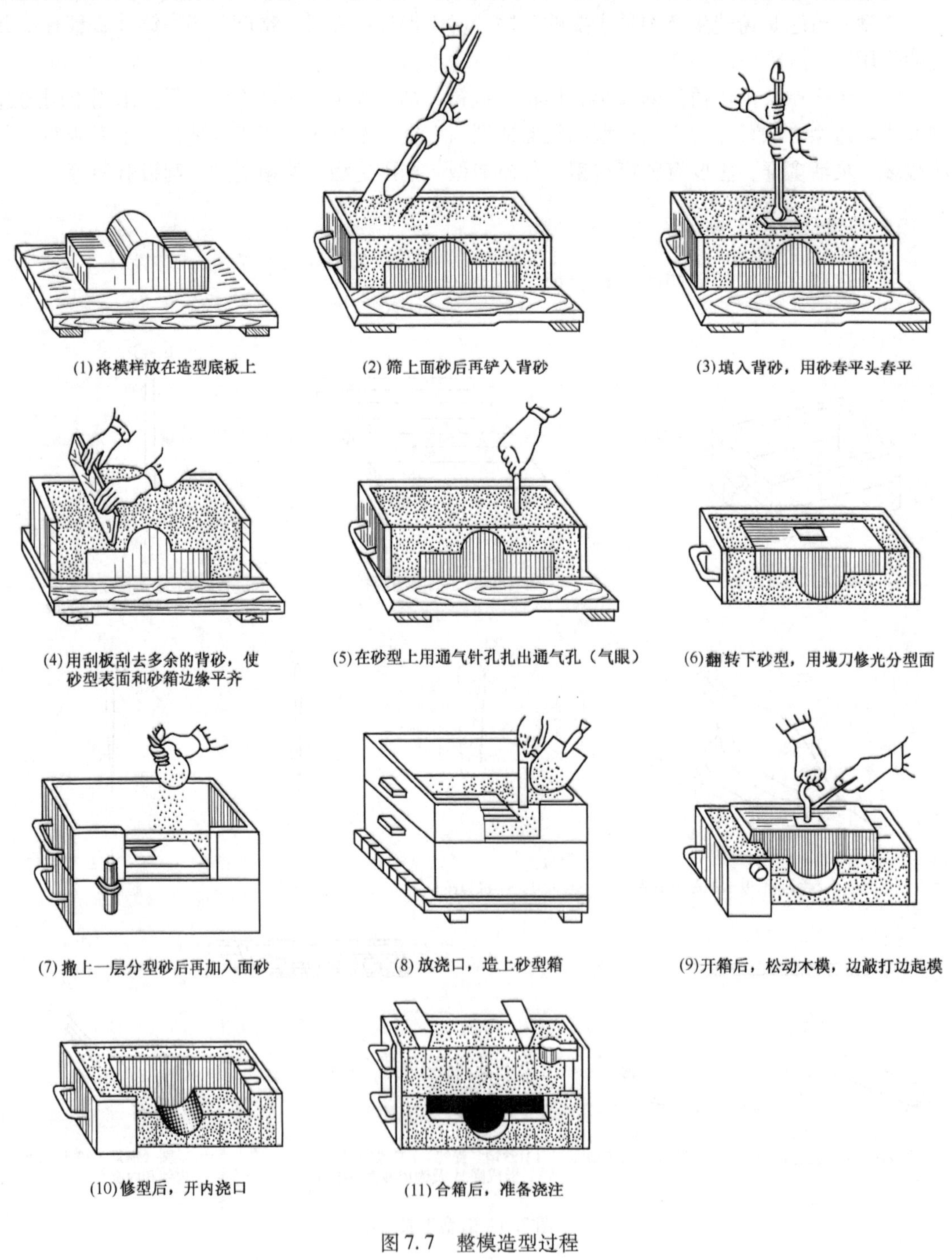

(1) 将模样放在造型底板上
(2) 筛上面砂后再铲入背砂
(3) 填入背砂，用砂舂平头舂平
(4) 用刮板刮去多余的背砂，使砂型表面和砂箱边缘平齐
(5) 在砂型上用通气针扎出通气孔（气眼）
(6) 翻转下砂型，用墁刀修光分型面
(7) 撒上一层分型砂后再加入面砂
(8) 放浇口，造上砂型箱
(9) 开箱后，松动木模，边敲打边起模
(10) 修型后，开内浇口
(11) 合箱后，准备浇注

图 7.7　整模造型过程

(1) 将模样放在造型底板上，放上下砂箱，使模样与砂箱内壁之间留有合适的吃砂量，并注意留出浇口位置。

(2) 在模样的表面筛上一层面砂，将模样盖住。铲入背砂，用舂砂锤平头将分批填入的背砂按一定的路线逐层舂实，并注意用力均匀。用力太大，砂型透气性不好；用力太小，砂型松，易塌箱。

(3) 填入最后一层背砂，用舂砂锤平头舂平。

(4) 用刮板刮去多余的背砂，使砂型表面和砂箱边缘平齐。

(5) 在砂型上用通气针扎出通气孔（气眼），深度要适当，分布要均匀。

(6) 翻转下砂型，用墁刀修光分型面。

(7) 撒上一层分型砂。上砂型是叠放在下砂型上进行舂砂的，为防止上、下砂型黏连，需撒分型砂。分型砂应缓慢而均匀地散在分型面上。

(8) 开外浇口。漏斗形的外浇口与直浇口连接处应圆滑过渡，造完上砂型箱后划合型线，以防错箱。

(9) 开箱后，先用毛笔在模样四周刷水，以增加四周型砂的强度。起模时，起模针应钉在模样的重心上。松动木模后，应先慢后快地垂直向上起模。

(10) 修型起模后，型腔如有损坏，要及时进行修补，修补工作应由上而下进行，避免在下部修好后又被上部掉下的散砂弄脏。开内浇口，内浇口是浇注系统中引导液态金属进入型腔的部分。

(11) 按合型线或定位装置合箱后，准备浇注。

7.1.6 浇注系统

在砂型中用来引导液体金属流入型腔的通道称为浇注系统. 浇注系统对铸件质量影响较大. 浇注系统安排不当，有可能产生浇不足、气孔、夹渣、砂眼、冲砂、缩孔、裂纹等铸造缺陷. 合理的浇注系统应具有下述作用：

(1) 平稳地将金属液充满型腔，以得到完整铸件。

(2) 除渣，阻止金属液中的杂质和熔渣进入型腔。

(3) 控制金属液流入型腔的速度和方向。

(4) 调节铸件各部分温度，以补充液态金属在冷却时的体积收缩。

1. 浇注系统的构造

典型的浇注系统由外浇口、直浇口、横浇口和内浇口四部分组成，如图 7.8 所示。

(1) 外浇口。亦称浇口杯，其作用是承受从浇包倒出来的金属液，减轻液流对砂型的冲击和分离熔渣. 小型铸件通常用漏斗形浇口，比较大的铸件用盆形外浇口。

(2) 直浇口。直浇口是金属液从外浇口流到横浇口或内浇口的垂直向下通道。直浇口一般都做成圆锥形，既便于起棒又能使金属液充满直浇口而不致吸进气体。

(3) 横浇口。横浇口是将直浇口的金属液引入内浇口的水平通道，一般开在上砂型的分型面上。横浇口的作用主要是挡渣。

(4) 内浇口。内浇口与铸件直接相连。内浇口可控制金属液流入型腔的方向和速度，调节铸件各部分的冷却速度，对铸件的质量起关键作用。因此，必须认真对待内浇口的布置。

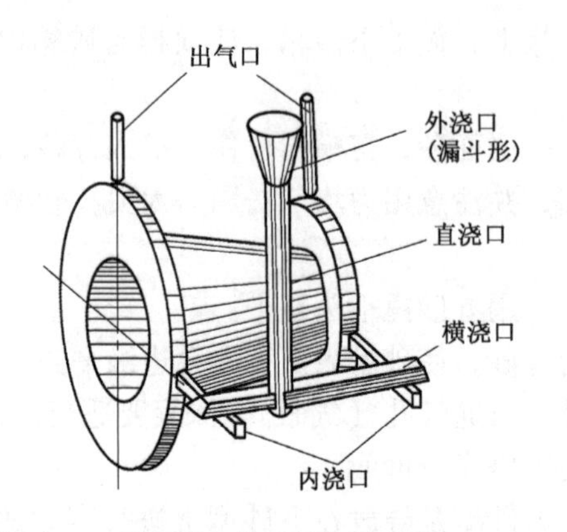

图 7.8　典型的浇注系统

2. 内浇口的布置

内浇口的布置主要是解决开设位置，是开在上面还是下面？是从薄处开还是从厚处开？是开一个口还是开几个口等等。开设内浇口时应注意以下几点：

（1）一般不在铸件的重要加工面、定位基准面或特殊重要部位开浇口。因为内浇口附近的金属冷却慢，组织粗大，机械性能较差。

（2）使液体金属顺着型壁流动，避免直接冲击砂芯或砂型的突出部分，如图 7.9（b）所示。

（3）内浇口的形状应考虑清理方便。

（4）应考虑对铸件凝固顺序的要求。对于壁厚相差不大的铸件，内浇口多开在铸件薄壁处，以达到铸件各处冷却均匀的目的；对于壁厚差别大，特别是收缩大的铸件，内浇口多开在铸件厚处，以保证金属液对铸件及时补缩。

3. 冒口

冒口的主要作用是补给铸件最后凝固收缩时所需要的金属液，以免产生缩孔。为了能起到补缩作用，必须保证冒口处金属液最后冷却凝固，这样才能形成由铸件至冒口的凝固顺序。因此这种冒口常放置在铸件的最厚、最高处，并且冒口的尺寸要足够大。如图 7.10 所示。在浇注收缩性大的金属（如钢、铜合金等）时，一般都要有这种冒口。此外，冒口尚可起到排气和集渣以及观察型腔是否被浇满的作用。

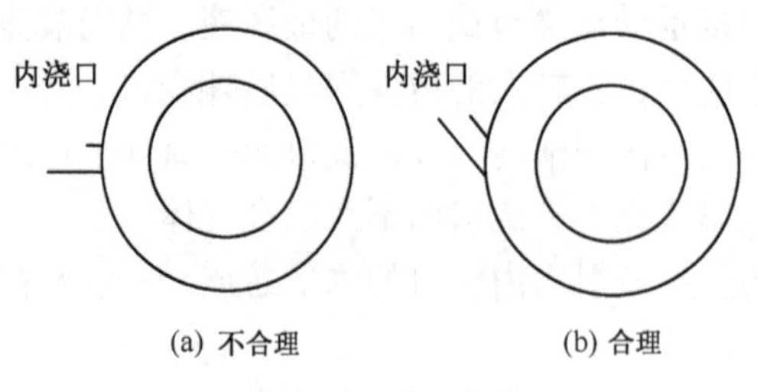

图 7.9　内浇口位置

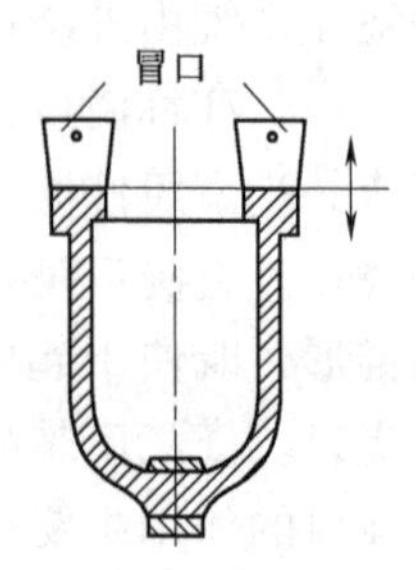

图 7.10　冒口

7.1.7 造芯

型芯是铸型的重要组成部分，其主要作用是构成铸件的内腔。形状复杂的铸件，也可用型芯构成铸件的局部外形。由于浇注时型芯受到金属液的包围，金属液对它的冲刷及烘烤比砂型厉害。因此，型芯应比砂型有更高的强度、透气性、耐火性和退让性。

为了增强芯砂的强度，可在型芯中放置芯骨，小型芯骨大多用铁丝或铁钉制成。为了提高型芯的透气性，需在型芯内扎通气孔，形状复杂不便扎通气孔的砂芯，可埋设蜡线，当砂芯烘干时蜡线融化，形成的孔道起通气作用。大型砂芯也可放入焦炭或炉渣等以增强通气，如图 7.11 所示。为了增加型芯的退让性，往往要在芯砂中加入铝末等附加物，之后型芯还要上涂料和烘干，以提高它的耐火性、强度和透气性。

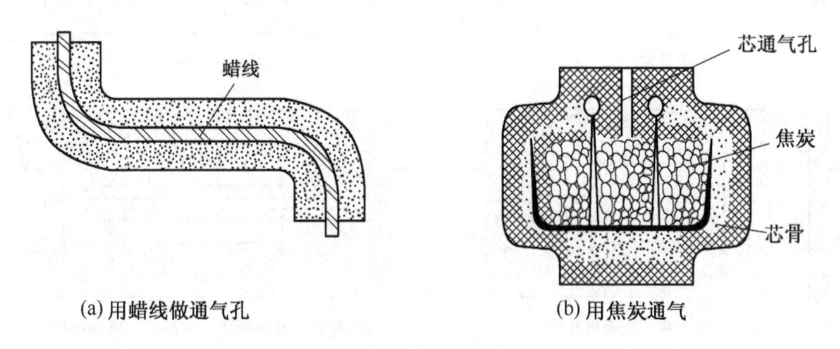

图 7.11　芯的通气

7.2 实训项目 35　其他造型方法

实训教学目的与要求

（1）了解其他造型方法的工艺范围和作用。

（2）了解铸件的结构工艺性及缺陷分析。

（3）了解铸铁熔炼的基本操作过程。

7.2.1 分模造型

分模造型的模样分成两半，造型时分别放在上、下箱内，分型面也是平面。这类零件的最大截面不在端部，例如，圆柱形管子等类铸件，由于铸件截面形状为圆形，若将模样做成整模就难以从砂型中起出。图 7.12 是套筒的分模造型过程。分模造型操作简便，适用于生产各种批量的套筒、管子、阀体类、箱体类、曲轴、立柱等形状较复杂的铸件。在进行分模造型时，要注意检查模样上下两半配合是否严密，易开合。模样的定位销是否牢固。

7.2.2 挖砂造型

有些铸件如手轮等，最大截面不在一端，模样又不允许分成两半（模型太薄或制造分模困难），可以将模样做成整体，采用挖砂造型法。

手轮挖砂操作过程如图 7.13 所示，挖砂操作过程中应注意要准确地掌握挖砂深度，过

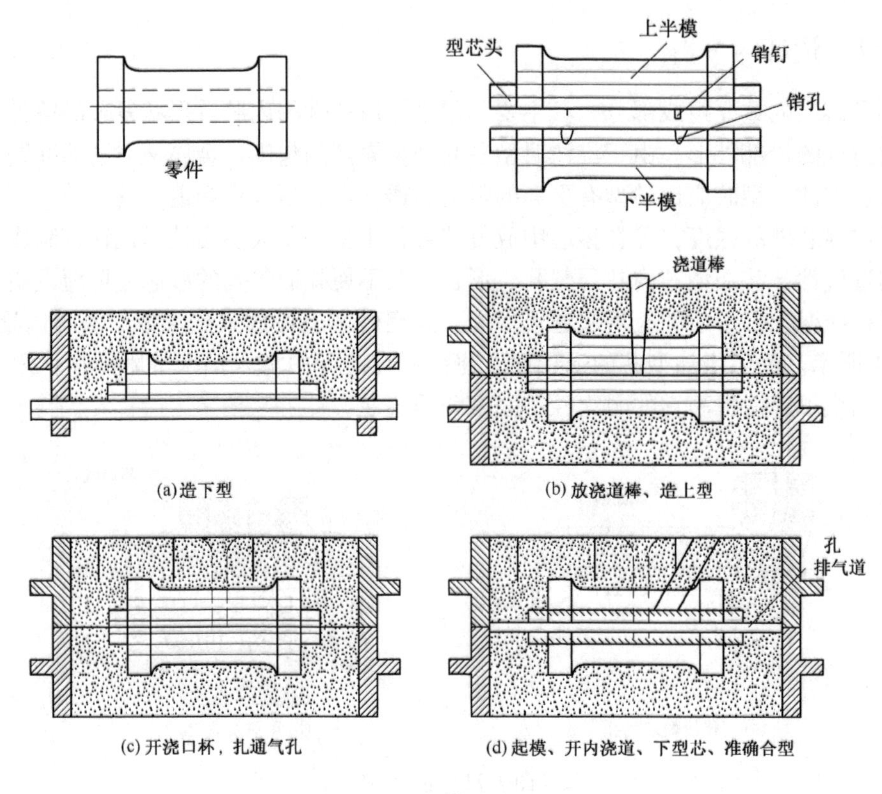

图 7.12　分模造型过程

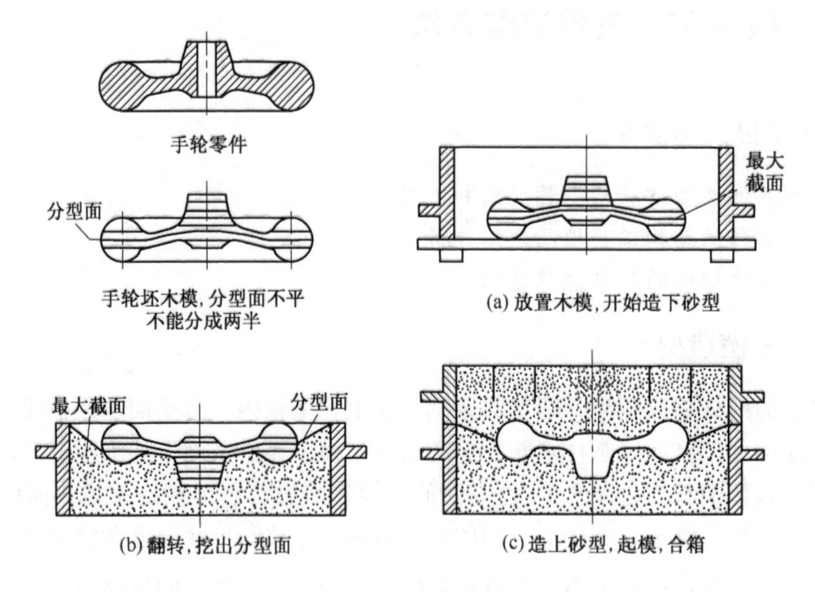

图 7.13　挖砂造型

深过浅都会造成起模困难，应挖到模样的最大截面处。挖砂所形成的分型面，应该平整光滑，坡度不能太陡，挖砂造型操作麻烦，生产率低，操作技术要求高。往往因挖砂不准确，使铸件在分型面处产生毛刺，影响铸件的外观质量和尺寸精度，因此这种造型方法适用于单件生产。如生产数量较多时，宜采用假箱造型。

7.2.3 假箱造型

先制出一个假箱代替底板，再在假箱上造下砂型，假箱造型时不必挖砂就可以使模样露出最大截面。假箱只用于造型，不参与浇注，所以叫做假箱。造型时，先将模样在假箱上放好，撒上分型砂再制造下砂型，翻转下型后，其他工序和一般造型方法就一样了。假箱造型过程见图 7.14 所示。

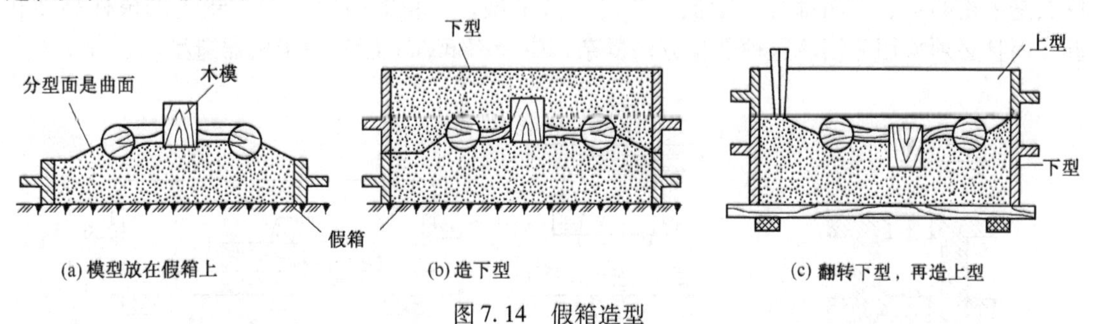

图 7.14 假箱造型

7.2.4 活块造型

在砂型型腔的侧立面有较小的凸台等结构影响起模时，就要把凸台等做成活块。模样上可拆部分或能活动的部分称为活决。例如，角铁的两个内侧面上，都有一个凸台，模样无论怎么放，侧面总有妨碍起模的凸台，如图 7.15 所示。如将凸台做成活块模样，起模困难就能得以解决。采用活块模造型时，首先要检查活块与模样主体配合的松紧程度。太紧则活块不易脱离模样本体，影响起模；太松则活决易错位，影响铸件的尺寸精度。舂砂前常常先把活块周围型砂舂实，起模时，先取出模样主体，再单独取出活块，如用钉子连接活块的，在将活块四周型砂舂实后，要把钉子拔出，否则模样无法取出，但钉子也不能拔出过早，以免活块移动。

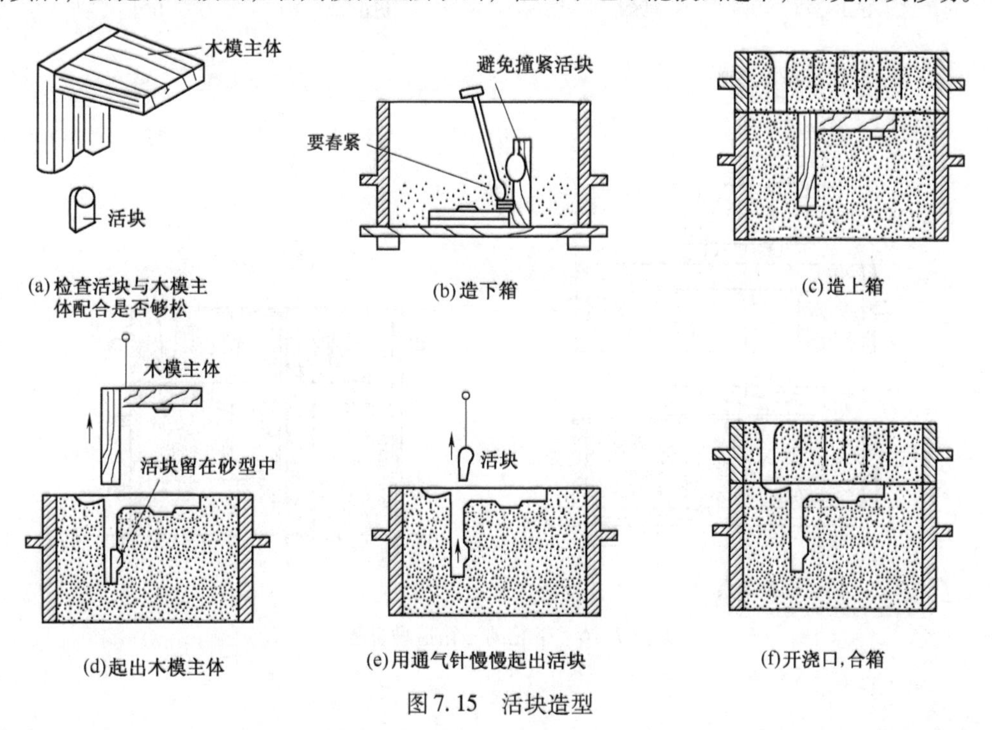

图 7.15 活块造型

活块造型要求工人的操作技术水平高，而且生产率低，仅适用于单件小批量生产。

7.2.5 三箱造型

对于形状复杂的铸件，往往具有两头截面大而中间截面小的特点，用一个分型面取不出模样，需要二个分型面，三个砂箱进行造型，这种方法称为三箱造型，见图 7.16 所示。其特点是中箱的上、下面都是分型面，要求光滑平整，中箱的高度应与中箱内的模样高度相近，而且必须采用分模。这种造型方法复杂，生产率低，不能应用于机器造型。

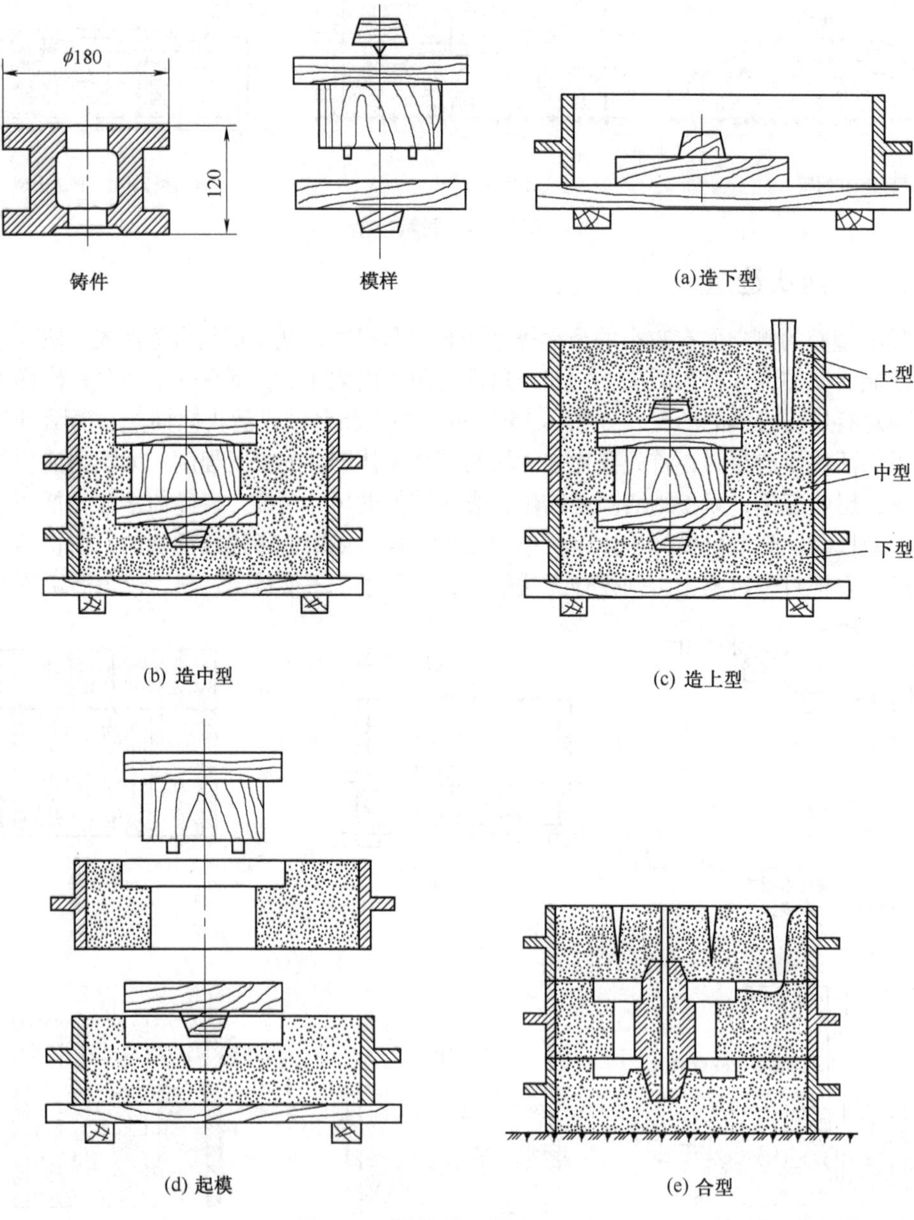

图 7.16　带轮的三箱造型过程

7.2.6 机器造型

在单件、小批量生产时，大都采用手工造型。成批或大量生产时，采用机器造型，机器造型需专用设备和工装。它能生产出尺寸精确、表面粗糙度值小、加工余量少的铸件，可改变手工铸造车间环境差、劳动条件恶劣的状态。机器造型将造型过程中的紧实型砂和起模等主要工序实现了机械化，其动力是压缩空气，减轻了体力劳动强度，铸件型腔轮廓清晰准确，质量好。

根据紧实型（芯）砂的原理不同，机器造型方法有：压实式造型、震击压实式造型、微震压实式造型、高压式造型、空气冲击式造型、射压式造型和抛砂式造型等。其中震击压实式造型方法为典型造型方法。

7.3 实训项目 36 熔炼、浇注、落砂

7.3.1 铸铁的熔炼

用于铸造的合金有铸铁、铸钢、铜合金和铝合金等。其中铸铁应用最广。

为了生产高质量的铸件，首先要求熔炼出合格的金属液。熔炼铸造合金液应符合下列要求：

（1）金属液温度足够高。

（2）金属液的化学成分应符合要求。

（3）熔化效率高，燃料消耗少。

大多数工厂熔炼铸铁是用冲天炉，也可用工频电炉。冲天炉的结构简单，操作方便，燃料消耗少，熔化的效率也较高。

7.3.2 冲天炉的构造

冲天炉的大小是以每小时熔化多少吨铁水来表示的。常用的冲天炉为（2～10）t/h。

冲天炉的构造如图 7.17 所示，共包括五个组成部分。

（1）后炉是冲天炉的主体部分，包括炉身、烟囱、火花罩、加料口、炉底、支柱和过道等部分。它主要的作用是完成炉料的预热、熔化和过热铁水。

（2）前炉起储存铁水的作用，上面有出铁口、出渣口和窥视口。

（3）加料系统包括加料吊车、送料机和加料桶。它的作用是使炉料按一定配比和分量，按次序分批从加料口中送进炉内。

（4）送风系统包括鼓风机、风管、风带和风口。它的作用是把空气送到炉内，使焦炭充分燃烧。

（5）检测系统包括风量计和风压计。

冲天炉熔化用的炉料包括金属炉料、燃料和熔剂三部分。

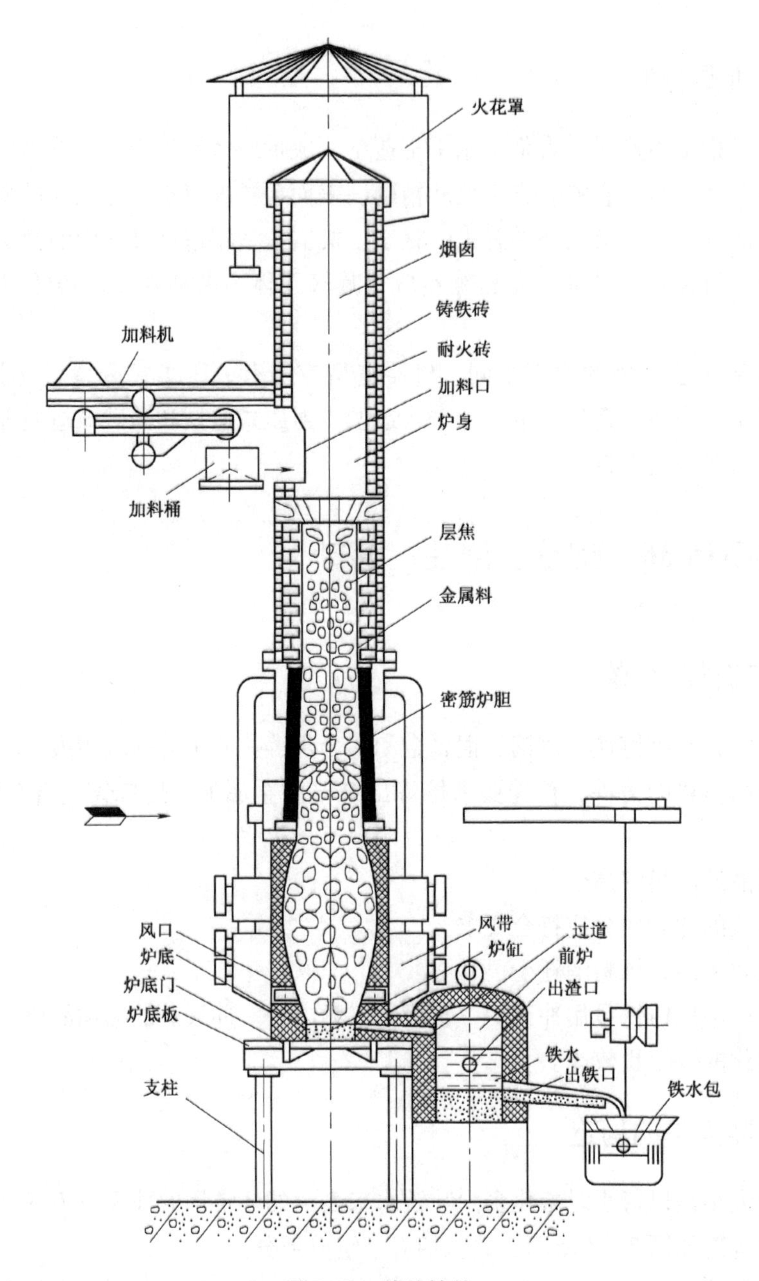

图 7.17 端盖铸件

7.3.3 炉料的熔化过程

1. 熔化原理

炉料在冲天炉内熔化的过程：炉料从加料口装入，自上而下运动，被上升的热炉气预热，并在熔化带（在底焦顶部，温度约 1200℃）开始熔化。铁水在下落过程中又被高温炉气和炽热焦炭进一步加热（称过热），温度可达 1600℃左右，经过过道进入前炉。此时温度稍有下降，最后出炉温度约为 1360℃～1420℃。从风口进入的风和底焦燃烧后形成的高温炉气，是自下而上流动的，最后变成废气从烟囱中排出。所以，冲天炉是利用对流的原理来进行熔化的。冲天炉内铸铁的熔化过程不仅是一个金属料的重熔过程，而且是炉内铁水、焦炭和炉气之间产生的一系列物理、化学变化的过程。

2. 基本操作过程

冲天炉是间歇工作的，每次连续熔化时间为4～8h，具体操作过程如下：

（1）备料炉料的质量及块度大小对熔化质量有很大影响，应按照炉料配比及铁水质量的要求来准备各种炉料。

（2）修炉每次装料前用耐火材料将炉内损坏处修好。

（3）烘干、点火修炉后，应烘干炉壁，再加入刨花、木柴并点燃。

（4）加底焦木柴烧旺后分批加入底焦，底焦的高度对熔化速度和铁水温度有很大的影响，一般到高出风口0.6～1m处为宜。

（5）加炉料底焦烧旺后，先加一批熔剂，再按金属炉料、燃料、熔剂顺序一批批地向炉内加料至料口为止。

（6）熔化待炉料预热15～30分钟后，鼓风5～10分钟，金属炉料便开始熔化，形成铁水，同时也形成熔渣。

（7）排渣与出铁前炉中的铁水聚集到一定容量后，便可定时排渣与出铁。

（8）打炉估计炉内铁水量够用时，即停止加料，停止鼓风。等最后一批铁水浇完，即可打开炉底门，将炉内的剩余炉料熄灭并用小车清运干净。

浇注、落砂、清理

7.3.4 浇注

把液体金属浇入铸型的过程称为浇注。烧注工序对铸件的质量影响很大。浇注操作不当常引起浇不足、冷隔、跑火、夹渣和缩孔等缺陷。

1. 浇注前应做好的准备工作

（1）清理浇注时行走的通道，不应有杂物挡道，更不能有积水。

（2）了解要浇注铸件的重量、大小、形状和铁水牌号等，做到心中有数。

（3）上下砂型要紧固，以免浇注时由于铁水浮力将上箱抬起，造成跑火．单件小批量生产时，使用压铁压箱，压铁的重量按经验一般为铸件重量的3～5倍；成批大量生产时，多使用专用的卡子或螺栓紧固砂型。

（4）浇注的用具及设备，如挡渣勾、浇包等，要烘干，以免降低铁水的温度及引起铁水飞溅。

2. 浇注时必须注意的问题

（1）浇注温度。浇注温度过低时，由于铁水的流动性差，易产生烧不足、冷隔、气孔等缺陷；浇注温度过高时，会使铁水收缩量增加而产生缩孔、裂纹以及铸件粘砂等缺陷。浇注温度一般是根据铸件的大小及形状来确定的，对形状较复杂的薄壁件，浇注温度应高些，对简单的厚壁件，浇注温度可低一些。

（2）浇注速度。浇注速度应适中，太慢会使金属液降温过多，产生浇不足等缺陷，同时会影响效率。浇注速度太快会使铸型中气体来不及跑出而产生气孔，同时由于金属液的动压力增大，易造成冲砂、抬箱、跑火等缺陷。浇注速度应按铸件的形状而定，对于薄壁件要求用较快的浇注速度。

（3）估计好铁水重量。铁水不够时不应浇注，因为浇注中不能断流。

（4）挡好渣。为使熔渣变稠便于扒出或挡住，可在浇包内金属液面上加些干砂或稻草灰。

（5）引火。用红热的挡渣钩及时点燃从砂型中逸出的气体，以防一氧化碳（CO）等有害气体污染空气及形成气孔。

7.3.5 落砂

将铸件从砂型中取出来称为落砂。落砂时应注意铸件的温度。温度太高时落砂，会使铸件急冷而产生白口（既硬又脆无法加工）、变形和裂纹。但也不能冷却到常温时才落砂，以免影响生产率。一般说来应在保证铸件质量的前提下尽早落砂。铸件在砂型中合适的停留时间与铸件形状、大小、壁厚等有关。

落砂的方法有手工落砂和机械落砂两种。在大量生产中一般用落砂机进行落砂。

7.3.6 清理

落砂后的铸件必须经过清理工序，才能使铸件外表面达到要求。清理工作主要包括下列内容：

（1）切除浇冒口。

（2）清除砂芯。

（3）清除粘砂。

（4）铸件修整

（5）用高温退火和清除内应力退火的方式对铸铁件进行热处理。

清理完的铸件要进行质量检验，合格的铸件检收入库，次品酌情修补，废品进行分析，找出原因并提出预防措施。

7.4 实训项目 37 铸件分析

7.4.1 铸件的结构工艺性

铸造工艺和合金铸造性能对铸件的结构有很大的要求。其结构工艺性是否良好，对铸件质量，生产率及成本有很大的影响。在设计铸件时应考虑以下因素：

（1）减少和简化分型面。铸件分型面的数量应尽量少，以减少砂箱数量和造型工时、减少错型、偏芯等缺陷，提高铸件尺寸精度，如图 7.18 所示。

（2）铸件外形应力求简单，尽量避免一些不必要的型芯与活块。如图 7.19、图 7.20、图 7.21 所示。

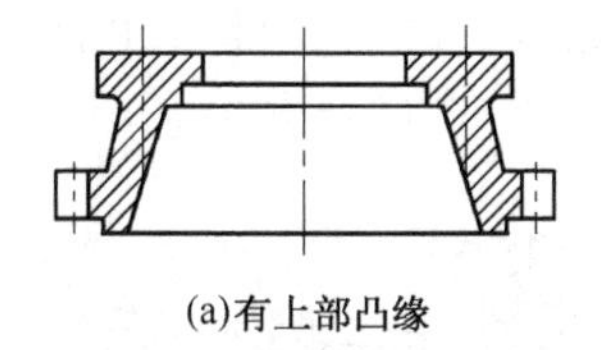

(a)有上部凸缘

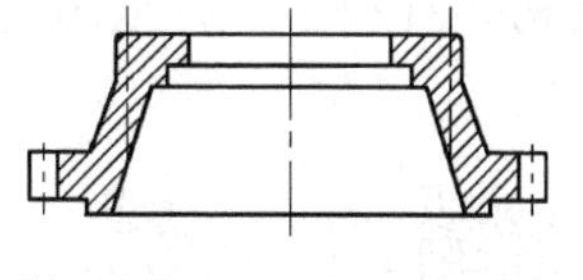

(b)无上部凸缘，减少一个分型面

图 7.18　端盖铸件

（3）为起模方便，应有一定的起模斜度。凡垂直于分型面的不加工面都应留有斜度。如图 7.22 所示。

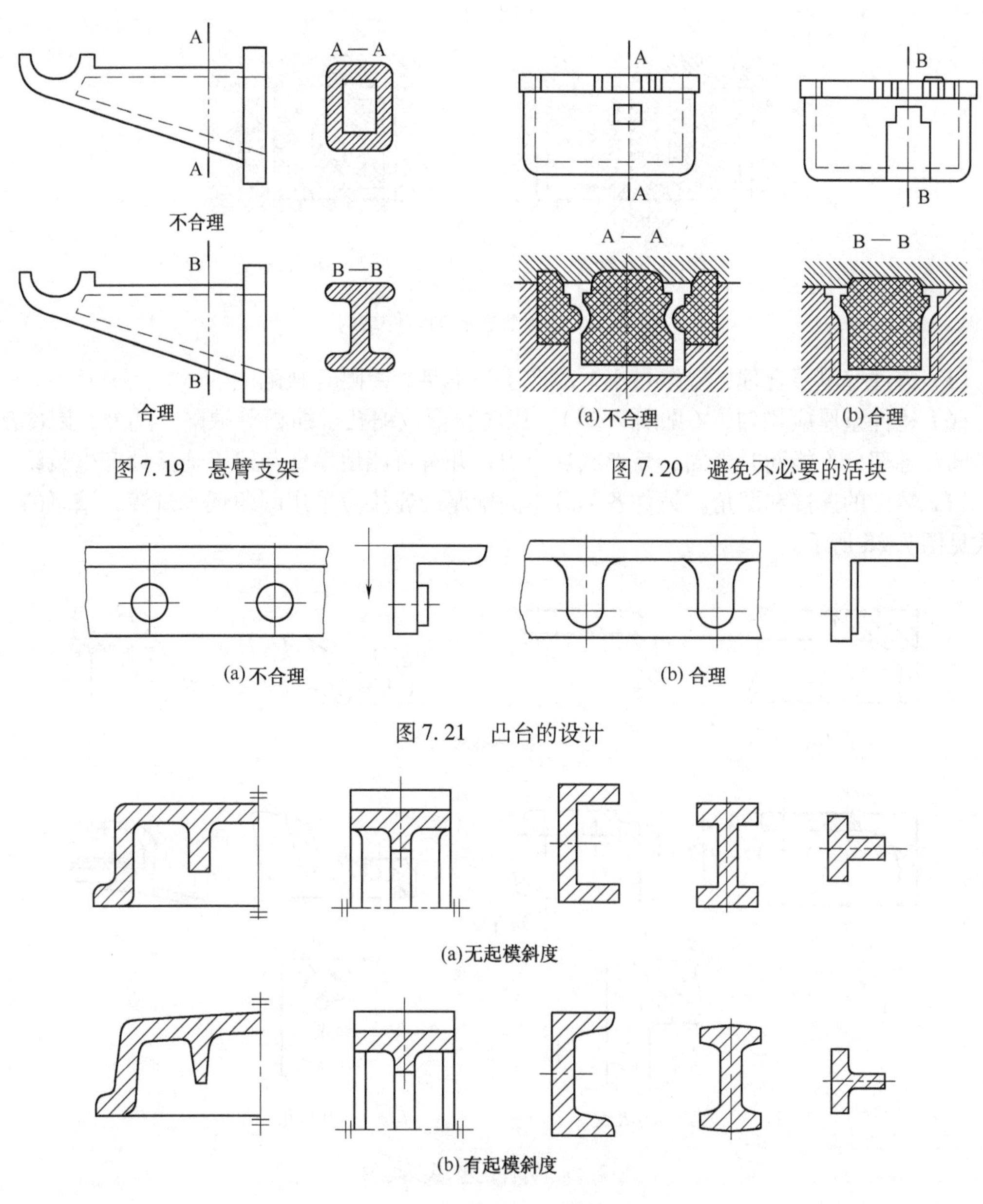

(a)不合理　(b)合理

图 7.19　悬臂支架　　图 7.20　避免不必要的活块

(a)不合理　(b)合理

图 7.21　凸台的设计

(a)无起模斜度

(b)有起模斜度

图 7.22　铸件的起模斜度

（4）铸件结构要有利于节省型芯及便于型芯的定位、固定、排气和清理。如图 7. 23、图 7. 24 所示。

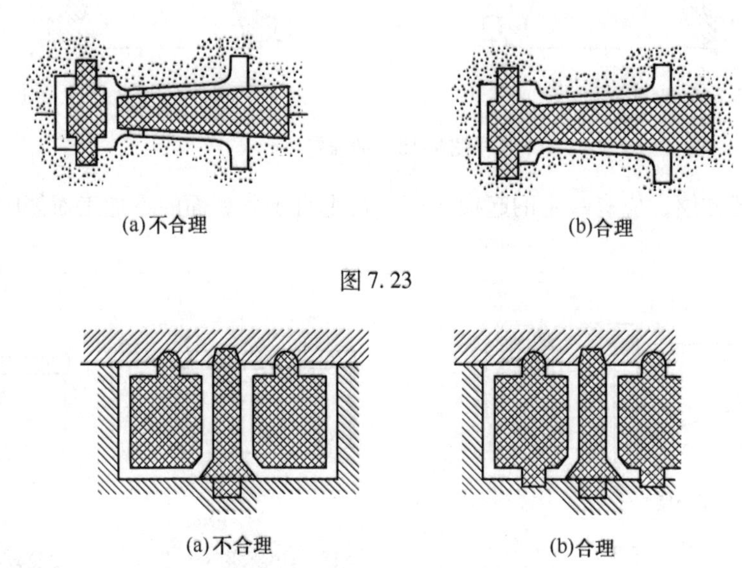

图 7. 23

(a)不合理　　(b)合理

图 7. 24　增设工艺孔的铸件结构

（5）铸件壁厚要合理，壁厚过小，易产生浇不足、冷隔等缺陷

（6）铸件壁厚应均匀，（见图 7. 25），以防止形成缩孔、缩松等缺陷。此外，因冷却速度不同，各部分不能同时凝固，易形成热应力，并有可能使厚壁与薄壁连接处产生裂纹。

（7）铸件的连接和圆角。铸件各部分不同壁厚的连接应采用圆角逐步过渡。壁厚的过渡形式见图 7. 25 所示。

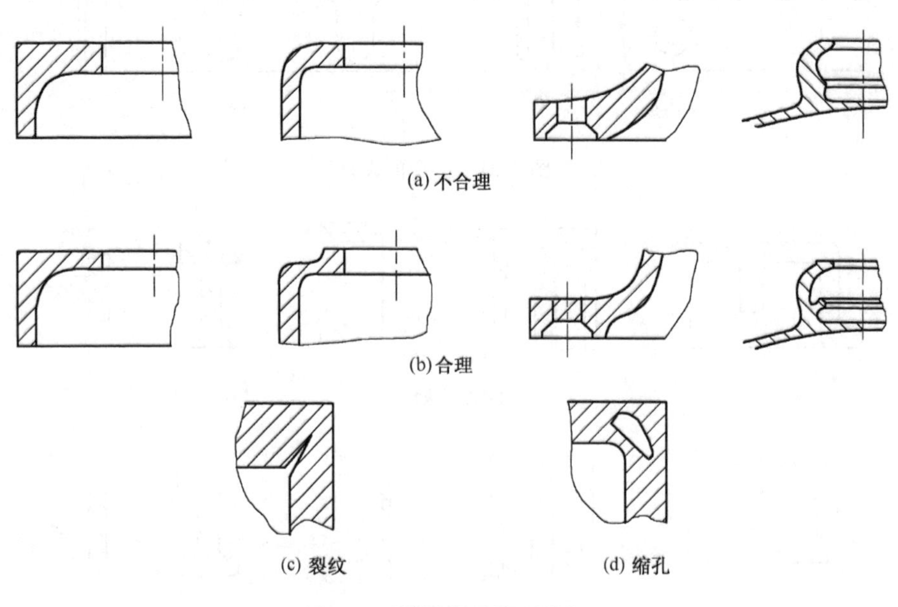

图 7. 25　铸件的壁厚要均匀

（8）铸件应尽量避免有过大的平面。大的水平面，不利于金属液体的充填，易造成浇不足、冷隔等缺陷，同时还易产生夹砂，不利于气体和非金属夹杂物排除等缺点，因此，应尽可能避免。如图 7. 26 所示。

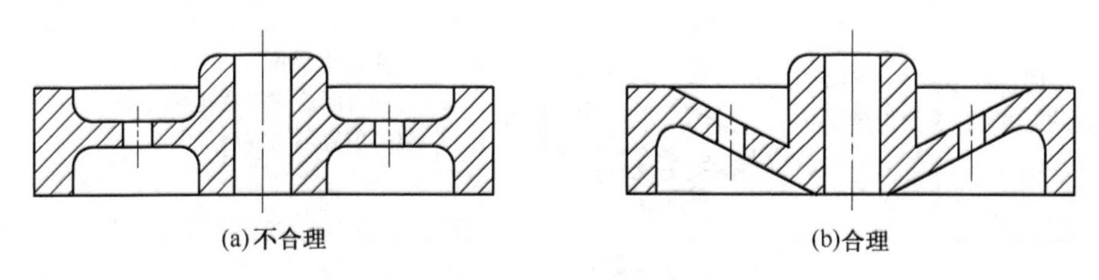

图 7. 26　防止大平面的措施

7. 4. 2　缺陷分析

由于铸造生产的工序繁多，产生缺陷的原因相当复杂。表 7. 1 列出了一些常见的铸件缺陷的特征及其产生的主要原因。

表 7. 1　常见的铸件缺陷的特征及产生的原因

类　别	缺陷名称和特征	主要原因分析
孔眼	气孔：铸件内部或表面有大小不等的孔眼，孔的内壁光滑，多呈圆形	1. 砂被舂得太紧或型砂透气性差 2. 型砂大湿，起模、修型时刷水过多 3. 砂芯通气孔堵塞或砂芯未烘干 4. 浇注系统不正确，气体排不出去
	缩孔：铸件厚断面处出现形状不规则的孔眼，孔的内壁粗糙	1. 冒口设置得不正确 2. 合金成分不合格，收缩过大 3. 浇注温度过高 4. 铸件设计不合理，无法进行补缩
孔眼	砂眼：铸件内部或表面有充满砂粒的孔眼，孔形不规则	1. 型砂强度不够或局部没舂紧，掉砂 2. 型腔、浇口内散砂未吹净 3. 合箱时砂型局部挤坏，掉砂 4. 浇注系统不合理，冲坏砂（芯）型
	渣眼：跟内充满熔渣，孔形不规则	1. 浇注温度太低，渣子容易上浮 2. 浇注时没挡住渣子 3. 浇注系统不正确，挡渣作用差

续表

类　别	缺陷名称和特征	主要原因分析
表面缺陷	冷隔：铸件上有未完全融合的缝隙，接头处边缘圆滑	1. 浇注温度过低 2. 浇注时断流或浇注速度太慢 3. 浇口位置不当或浇口太小
	粘砂：铸件表面粘着一层难以除悼的砂粒，使表面粗糙	1. 砂型舂得太松 2. 浇注温度太高 3. 型砂通气性过高
	夹砂：铸件表面有一层凸起的金属片状物，表面粗糙，在金属片和铸件之间夹有一层型砂 金属片状物	1. 型砂受热膨胀，表层鼓起或开裂 2. 型砂热湿强度较低 3. 砂型局部过紧，水分过多 4. 内浇口过于集中，使局部砂型烘烤厉害 5. 浇注温度过高，浇注速度太慢
形状尺寸不合格	偏芯：铸件局部形状和尺寸由于砂芯位置偏移而变动	1. 砂芯变形 2. 下芯时放偏 3. 砂芯没固定好，浇注时被冲偏
	浇不足：铸件未充满致使形状不完整	1. 浇注温度太低 2. 浇注时液体金属量不够 3. 浇口太小或未开出气口
	错箱：铸件在分型面处错开	1. 合箱时上、下型未对准 2. 定位销或泥记号不准 3. 造型时上、下砂型未对准
裂纹	热裂：铸件开裂，裂纹处表面氧化，呈蓝色冷裂，裂纹处表面不氧化，并发亮 裂纹	1. 铸件设计不合理，薄厚差别大 2. 合金化学成分不当，收缩大 3. 砂型（芯）退让性差，阻碍铸件收缩 4. 浇注系统开设不当，使铸件各部分冷却及收缩不均匀，造成过大的内应力
	铸件的化学成分，组织和性能不合格	1. 炉料成分、质量不符合要求 2. 熔化时配科不准或熔化操作不当 3. 热处理不按照规范进行

习　题　7

7.1　什么叫铸造？铸造由哪些工序组成？

7.2　砂型、模样和型砂起什么作用？

7.3　如何判断模样能否从紧实的砂型中取出来？

7.5　各种手工造型方法的模样有什么特点？

7.6　浇注系统由哪儿部分组成？各部分起什么作用？

7.7　什么叫分型面？选择分型面时应考虑哪些问题？在工艺图上分型面如何表示？

7.8　砂芯起什么作用？为保证芯子的工作要求，造芯工艺上应采取哪些措施？

7.9　挖砂造型时，对挖修分型面有什么要求？

7.10　冲天炉由哪儿部分组成？各部分有什么作用？

7.11　试述气孔、砂眼、夹杂物、缩孔等四种缺陷产生的原因，如何防止？

7.12　设计铸件结构形状时应注意哪些问题？

模块8　锻 压 实 训

8.1　实训项目38　锻工基础

实训教学目的与要求

(1) 了解锻压加工的工艺范围和作用。

(2) 掌握手工自由锻操作要领。

锻压是锻造与冲压的总称。它是对坯料施加外力，使其产生塑性变形，改变尺寸和形状，改善性能，以获得零件或毛坯的成形加工方法。属于金属塑性加工范畴。

锻造分为自由锻和模型锻两大类。自由锻又可分为手工自由锻（简称手锻）和机器自由锻（简称机锻）。机锻能生产各种大小的锻件，是目前企业普遍采用的自由锻方法。对于小型、大批量锻件的生产可采用模锻。模锻又分为锤上模锻、压力机模锻等。

中小型锻件常用经过轧制的圆钢或方钢作为原材料，用剪切、锯割或氧化切割等方法来截取坯料。冲压大多以低碳钢薄板作为原材料，用剪床下料。

金属材料经过锻造后，其内部组织更加致密、均匀、承载能力及耐冲击能力都有所提高。所以，承受重载及冲击载荷的重要零件，多以锻件为毛坯。冲压件则具有强度高、刚度大、结构轻等优点。锻压加工是机械制造中的重要加工方法。

锻造的生产过程一般包括备料、加热、锻造成形及冷却等工艺环节。

8.1.1　备料

用于锻造的金属材料必须具有良好的塑性，以便锻造时容易产生塑性变形而不破坏。碳钢、合金钢以及铜、铝等非铁合金均具有较好的塑性，可以锻造。铸铁塑性很差，属于脆性材料，不能锻造。

碳钢的塑性随含碳量增加而降低。低碳钢、中碳钢具有良好的塑性，是生产中常用的锻造材料。受力大的或要求有特殊物理、化学性能的重要零件需用合金钢。锻造大、中型锻件时多使用钢锭；锻造小型锻件时则使用钢坯。

8.1.2　加热

坯料加热的目的及锻造温度范围

加热目的是提高金属坯料的塑性并降低其变形抗力。

温度越高，坯料塑性越好，但加热温度过高，会产生加热缺陷。各种金属材料锻造时允许加热的最高温度称为始锻温度。坯料在锻造过程中，随热量散失，温度下降，塑性变差，抗变形能力提高。当温度降低到一定程度后、不仅锻造时费力，而且易于锻裂，必须停止锻造，重新加热。各种金属材料停止锻造的温度称为终锻温度。从始锻温度到终锻温度的温度区间称为锻造温度范围。

几种常用金属材料的锻造温度范围列于表 8.1。

表 8.1 常用金属材料的锻造温度范围

材 料 种 类	始锻温度（℃）	终锻温度（℃）	锻造温度范围（℃）
低碳钢	1200～1250	800	400～450
中碳钢	1150～1200	800	350～400
合金结构钢	1100～1180	850	250～300
铝合金	450～500	350～380	100～120
铜合金	800～900	650～700	150～200

8.1.3 加热设备

在锻造生产中，根据热源的不同，分为火焰加热和电加热。前者利用烟煤、重油或煤气燃烧时产生的高温火焰直接加热金属，后者是利用电能转变为热能加热金属。

1. 反射炉

如图 8.1 所示，鼓风机将换热器中经过预热的空气送入燃烧室。燃烧室产生的高温炉气越过火墙进入加热室加热坯料，废气经烟道排出，坯料从炉门装取。这种炉子的加热室面积大，加热温度均匀一致，加热质量较好，生产率高，适用于中小批量生产。

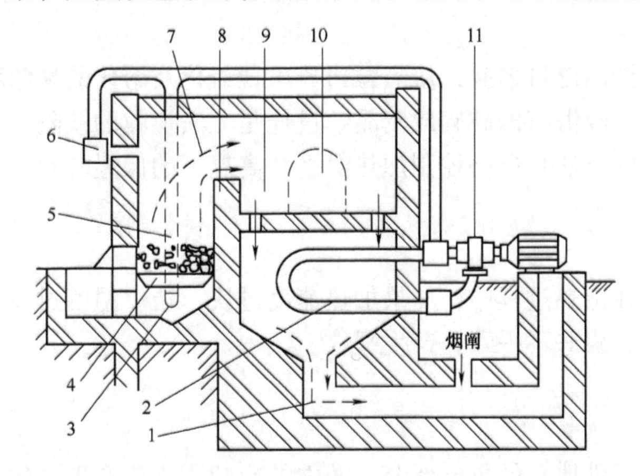

1—烟道；2—换热器；3—一次送风口；4—水平炉篦；5—燃烧室；
6—二次送风口；7—火焰；8—火墙；9—加热室；10—炉门；11—风机

图 8.1 反射炉结构

2. 电加热炉

常用的电加热炉有电阻炉加热、感应炉加热和电接触加热炉。电阻炉可分为高温、中温和低温三种。其结构形式较多，而锻造生产常用的为箱式电阻加热炉，如图 8.2 所示。坯料装入炉膛后，利用电流通过电阻发热元件产生热量，再通过热辐射、对流等传递方式将坯料加热到所需温度。由于加热炉的炉温容易控制，坯料氧化皮少，劳动条件好，因此主要用于有色金属和对温度控制及质量要求严格的材料。但这种炉子电能消耗较大。

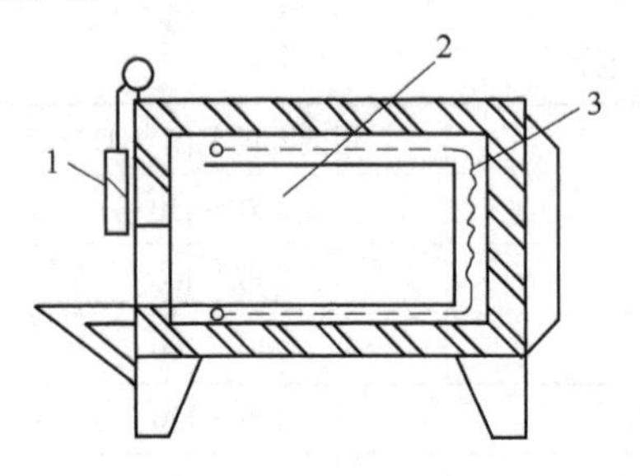

1—炉门；2—加热室；3—电热体

图 8.2　箱式电阻炉

8.1.4　加热缺陷及防止

1. 氧化与脱碳

在高温下，金属坯料的表层受炉气中氧化性气体的作用．发生激烈氧化，生成氧化皮。这样既造成金属烧损（氧化烧损量约为坯料质量的2%～3%），还会降低锻件的表面质量。在下料计算坯料质量时，应加上这个烧损量。钢在高温下长时间地与氧化性炉气接触，会造成坯料表层一定深度内碳元素的烧损，这种现象称为脱碳。脱碳层小于锻件的加工余量，则对零件没有影响；脱碳层大于加工余量时，会使零件表层性能下降。

减少氧化和脱碳的方法是在保证加热质量的前提下，快速加热，避免坯料在高温下停留时间过长。

2. 过热和过烧

金属由于加热温度过高或高温下保持时间过长引起晶粒粗大的现象称为过热。过热的坯料可以在随后的锻造过程中将粗大的晶粒打碎，也可以在锻造以后进行热处理，将晶粒细化。

加热温度超过始锻温度过多时，使晶粒边界出现氧化及熔化的现象称为过烧。过烧破坏了晶粒间的结合力，一经锻打即破碎成废品。过烧是无法挽救的缺陷。

避免过热和过烧的方法是严格控制加热温度和高温下的保温时间。

3. 开裂

大型或复杂锻件在加热过程中，如果加热速度过快，装炉温度过高，则可能造成坯料各部分之间较大的温差，膨胀不一致，产生裂纹。

8.1.5　冷却

锻后冷却是保证锻件质量的重要环节。锻件的冷却应避免产生硬化、变形或裂纹。常用的冷却方法有以下三种。

1. 空冷

热态锻件在无过堂风，地面干燥的空气环境中冷却的方法称为空冷。

2. 坑冷

将热态锻件放在填有石棉灰、砂子和炉灰等绝热材料的地坑中缓慢冷却的方法称为坑冷。

3. 炉冷

锻后将锻件放入500℃～700℃的加热炉中，随炉缓慢冷却的方法称为炉冷。

8.2 实训项目39 自由锻造与胎模锻

8.2.1 自由锻造

利用自由锻设备的上、下砧或一些简单的通用性工具，直接使坯料变形而获得所需的几何形状及内部质量的锻件，这种方法称为自由锻。

1. 自由锻的基本工序

自由锻的工序可分为基本工序、辅助工序和修整工序三大类。

（1）基本工序。使金属材料产生一定程度的塑性变形，以达到所需形状和所需尺寸的工艺过程，如镦粗、拔长、冲孔、切割、弯曲和扭转等，见表8.2。

表8.2 自由锻基本工序简图

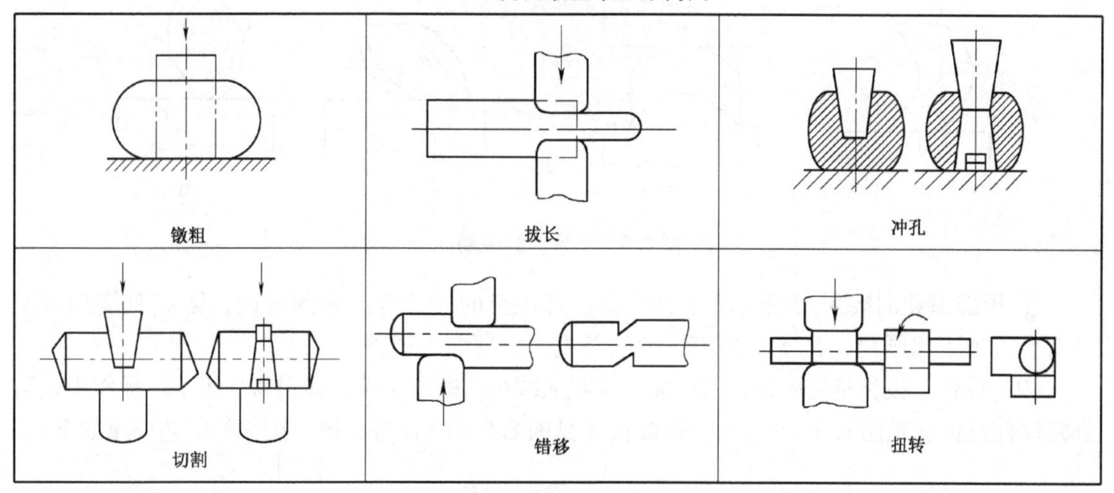

（2）辅助工序。为基本工序操作方便而进行的预先变形工序，如压钳口、压肩、钢锭倒棱等。

（3）修整工序。用以减少锻件表面缺陷而进行的工序，如校正、滚圆、平整等。

实际生产中最常用的是镦粗、拔长、冲孔三个基本工序。

（1）镦粗。镦粗是使坯料截面增大、高度减小的锻造工序，有整体镦粗和局部镦粗两种，如图8.3所示。镦粗操作的工艺要点如下：

① 坯料尺寸。坯料的高度与直径之比，应小于2.5～3。高径比过大的坯料容易镦弯或造成双鼓形，甚至发生折叠现象而使锻件报废。

② 镦歪的防止及矫正。坯料的端面应平整并与坯料的轴线垂直，加热后各部分的温度要均匀，坯料在下砧铁上要放平，否则可能产生镦歪的现象。镦粗过程中如发现镦歪、镦弯或出现双鼓形（见图8.4（a））应及时矫正。矫正的方法是将坯料斜立，轻打镦歪的斜角，

然后放正，继续锻打，如图 8.5 所示。

③ 折叠的防止。如果坯料的高度和直径比较大，或锤力力量不足，就可能产生双鼓形。如不及时纠正，继续锻打时可能形成折叠，使锻件报废。如图 8.4（b）所示。

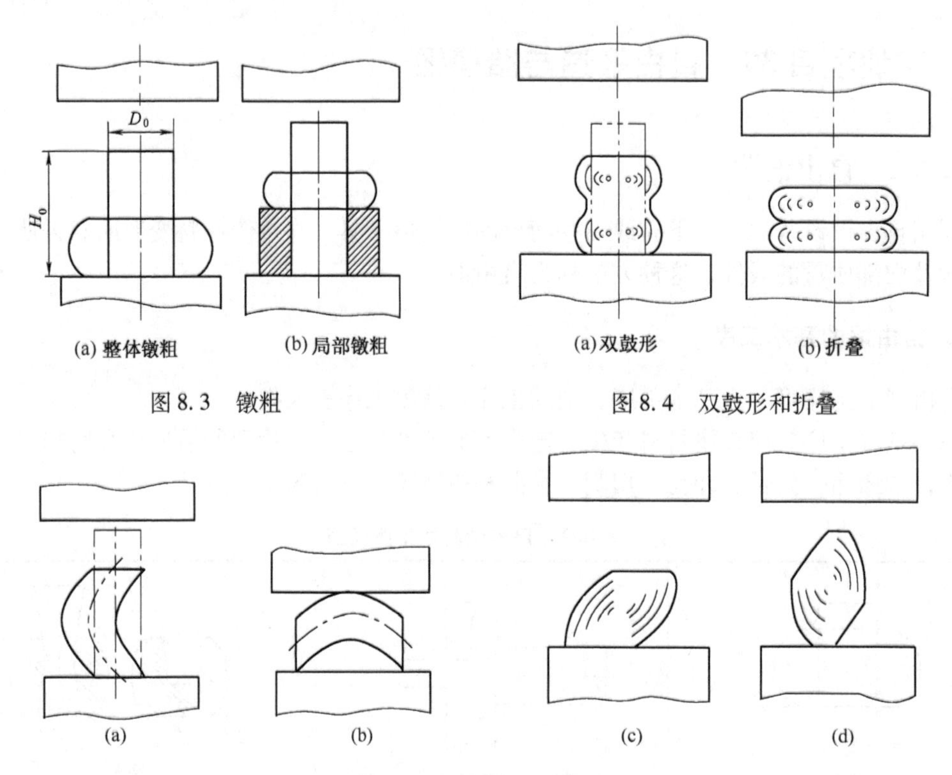

图 8.3　镦粗

图 8.4　双鼓形和折叠

图 8.5　镦弯产生及矫正

④ 局部镦粗时要采用相应尺寸的漏盘，将坯料的一部分放在漏盘内，限制其变形。漏盘口上应加工出圆角，孔壁应有 5°～6°的斜度，以便取出锻件。

（2）拔长。拔长是使坯料长度增加、横截面减小的锻造工序，如图 8.6 所示。操作中还可进行局部拔长（见图 8.6（b））、芯轴拔长（见图 8.6（c））等。拔长操作的工艺要点如下：

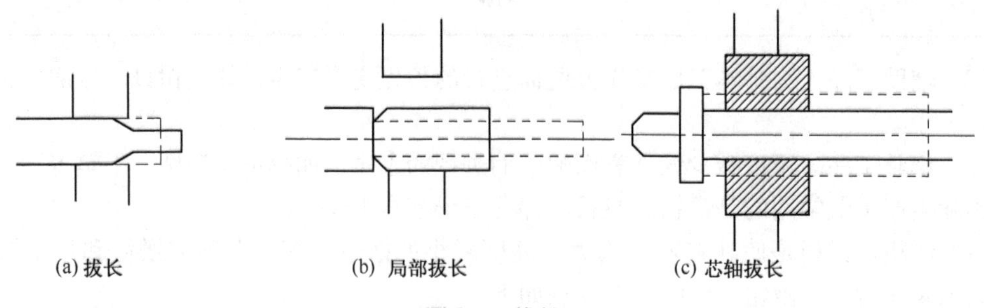

图 8.6　拔长

（1）送进。锻打过程中，坯料沿抵铁宽度方向（横向）送进。每次送进量不宜过大，以抵铁宽度 B 的 0.3～0.7 倍为宜。送进量过大，金属主要沿坯料宽度方向流动，反而降低延伸效率。如图 8.7 所示。

（2）锻打。将圆截面的坯料拔长成直径较小的圆截面锻件时，必须先把坯料锻成方形截面，在拔长到边长接近锻件的直径时，锻成八角形，然后滚打成圆形。如图 8.8 所示。

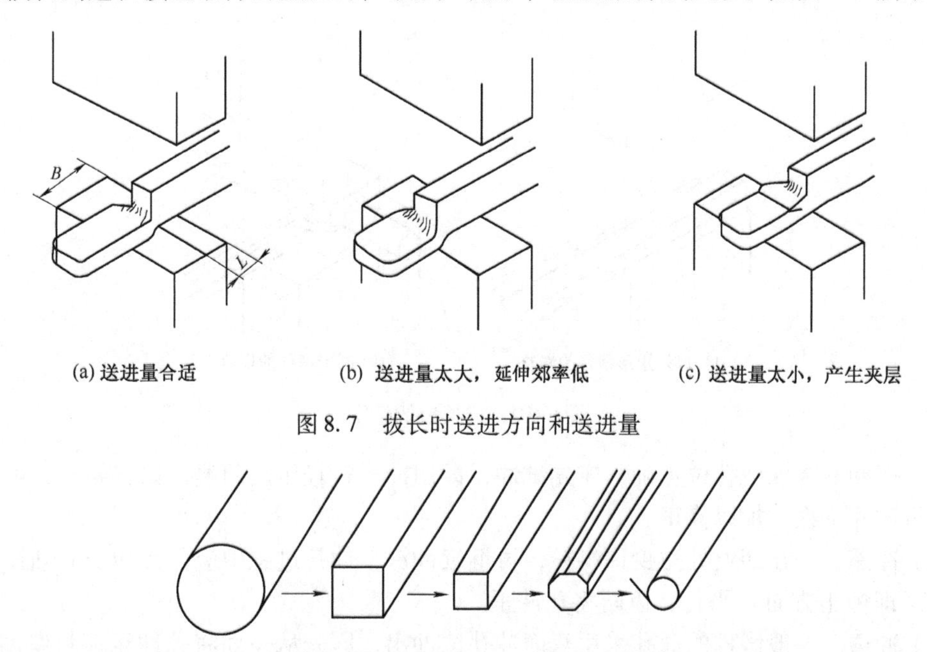

(a) 送进量合适　　(b) 送进量太大，延伸郊率低　　(c) 送进量太小，产生夹层

图 8.7　拔长时送进方向和送进量

图 8.8　圆截面坯料拔长的变形过程

（3）翻转。拔长过程中应不断翻转坯料。为便于翻转后继续拔长，压下量要适当，应使坯料横截面的宽度与厚度之比不要越过 2.5，否则易产生折叠。

（4）锻制台阶时，要先在截面分界处压出凹槽，称为压肩。如图 8.9 所示。

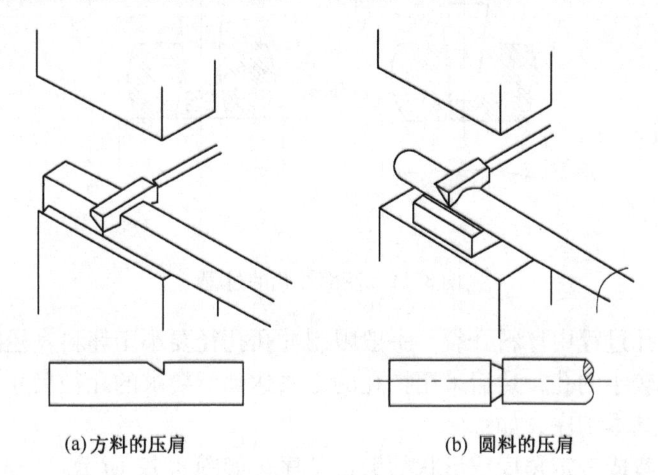

(a) 方料的压肩　　(b) 圆料的压肩

图 8.9　压肩

（5）拔长后要进行修整，以使截面形状规则。修整时，坯料沿抵铁长度方向（纵向）送进矫直工件长度方向的弯曲，并减小表面的锤痕。如图 8.10 所示。

3. 冲孔

在坯料上锻出通孔或不通孔的工序称为冲孔。其操作工艺要点如下：

（1）准备。将工件加热到始锻温度，冲孔前，坯料应先镦粗，以尽量减小冲孔深度。

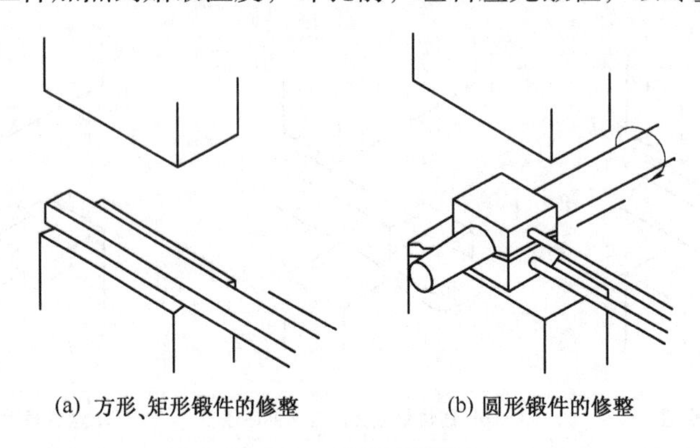

图 8.10　拔长后的修整

（2）试冲。为保证孔位正确，应先试冲，即用冲子轻轻压出凹痕，如有偏差，可将冲子放正，再试冲一次，加以修正。

（3）冲深。先在凹痕处撒少许煤粉，再继续冲深，冲孔过程中应保持冲子的轴线与锤杆中心线（即锤击方向）平行，以防将孔冲歪。

（4）冲透。一般锻件的通孔采用双面冲孔法冲出，即先从一面将孔冲至坯料厚度～的深度，取出冲子，翻转坯料，再从反面将孔冲透，见图 8.11 所示。

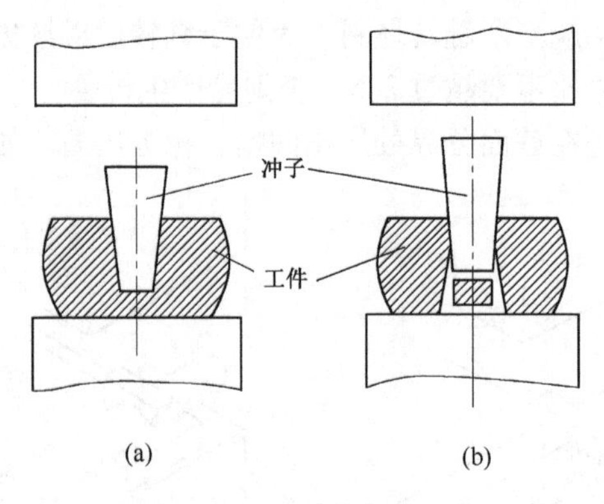

图 8.11　双面冲孔的过程

（5）为防止冲孔过程中坯料开裂，一般限制冲孔孔径要小于坯料直径的。大于这一限制的孔，要先冲出一较小的孔，然后采用扩孔的方法达到所要求的孔径尺寸。

此外还有其他基本工序，如：

弯曲：将坯料弯成一定角度或形状的锻造工序，如图 8.12 所示。

扭转：将坯料的一部分相对于另一部分旋转一定角度的锻造工序，如图 8.13 所示。

错移：将坯料的一部分相对于另一部分平移错开的锻造工序，如图 8.14 所示。

切断：将坯料分割开或部分割裂的锻造工序，如图 8.15 所示。

8.2.2　选择锻造工序

根据不同类型的锻件选择不同的锻造工序。一般锻件的大致分类及所用工序见表 8.3。

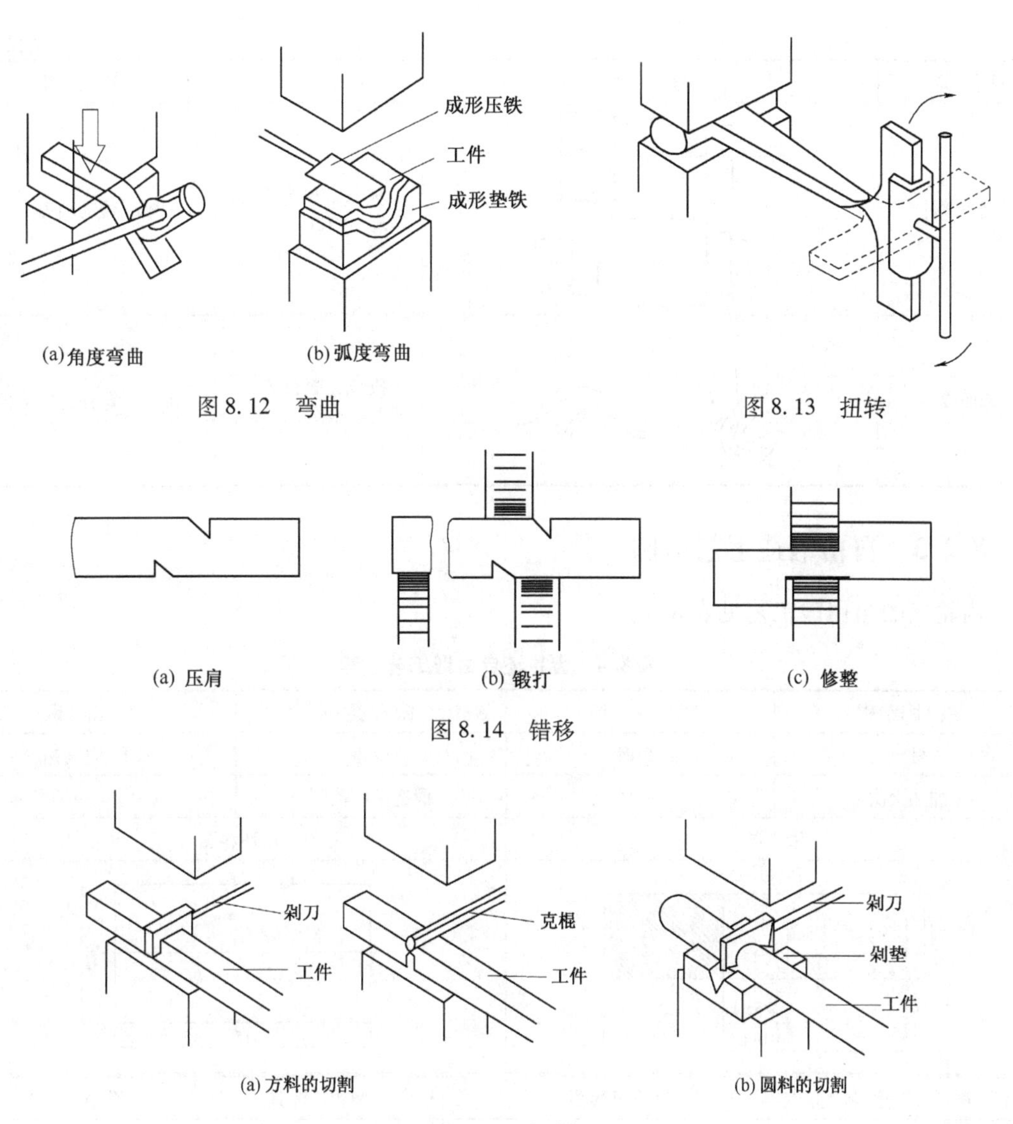

图 8.12　弯曲

图 8.13　扭转

图 8.14　错移

图 8.15　切割

表 8.3　自由锻锻件分类及锻造工序

锻件类型	图　例	锻造工序	实　例
盘类圆环类锻件		镦粗、局部镦粗、冲孔、扩孔	齿圆、法兰、套筒、圆环等
筒类零件		镦粗、冲孔、芯轴拔长、滚圆	圆筒、套筒等

续表

锻件类型	图例	锻造工序	实例
轴类零件	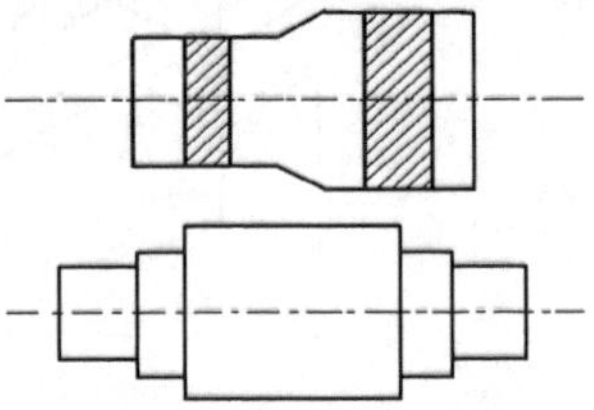	拔长、镦粗拔长压肩、滚圆	主轴、传动轴等
弯曲零件	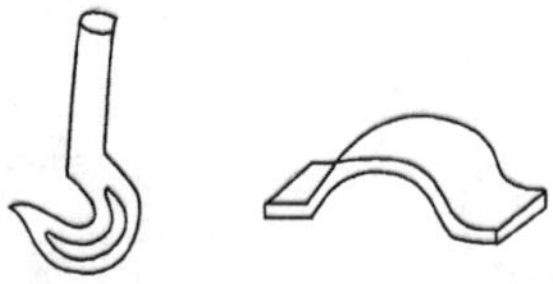	拔长、镦粗拔长、压肩、滚圆、弯曲	吊钩、弯杆、轴瓦盖

8.2.3 自由锻造工艺示例

齿轮坯的自由锻工艺见表8.4。

表8.4 齿轮坯自由锻工艺过程

锻件名称	齿轮坯	工艺类别	自由锻
材料	45钢	设备	65kg空气锤
加热火次	一次	锻造温度范围	1200℃~800℃
锻件图		坯料图	
$\phi31\pm1$ $\phi25\pm1$ $\phi119\pm1$		$\phi60$ 115	

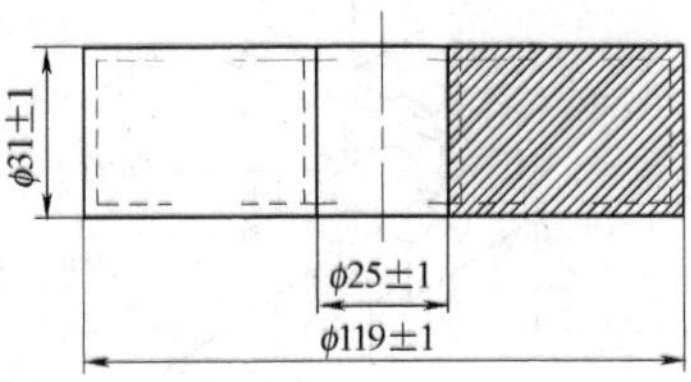

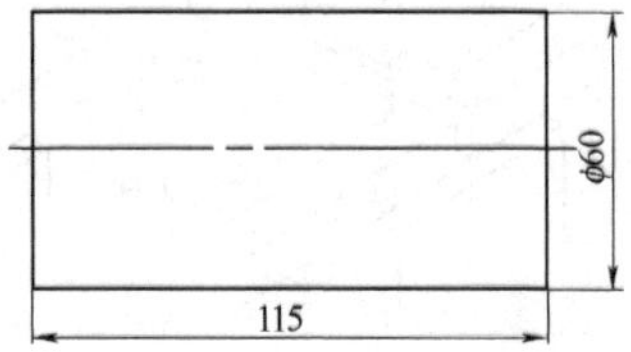

序号	工序名称	变形过程图	使用工具	操作说明
1	镦粗	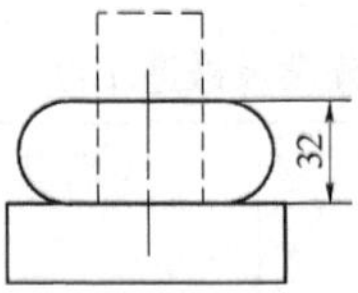 32	尖口钳	控制镦粗后的高度为32mm
2	修圆	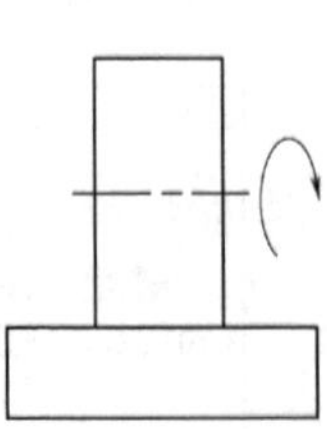	尖口钳	边轻打边滚动锻件，消除鼓形，修整外圆

续表

序　号	工序名称	变形过程图	使用工具	操作说明
3	冲孔		冲子，漏盘、小抱钳（夹冲子）、大抱钳（夹工作）	注意冲子对中采用双面冲孔，左图为工作翻转后将孔冲透
4	修整外圆	ϕ11±91	圆口钳	边轻打，边旋转，使外圆达到 ϕ119 ± 1 mm
5	修平面	ϕ31±1	尖口钳	边轻打，边转动锻件，使锻件厚度不小于（33 ± 1mm）

8.2.4 胎模锻

将坯料加热后放在上、下锻模的模膛内，施加冲击力或压力，使坯料在模膛内受压变形，由于模膛对金属坯料流动的限制，从而获得与模膛形状相符的锻件，这种锻造方法称为模型锻造，简称模锻。

与自由锻相比，模锻的优点是：锻件的尺寸和精度比较高，机械加工余量较小，节省加工工时，材料利用率高；可以锻造形状复杂的锻件；锻件内部流线分布合理；操作简便，劳动强度低，生产率高。

模锻生产由于受到模锻设备吨位的限制，锻件质量不能太大，一般在 150kg 以下。

模锻按使用设备的不同，可分为锤上模锻、胎膜锻、压力机上模锻等。本节主要介绍胎模锻。

胎模锻是在自由锻设备上使用可移动模具生产模锻件的一种锻造方法。所用模具称为胎模，它结构简单，形式多样，但不固定在上下砧座上，一般选用自由锻方法制坯，然后在胎模中终锻成形。

常用的胎模结构主要有以下三种类型。

1. 扣模

用来对坯料进行全面或局部扣形，主要生产杆状非回转体锻件，见图 8.16（a）所示。

2. 套筒模

锻模呈套筒形，主要用于锻造齿轮、法兰盘等回转体类锻件，见图 8.16（b）、（c）所示。

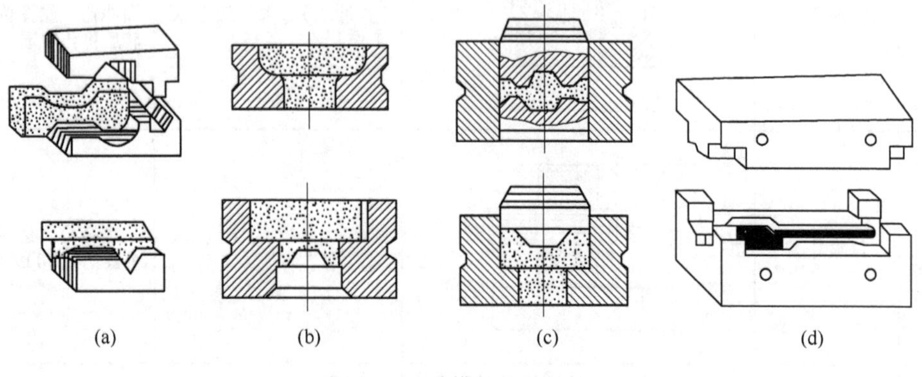

图 8.16　胎模的几种结构

3. 合模

通常由上模和下模两部分组成，见图 8.16（d）所示。为了使上下模吻合及不使锻件产生错模，经常用导柱等定位。

图 8.17 为一个法兰盘胎模锻制过程。所用胎模为套筒模，它由模筒、模垫和冲头组成。原始坯料加热后，先用自由锻镦粗，然后将模垫和模筒放在下砧铁上，再将镦粗的坯料平放在模筒中，压上冲头后终锻成形，最后将连皮冲掉。

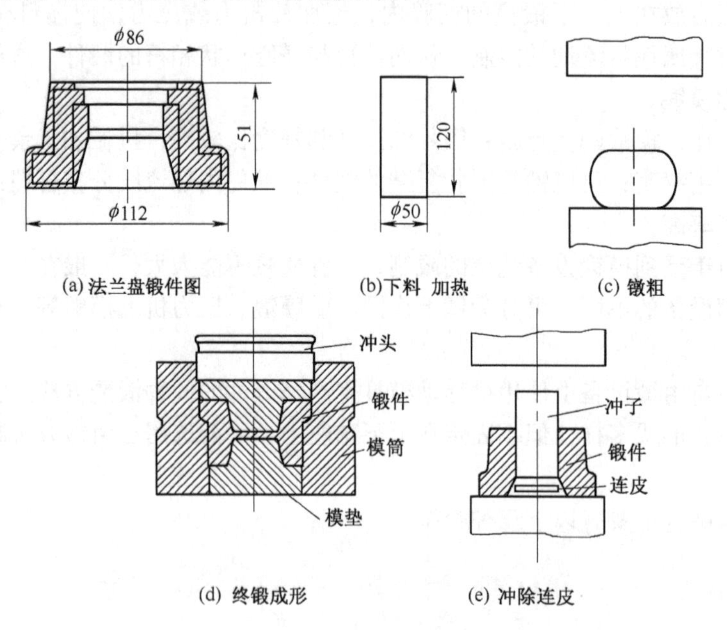

图 8.17　法兰盘毛坯的胎模锻过程

胎模锻造适用于中、小批量生产，在缺少模锻设备的中小型工厂中应用较广。

8.3 实训项目40　板料冲压

实训教学目的与要求

(1) 了解冲床结构；了解冲床基本操作。

(2) 掌握冲压工艺。

使板料经过分离或变形而获得制件的工艺统称为板料冲压，简称冲压。

板料冲压的坯料大都是厚度不超过1～2mm的金属薄板，一般在常温下冲压。常用的原材料有低碳钢、低合金钢、奥氏体不锈钢及铜、铝等低强度高塑性的材料。

冲床是进行冲压加工的基本设备，常用的开式双柱冲床如图8.18所示。电动机通过三角胶带减速系统带动带轮转动。踩下踏板后，离合器闭合并带动曲轴旋转，再经过连杆带动滑块沿导轨作上、下往复运动，进行冲压加工。如果将踏板踩下后立即抬起，滑块冲压一次后便在制动器的作用下，停止在最高位置上；如果踏板不抬起，滑块就进行连续冲击。

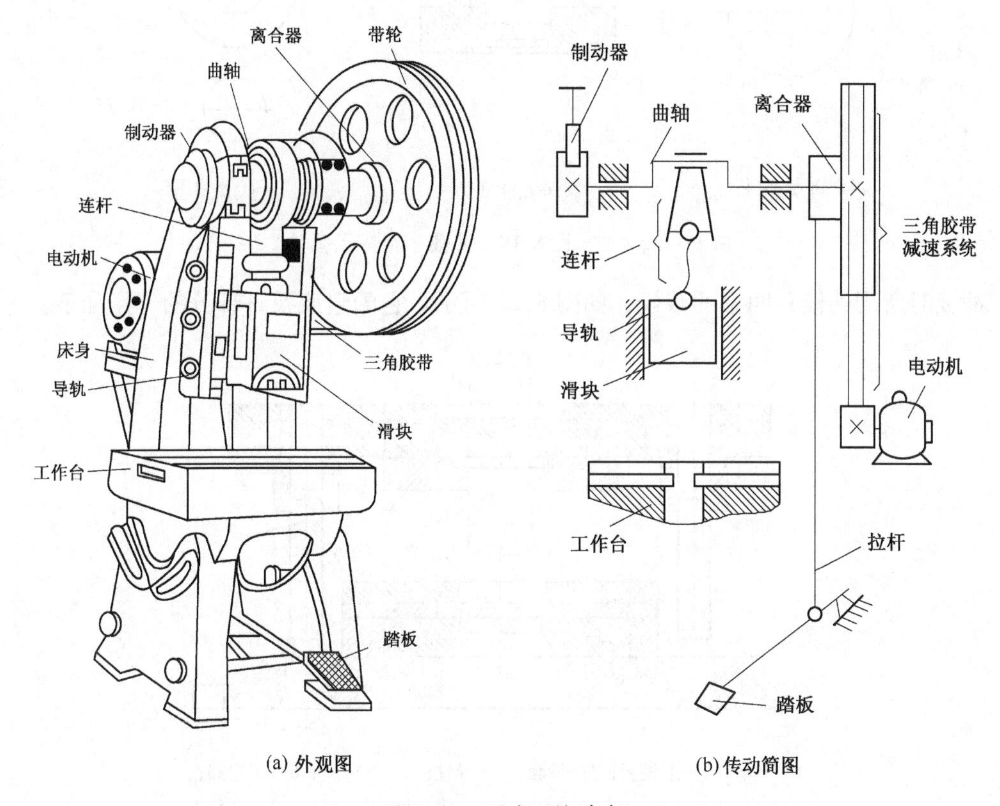

图8.18　开式双柱冲床

8.3.1　板料冲压的基本工序

1. 冲裁

冲裁是使板料沿封闭轮廓线分离的工序。

冲裁包括冲孔和落料，如图 8. 19 所示。二者操作方法相同，但作用不同。冲孔是在板料上冲出所需要的孔洞，冲孔后的板料本身是成品，而冲下的部分是废料。落料时，从板料上冲下的部分是成品，板料本身则成为废料或冲剩的余料。合理地确定零件在板料上的排列方式，是节约材料的重要途径。

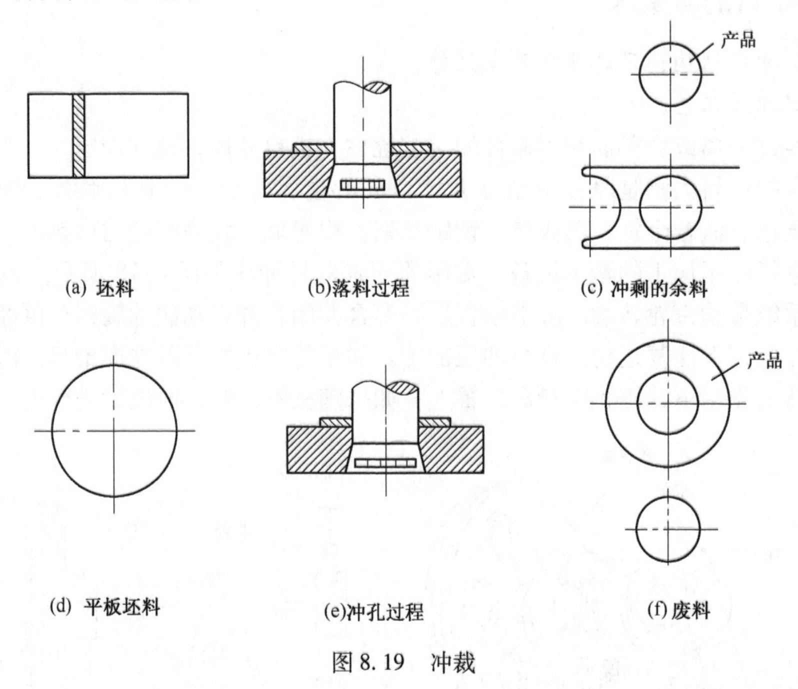

图 8. 19　冲裁

冲裁时所用的模具叫做冲裁模，如图 8. 20 所示。它的组成及各部分的作用如下：

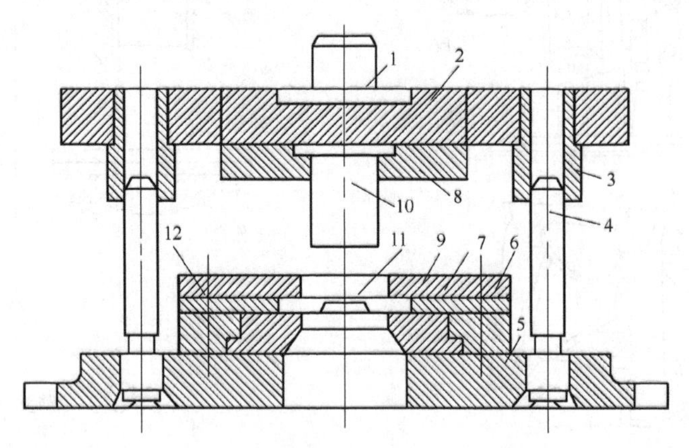

1—模柄；2—上模板；3—导套；4—导柱；5—下模板；6—压边圈；
7—凹模；8—压板；9—导料板；10—凸模；11—定位销；12—卸料板

图 8. 20　简单冲模

（1）模架：包括上、下模板和导柱、导套。上模板通过模柄安装在冲床滑块的下端，模板用螺钉固定在冲床的工作台上。导柱和导套的作用是保证上、下模具对准。

（2）凸模和凹模：凸模和凹模是冲模的核心部分，凸模又称冲头。冲裁模的凸模和凹模的边缘都磨成锋利的刃口，用来剪切板料使之分离。

（3）导料板和定位销：它们的作用是控制条料的送进方向和送进量。
（4）卸料板：它的作用是使凸模在冲裁以后从板料中脱出。

2. 弯曲

弯曲是使坯料的一部分相对另一部分弯转一定角度的冲压工序，如图 8. 21 所示。与冲裁模不同，弯曲模冲头的端部与凹模的边缘，必须加工出一定的圆角，以防止工件弯裂。图 8. 22是一块板料经过多次弯曲后，制成具有圆截面的筒状零件的弯曲过程。

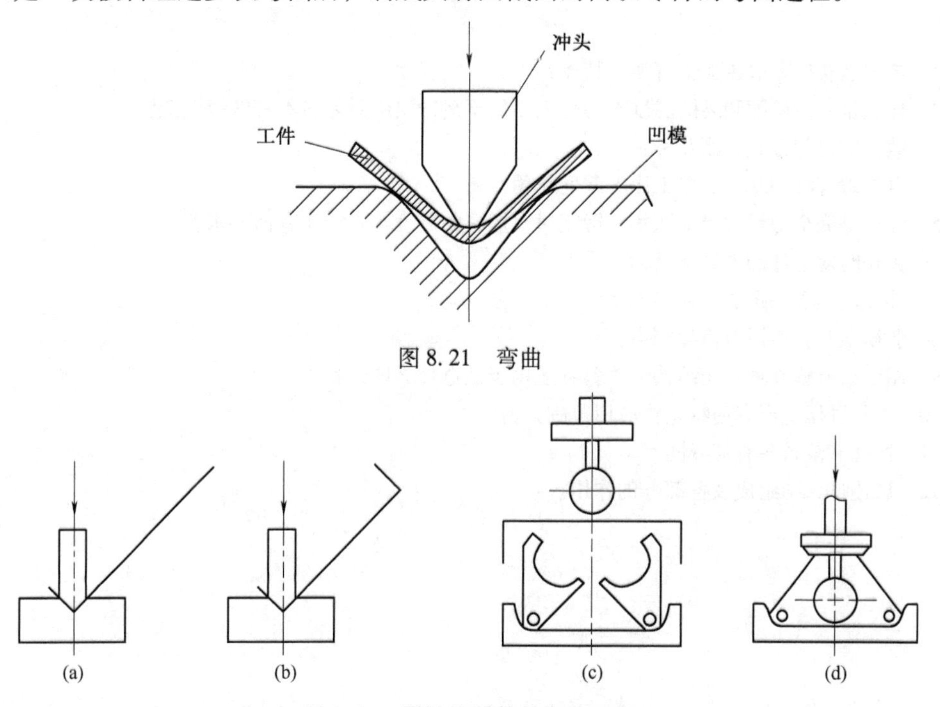

图 8. 21　弯曲

图 8. 22　圆筒状零件的弯曲过程

3. 拉深

拉深是将平直板料制成中空形状零件的工序，又称拉延。平直板料在拉深模作用下，成为杯形或盒形工件，如图 8. 23 所示。

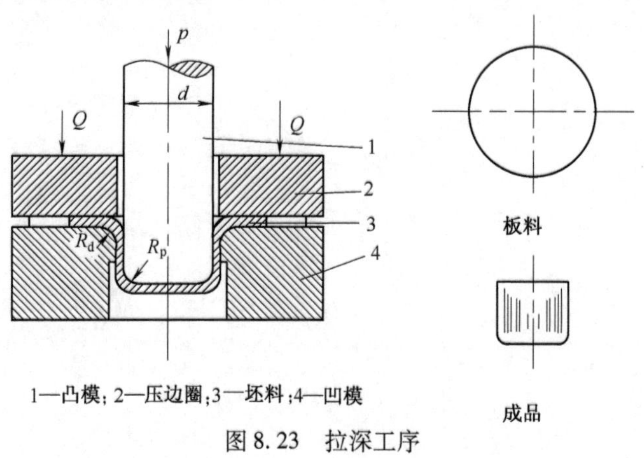

1—凸模; 2—压边圈;3—坯料;4—凹模

图 8. 23　拉深工序

为避免零件拉裂，冲头和凹模的工作部分应加工成圆角。冲头和凹模之间要留有相当于板厚1.1～1.2倍的间隙，以保证拉深时板料顺利通过。为减小摩擦阻力，拉深时要在板料或模具上涂润滑剂。同时为防止板料起皱，常用压边圈将板料压住。

每次拉深时，板料的变形程度都有一定的限制，需经多次拉深才能完成。由于拉深过程中金属产生冷变形强化，因此拉深工序之间有时要进行退火，以消除硬化和恢复塑性。

习　题　8

8.1　与铸造相比，锻压加工有哪些特点？

8.2　什么是始锻温度和终锻温度？为什么在低于终锻温度后坯料不宜继续锻造？

8.3　锻件的冷却方式有哪几种？

8.4　自由锻有哪些基本操作工序？起何作用？

8.5　什么是完全镦粗和局部镦粗？镦粗时对坯料的高度与直径比有何要求？

8.6　拔长时对工件的送进量有何要求？

8.7　冲孔前是否一定要将坯料镦粗？

8.8　胎模锻与自由锻有何异同点？

8.9　胎模锻有哪几种常用结构形式？各适用于锻造什么锻件？

8.10　板料冲压生产有何特点？应用范围如何？

8.11　冲孔和落料各有何异同？

8.12　试述冲床的组成及各部分的作用。

模块 9　焊 工 实 训

9.1　实训项目 41　手工电弧焊

教学目的与要求

（1）了解焊接原理与焊接加工工艺范围。

（2）掌握手工电弧焊的操作要领，熟悉焊工文明生产和安全操作规程。

焊接是将两个分离的金属工件，通过局部加热或加压，使其达到原子间的结合而连成一个不可拆卸的整体的加工方法。在金属加工工艺领域，焊接属于连接方法之一，焊接工艺虽然历史不长，但近年来发展十分迅速。

焊接的方法很多，常用的有电弧焊、气焊和电阻焊等。其中电弧焊使用最为广泛。

焊接时，经加热熔化又随后冷却凝固的那部分金属叫焊缝。被焊的工件材料叫母材。两个工件连接处称为焊接接头，见图 9.1 所示

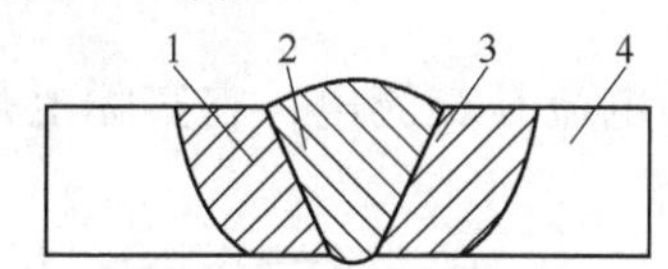

1—热影响区；2—焊缝；3—熔合线；4—线材

图 9.1　熔焊焊接接头及各区域名称

9.1.1　手工电弧焊焊接过程及对手弧焊电源的基本要求

手工电弧焊（简称手弧焊）是利用焊条与焊件之间产生的电弧热量，将焊条和焊件熔化，从而获得牢固接头的一种手工操作的焊接方法。

进行手弧焊时必须的工具有：夹持焊条的焊钳，保护操作者的皮肤、眼睛免于灼伤的电焊手套和面具，清除焊条缝表面及渣壳的清渣锤和钢丝刷等。

1. 手弧焊焊接过程

手弧焊的焊接过程如图 9.2 所示。焊接前，先将工件和焊钳通过导线分别接到电焊机的两极上，并用焊钳夹持焊条。焊接时，先将焊条与工件瞬间接触，造成短路，然后迅速提起焊条，并使焊条与工件保持一定距离，这时在焊条与工件之间便产生了电弧。电弧热将工件接头处和焊条熔化，形成一个熔池。随着焊条沿焊接方向向前移动，新的熔池不断产生，原先的熔池则不断冷却、凝固，形成焊缝，从而使分离的工件连成整体。

2. 对电源外特性的要求

手弧焊焊接时要采用具有陡降外特性的电源。因为手弧焊时，电弧的静特性曲线呈 L

形。当焊工由于手的抖动引起弧长变化时，焊接电流也随之变化，采用陡降的外特性电源时，同样的弧长变化，它所引起的焊接电流变化比缓降外特性或平特性电源引起的电流变化要小得多，有利于保持焊接电流的稳定，从而使焊接过程稳定。

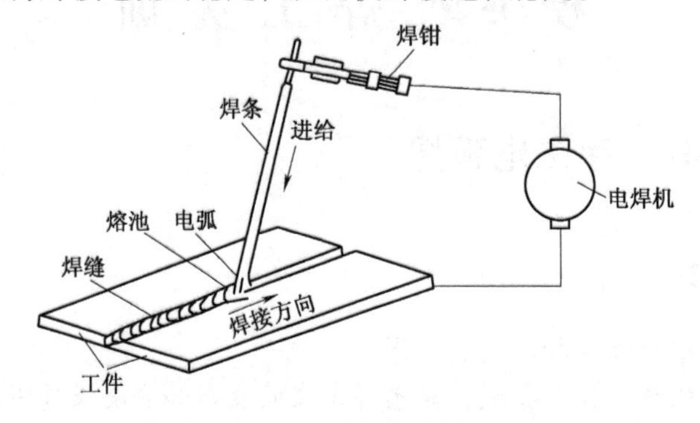

图 9.2　手工电弧焊

9.1.2　手弧焊的主要设备

手弧焊的主要设备是电焊机。按产生电流的种类不同，电焊机分为交流焊机和直流焊机两大类。

1. 交流焊机

交流电焊机供给焊接电弧的电流是交流电，它实际上是符合焊接要求的降压变压器，见图 9.3 所示。

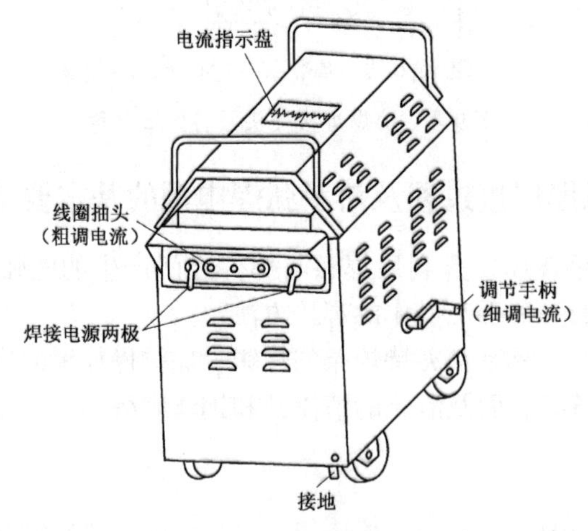

图 9.3　交流电焊机

交流电焊机结构简单，价格便宜，使用可靠，维修方便，工作噪声小；缺点是焊接时电弧不够稳定。BX1－330 是目前国内使用较多的一种交流电焊机。

2. 直流电焊机

直流电焊机供给焊接电弧的电流是直流电，是由交流电动机和直流电焊发电机组成的，见图 9.4 所示。电动机带动发电机旋转，直流发电机则发出满足焊接要求的直流电，其空载电压约为50～80V，工作电压为30V左右，电流调节也分粗调和细调两级。直流电焊机的特点是能够得到稳定的直流电，因此引弧容易，电弧稳定，焊接质量较好。但是结构复杂，价格比交流电焊机贵得多，维修较困难，使用时噪声大。在焊接质量要求高或焊接薄碳钢件、有色金属、铸铁和特殊钢件时，宜采用直流电焊机。目前旋转式直流电焊机已被弧焊整流器代替。

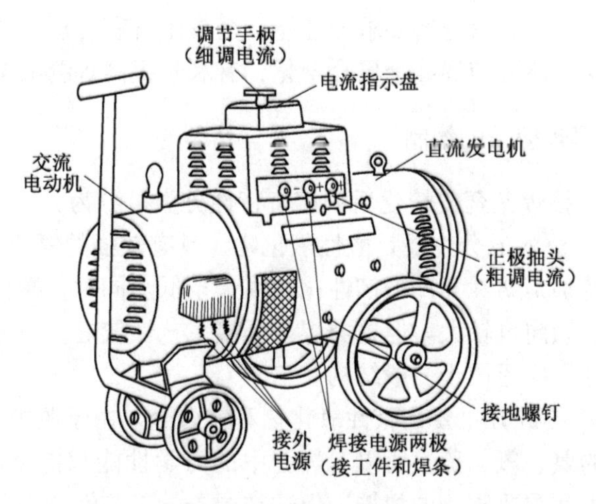

图9.4　直流电焊机

3. 逆变电源

逆变电源是近几年发展起来的焊接电源，它具有体积小，重量轻，节约材料，高效节能，适应性强等优点。

9.1.3　焊条

焊条（见图9.5）由焊芯和药皮组成。焊条在使用前应烘干。

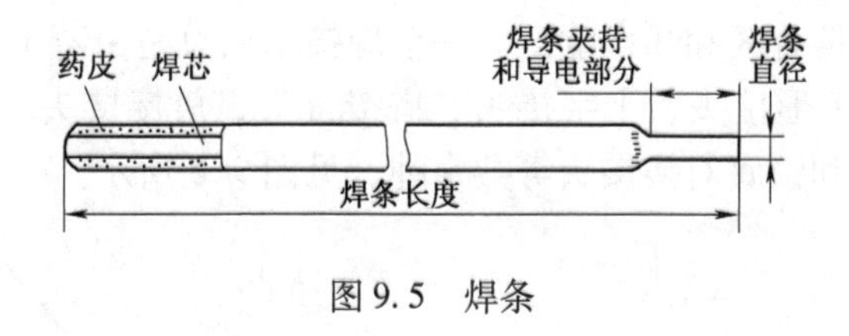

图9.5　焊条

1. 焊芯的作用

焊芯是一根具有一定直径和长度的金属丝。以其直径作为焊条直径。焊接时焊芯的作用：一是作为电极，产生电弧；二是熔化后作为填充金属，与熔化的母材一起形成焊缝。

2. 药皮的作用

压涂在焊芯表面上的涂料层叫药皮。药皮具有下列作用：

(1) 提高焊接电弧的稳定性。涂有焊条药皮后，其中含有钾和钠成分的“稳弧剂”

能提高电弧的稳定性，使焊条在交流电或直流电的情况下都能容易引弧、稳定燃烧以及熄灭后的再引弧。

（2）保护熔化金属不受外界空气的影响。药皮熔化后产生的“造气剂”使熔化金属与外界空气隔离，防止空气侵入，熔化后形成的熔渣覆盖在焊缝表面，使焊缝金属缓慢冷却，有利于焊缝中气体的逸出。

（3）过渡合金元素使焊缝获得所要求的性能。药皮中含有合适的造渣、稀渣成分，使焊接可获得良好的流动性，还可使焊缝金属合金化，有利于提高焊缝的金属力学性能。

3. 焊条的分类及焊条型号的编制

（1）焊条的分类。按焊条药皮熔化后的熔渣特性分类可分为：

① 酸性焊条。其熔渣的成分主要是酸性氧化物，具有较强的氧化性，合金元素烧损多，因而力学性能较差，特别是塑性和冲击韧性比碱性焊条低。同时，酸性焊条脱氧、脱磷硫能力低，因此，热裂纹的倾向也较大。但这类焊条焊接工艺性较好，对弧长、铁锈不敏感，且焊缝成形好，脱渣性好，广泛用于一般结构。

② 碱性焊条。熔渣的成分主要是碱性氧化物和铁合金。由于脱氧完全，合金过渡容易，能有效地降低焊缝中的氢、氧、硫，所以，焊缝中的力学性能和抗裂性能均比酸性焊条好。碱性焊条可用于合金钢和重要碳钢的焊接。但这类焊条的工艺性能差，引弧困难，电弧稳定性差，飞溅大，不易脱渣，必须采用短弧焊。

（2）焊条型号的编制。碳钢和低合金钢焊条型号按 GB5117—85，GB5118—85 规定，碳钢和合金钢焊条型号编制方法在这里由于篇幅所限不再讲述。

9.1.4 手弧焊工艺

手弧焊工艺主要包括焊接接头形式、焊缝的空间位置和焊接参数。

1. 接头分类

焊接接头包括焊缝熔合区和热影响区。一个焊接结构总是由若干个焊接接头组成。焊接接头可分为对接接头、T 形接头、十字接头、搭接接头、角接接头、端接接头、套管接头、斜对接接头、卷边接头和锁底对接接头等共十种。见图 9.6 所示。

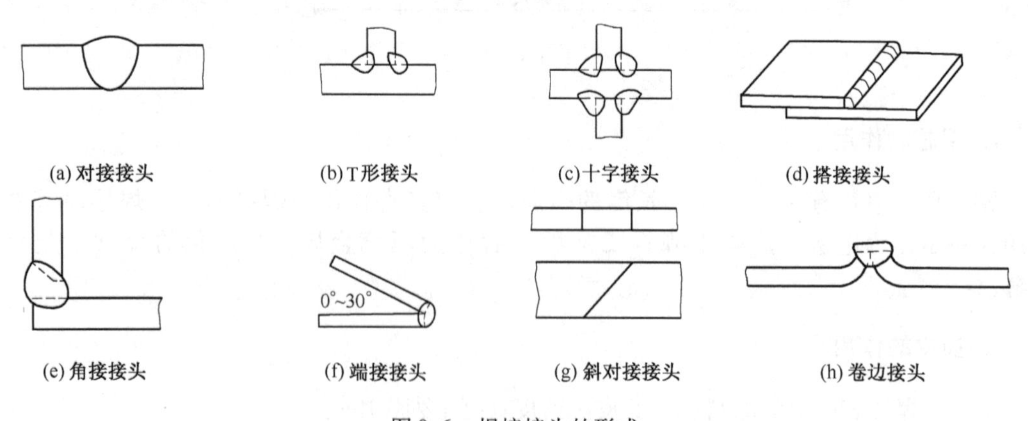

图 9.6　焊接接头的形式

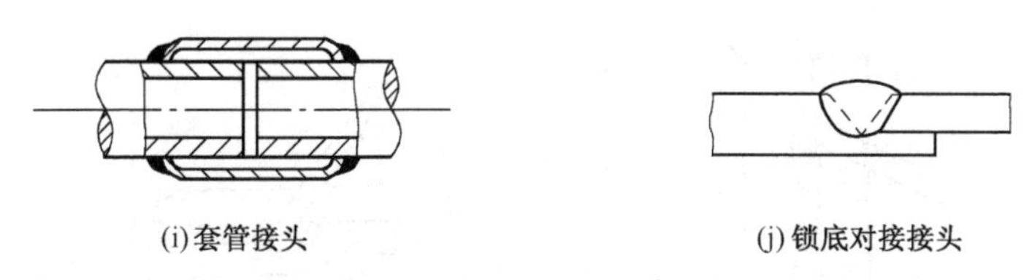

(i) 套管接头　　(j) 锁底对接接头

图 9.6　焊接接头的形式（续）

对接接头是各种焊接结构中采用最多的一种接头形式。当工件较薄时，只要在工件接口处留出一定的间隙，就能保证焊透，焊接前需要把工件的接口边缘加工成一定的形状，称为坡口。对接接头常见的坡口形状如图 9.7 所示。

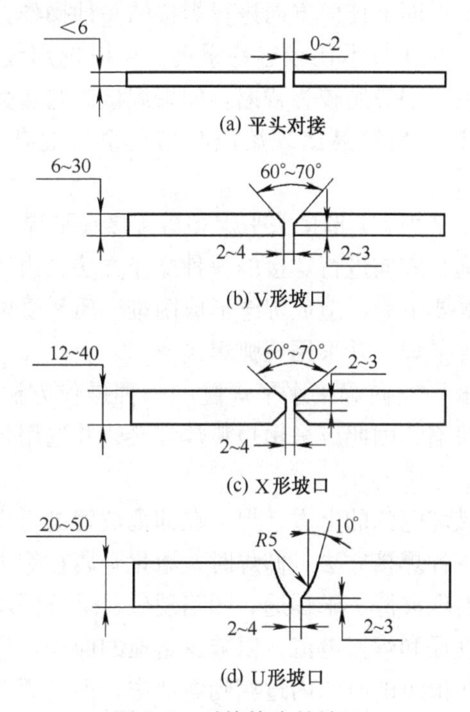

(a) 平头对接

(b) V 形坡口

(c) X 形坡口

(d) U 形坡口

图 9.7　对接接头的坡口

V 形坡口加工方便。X 形坡口由于焊缝两面对称，因此引起的焊接应力和变形；当工件厚度相同时，较 V 形坡口节省焊条。U 形坡口容易焊透，工件变形小，用于焊接锅炉、高压容器等重要厚壁构件。但 X 形坡口和 U 形坡口加工比较费工时。

2. 焊缝的空间位置

按焊缝在空间的位置不同，可分为平焊、立焊、横焊和仰焊。如图 9.8 所示。

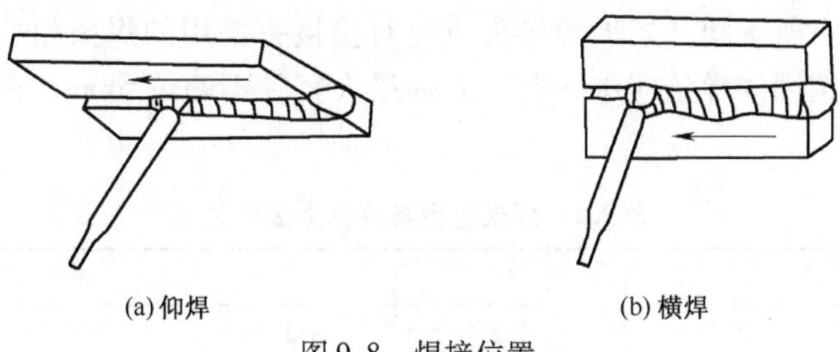

(a) 仰焊　　(b) 横焊

图 9.8　焊接位置

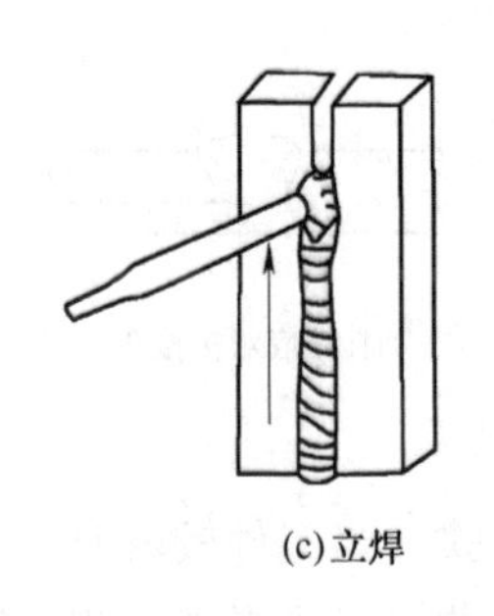
(c)立焊

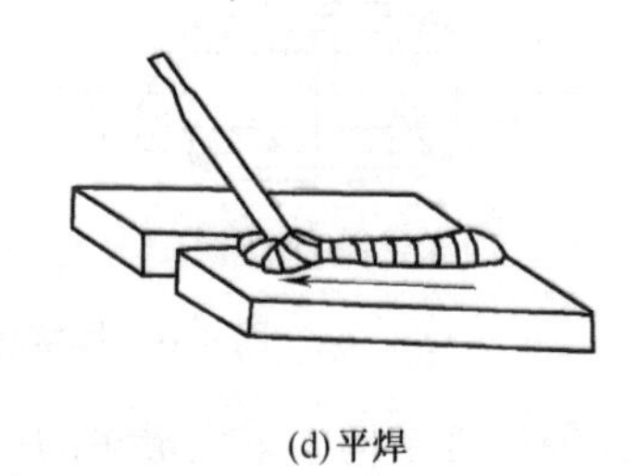
(d)平焊

图9.8 焊接位置（续）

（1）平焊。平焊是在水平面上任何方向进行焊接的一种操作方法。由于焊缝处在水平位置，熔滴主要靠自重过渡，操作技术比较容易掌握，可以选用较大直径焊条和较大焊接电流，生产效率高，因此在生产中应用较为普遍。如果焊接工艺参数选择和操作不当，打底时容易造成根部焊瘤或未焊透，也容易出现熔渣与熔化金属混杂不清或熔渣超前而引起的夹渣。

常用的平焊方法有对接平焊、T形接头平焊和搭接接头平焊。

（2）立焊。立焊是在垂直方向进行焊接的一种操作方法，由于受重力作用，焊条熔化所形成的溶滴及熔池中的金属要下淌，造成焊缝形成困难，质量受影响。因此，立焊时选用的焊条直径和焊接电流均小于平焊，并采用短弧焊接。

（3）横焊。横焊是在水平方向焊接水平焊缝的一种操作方法。由于熔化金属受重力作用，容易下淌而产生各种缺陷，因此应采用短弧焊焊接，并选用较小直径焊条和较小焊接电流以及适当的运条方法。

（4）仰焊。焊缝位于燃烧电弧的上方，焊工在仰视位置进行焊接的方法称为仰焊。仰焊劳动强度大，是最难焊的一种焊接方法。仰焊时，熔化金属在重力作用下较易下淌，熔池形状和大小不易控制，容易出现夹渣、未焊透、凹陷现象，运条困难，表面不易焊得平整。焊接时，必须正确选用焊条直径和焊接电流，以减少熔池的面积。尽量使用厚药皮焊条和维持最短的电弧，有利于熔滴在很短的时间内过渡到熔池中，促进焊缝成形。

3. 手工电弧焊的工艺参数

选择合适的焊接工艺参数，对提高焊接质量和生产效率是十分重要的。

焊接工艺参数（焊接规范）是指焊接时，为保证焊接质量而选定的诸物理量，主要是焊条直径、焊接电流、焊接速度和电弧长度等。

（1）焊条直径。可根据焊件厚度进行选择。厚度越大，选用的焊条直径应越粗，见表9.1，但厚板对接，接头坡口打底焊时要选用较细焊条。另外接头形式不同，焊缝空间位置不同，焊条直径也有所不同。如T形接头应比对接接头使用的焊条粗些，立焊、横焊等空间位置比平焊时所选用的焊条应细一些。立焊最大直径不超过5mm，横焊、仰焊直径不超过4mm。

表9.1 焊条直径与焊件厚度的关系

焊件厚度（mm）	2	3	4～5	6～12	>13
焊接直径（mm）	2	3.2	3.2～4	4～5	4～6

(2) 焊接电流的选择。焊接电流是手弧焊最重要的工艺参数，也是焊工在操作过程中惟一需要调节的参数，而焊接速度和电弧电压都是由焊工控制的。选择焊接电流时，要考虑的因素很多，如焊条直径、药皮类型、工件厚度、接头类型、焊接位置等。但主要由焊条直径、焊接位置来决定。焊条直径越粗，焊接电流越大，每种直径的焊条都有一个最合适的电流范围，见表 9. 2。可以根据下面的经验公式计算焊接电流：

$$I = (35 \sim 55)\ d$$

式中，I——焊接电流（A）；

d——焊条直径（mm）。

表 9. 2　各种直径焊条使用电流的参考值

焊接直径（mm）	1. 6	2. 0	2. 5	3. 2	4. 0	5. 0	6
焊接电流（A）	25～40	40～65	50～80	100～130	160～210	260～270	260～300

在平焊位置焊接时，可选用偏大些的焊接电流。横、立、仰焊位置焊接时，焊接电流应比平焊位置小 10%～20%。角焊电流比平焊电流稍大些。

另外，碱性焊条选用的焊接电流比酸性焊条小 10% 左右；不锈钢焊条比碳钢焊条选用电流小 20% 左右等。

总之，电流过大过小都易产生焊接缺陷。电流过大时，焊条易发红，使药皮变质，而且易造成咬边、弧坑等缺陷，同时还会使焊缝过热，促使晶粒粗大。

(3) 焊接速度。焊接速度的快慢一般由操作员凭经验掌握。

(4) 电弧长度。操作时一般用短弧，通常要求电弧长度不超过焊条直径。

9. 1. 5　手弧焊操作技术

引弧一般有两种方法：划擦法和直击法。

1. 划擦法

先将焊条末端对准焊缝，然后将手腕扭转一下，使焊条在焊件表面轻微划一下，动作有点像划火柴，用力不能过猛。引燃电弧后焊条不能离开焊件太高，一般为 15mm 左右，并保持适当的长度，开始焊接，见图 9. 9 所示。

2. 直击法

先将焊条末端对准焊缝，然后稍点一下手腕，使焊条轻轻碰一下焊件，随即将焊条提起引燃电弧，迅速将电弧移至起头位置，并使电弧保持一定长度，开始焊接，见图 9. 10 所示。

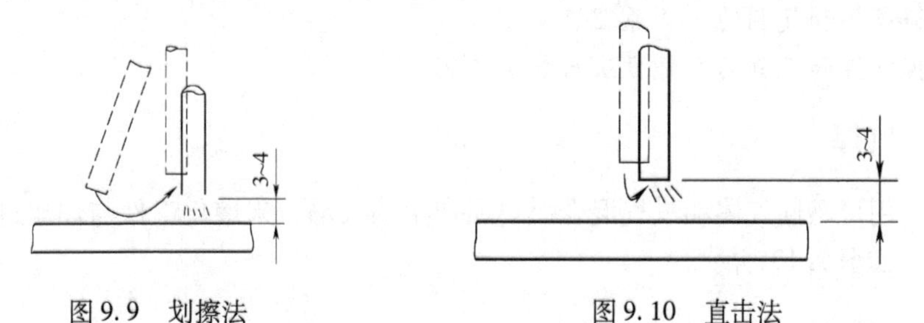

图 9. 9　划擦法　　　　图 9. 10　直击法

9.1.6 焊条运动基本三动作

当引燃电弧进行施焊时，焊条要有三个方向的基本动作，才能得到良好形成的焊缝。这三个方向的基本动作是：焊条送进动作，焊条前移动作，焊条横向摆动动作，见图 9.11 所示。

1. 焊接的收尾

焊缝结尾时，为了不出现尾坑，焊条应停止向前移动，而朝一个方向旋转，自下而上地慢慢拉断电弧，以保证结尾处形成良好。

2. 焊前的点固

为了固定两工件的相对位置，焊接前需进行定位焊，通常称为点固。如图 9.12 所示。若工件较长，可每隔 300mm 左右点固一个焊点。

3. 焊后清理

用钢刷等工具把焊渣和飞溅物清理干净。

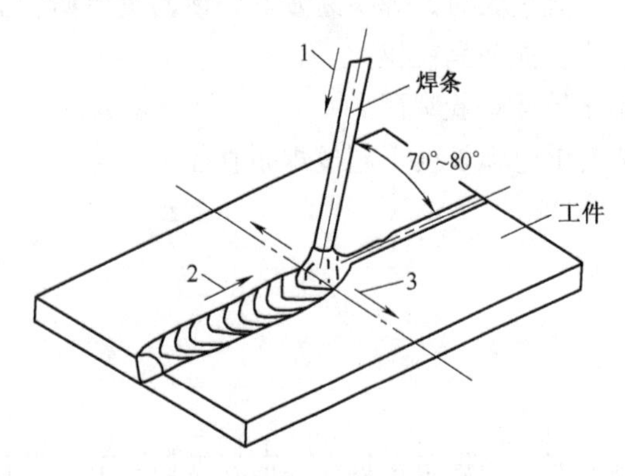

1—向下送进；2—沿焊接方向移动；3—横向摆动

图 9.11 焊条的运动

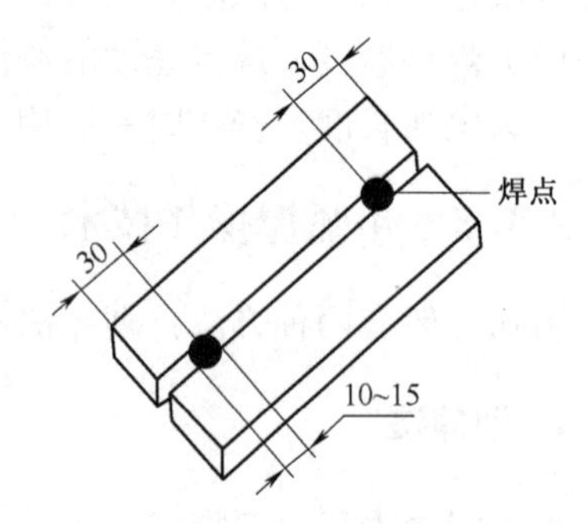

图 9.12 焊前点固

9.2 实训项目 42 气焊与气割

教学目的与要求

（1）了解气焊和气割的工作原理。

（2）掌握气焊和气割的操作方法与加工工艺。

9.2.1 气焊

气焊是利用可燃性气体和氧气混合燃烧所产生的火焰，来熔化工件与焊丝进行焊接的一种焊接方法，如图 9.13 所示。

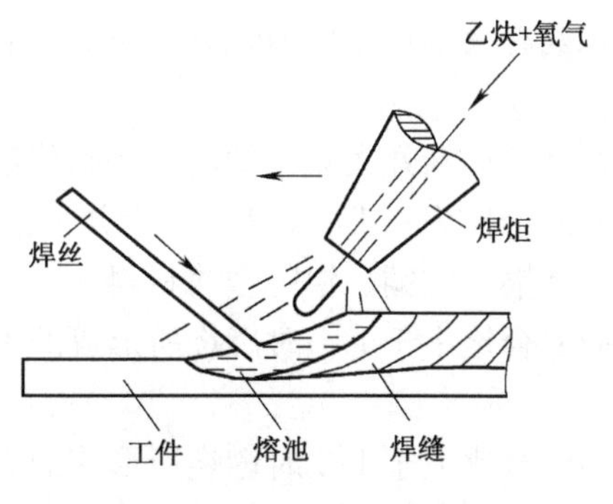

图 9.13　气焊示意图

气焊通常使用的可燃性气体是乙炔（C_2H_2）。氧气是气焊中的助燃气体。乙炔用纯氧助燃，与在空气中燃烧相比，能大大提高火焰的温度。乙炔和氧气在焊炬中混合均匀后，从焊嘴喷出燃烧，将工件和焊丝熔化形成熔池。冷凝后形成焊缝。

气焊主要用于焊接厚度在 3mm 以下的薄钢板，铜、铝等有色金属及其合金，以及铸铁的补焊等。此外没有电源的野外作业也常使用。

气焊的主要优点是设备简单，操作灵活方便，不需要电源。但气焊火焰的温度比电弧低（最高约 3150℃），热量比较分散，生产效率低，工件变形严重，所以应用不如电弧焊广泛。

1. 气焊设备

气焊设备及连接方式如图 9.14 所示。气焊设备主要包括乙炔瓶、氧气瓶、减压器和焊炬，见图 9.15 所示。

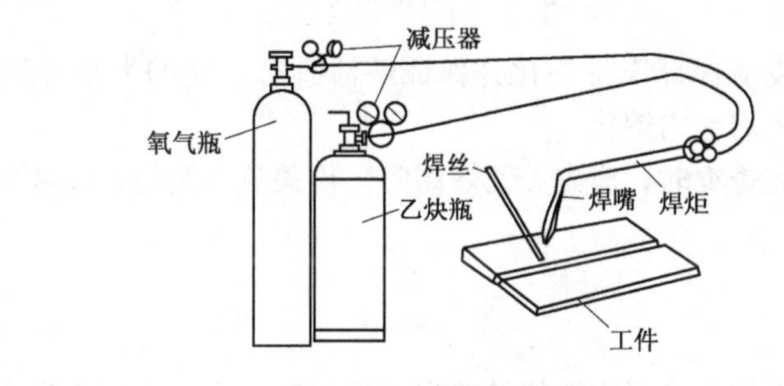

图 9.14　气焊设备示意图

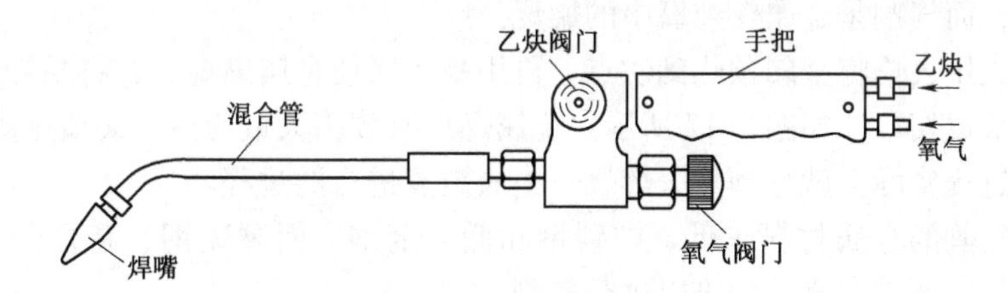

图 9.15　焊炬的工作原理

2. 气焊的基本操作

气焊的基本操作有点火、调节火焰、焊接和熄火等几个步骤。

（1）点火。点火时，先把氧气阀门略微打开，以吹掉气路中的残留杂物，然后打开乙炔阀门，点燃火焰。若有放炮声或者火焰点燃后即熄灭，应减少氧气或放掉不纯的乙炔，再行点火。

(2) 调节火焰。火焰点燃后，逐渐开大氧气阀门，将碳化焰调整为中性焰。

中性焰：氧气与乙炔气的混合比为 1. 1～1. 2 时，燃烧所形成的火焰，适用于焊接，低碳钢、中碳钢、低合金钢、不锈铜、纯铜、铝等金属材料。

碳化焰：氧气与乙炔气的混合比小于 1. 1 时燃烧所形成的火焰。适用于焊接高碳钢、铸铁、硬质合金等材料。

氧化焰：氧气与乙炔气的混合比大于 1. 2 时燃烧所形成的火焰。适用于焊接黄铜、镀锌钢板等。

(3) 平焊焊接。气焊时，右手握焊炬，左手拿焊丝。在焊接开始时，为了尽快地加热和熔化工件形成熔池，焊炬倾角应大些，接近于垂直工件，如图 9. 16 所示。正常焊接时，焊炬倾角一般保持在40°～50°之间。焊接结束时，则应将倾角减小一些，以便更好地填满弧坑和避免焊穿。

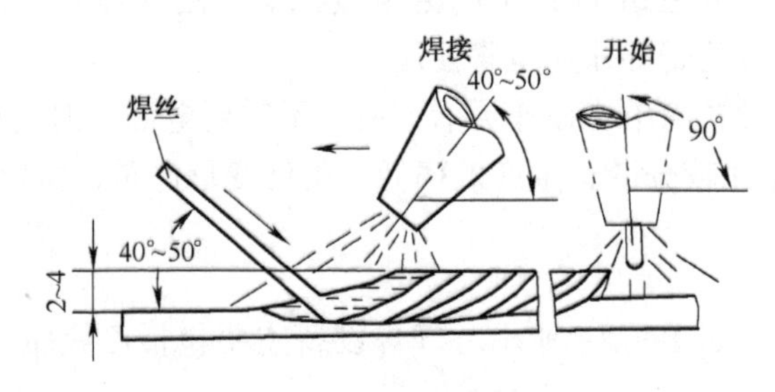

图 9. 16　焊炬倾角

焊炬向前移动的速度应保证工件熔化并保证熔池具有一定的大小。工件熔化形成熔池后，再将焊丝适量地点入熔池内熔化。

(4) 熄火。工件焊完熄火时，应先关乙炔阀门，再关氧气阀门，以减少烟尘和避免发生回火。

9. 2. 2　气割

气割是根据高温金属能在纯氧中燃烧的原理来进行的。它与气焊是本质不同的过程，气焊是熔化金属，而气割是金属在纯氧中的燃烧。

气割时，先用火焰将金属预热到燃点，再用高压氧使金属燃烧，并将燃烧所生成的氧化物熔渣吹走，形成切口，如图 9. 17 所示。金属燃烧时放出大量的热，又预热待切割的部分。所以，气割的过程实际上就是预热—燃烧—去渣重复进行的过程。

通常可以气割的金属材料有低、中碳钢和低合金钢。而高碳钢、高合金钢、铸铁以及铜、铝等有色金属及其合金，均难以进行气割。

气割时，用割炬代替焊炬，其余设备与气焊相同。割炬的构造如图 9. 18 所示。割炬与焊炬比较，增加了输送切割氧气的管道和阀门。割嘴的结构与焊嘴也不相同。割嘴的出口有两条通道，周围的一圈是乙炔与氧气的混合气体出口，中间的通道为切割氧的出口，两者互不相通。

与其他切割方法比较，气割最大的优点是灵活方便，适应性强。它可在任意位置和任意方向切割任意形状和任意厚度的工件。设备简单，操作方便，生产率高，切口质量也相当好。但对金属材料的使用范围有一定的限制。由于低碳钢和低合金钢是应用最广的材料，所以气割应用非常普遍。

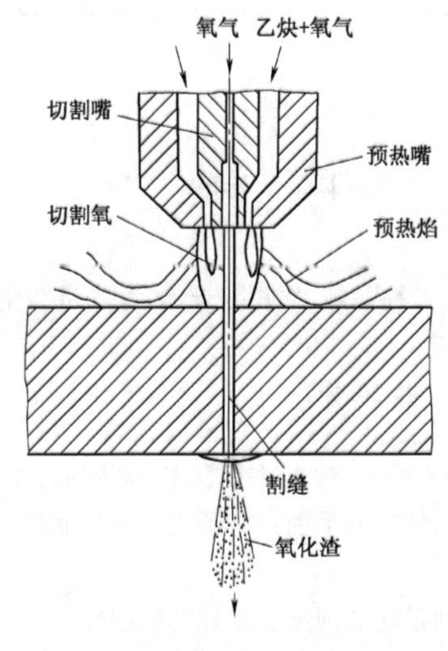

图9.17　气割

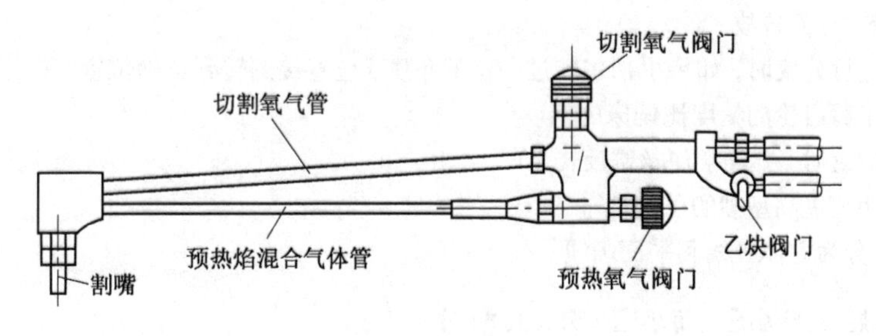

图9.18　割炬

习　题　9

9.1　什么是焊接电弧？

9.2　常用的手弧焊机有哪几种？说明你在实习中使用的电焊机的主要参数及其含义。

9.3　焊芯与药皮各起什么作用？

9.4　常见的焊接接头形式有哪些？坡口的作用是什么？

9.5　手弧焊操作时，应如何引弧、运条和收尾？

9.6　气焊有哪些优缺点？

9.7　气焊设备有哪些？各有什么作用？

模块10　金工实训试卷

试　卷　一

一、是非题（判断下列各题应属“是”或“非”，若认为“是”的在该题的题号上打“√”，若认为“非”的打“×”）

（本大题分10小题，每小题2分，共20分）

1. 根据工件材料和形状的复杂程度不同，淬火时选择的淬火介质可以是水油等。（　　）
2. 要进行划线的工件上有一个已加工的平面，必须用这个平面作为划线基准 。（　　）
3. 千分尺在测量前必须校正零位。（　　）
4. 零件经渗碳后，表面即可得到很高的硬度及良好的耐磨性。（　　）
5. 在三爪卡盘上夹持棒料或圆筒形工件时，悬伸长度一般不宜超过直径的3～4倍，以防止工件被车刀顶弯、顶落，造成打刀事故。（　　）
6. 用分度头进行分度时，如果手柄多转过一定的角度，应直接倒转到正确位置。（　　）
7. 插齿机加工后齿轮的精度比铣床的低。（　　）
8. 用丝锥攻螺纹时，要经常使丝锥反转。（　　）
9. 煤粉的作用是提高型砂的可塑性 。（　　）
10. 钳工画线分为立体画线和平面画线。（　　）

二、选择题（本大题分40小题，每小题2分，共80分）

1. 按铣刀的齿背形状分可分为尖齿铣刀和（　　）。

   A. 三面刃铣刀　　B. 端铣刀　　C. 铲齿铣刀　　D. 沟槽铣刀

2. 下列量具中，不属于游标类量具的是（　　）。

   A. 游标深度尺　　B. 游标高度尺　　C. 游标齿厚尺　　D. 外径千分尺

3. 测量精度为0.02mm的游标卡尺，当两测量爪并拢时，尺身上49mm对正游标上的（　　）格。

   A. 19　　B. 20　　C. 40　　D. 50

4. 下列哪种千分尺不存在（　　）。

   A. 深度千分尺　　B. 螺纹千分尺　　C. 蜗杆千分尺　　D. 公法线千分尺

5、千分尺微分筒转动一周，测微螺杆移动（　　）mm。

   A. 0.1　　B. 0.01　　C. 1　　D. 0.5

6. 百分表的示值范围通常有：0～3mm，0～5mm和（　　）三种。

   A. 0～8mm　　B. 0～10mm　　C. 0～12mm　　D. 0～15mm

7. 万能角度尺在（　　）范围内，不装角尺和直尺。

   A. 0°～50°　　B. 50°～140°　　C. 140°～230°　　D. 230°～320°

8. 磨削加工中所用砂轮的三个基本组成要素是（　　）。

   A. 磨料、结合剂、孔隙　　B. 磨料、结合剂、硬度

   C. 磨料、硬度、孔隙　　D. 硬度、颗粒度、孔隙

9. 轴类零件孔加工应安排在调质（　　）进行。

A. 以前　　B. 以后　　C. 同时　　D. 前或后

10. 高精度或形状特别复杂的箱体在粗加工之后还要安排一次（　　），以消除粗加工的残余应力。

A. 淬火　　B. 调质　　C. 正火　　D. 人工时效

11. 防止周围环境中的水汽、二氧化硫等有害介质侵蚀是润滑剂的（　　）。

A. 密封作用　　B. 防锈作用　　C. 洗涤作用　　D. 润滑作用

12. 常用固体润滑剂有（　　）、二硫化钼、聚四氟乙烯等。

A. 钠基润滑脂　　B. 锂基润滑脂　　C. N7　　D. 石墨

13. 使用划线盘划线时，划针应与工件划线表面之间保持夹角（　　）。

A. 40°～60°　　B. 20°～40°　　C. 50°～70°　　D. 10°～20°

14. 划线基准一般可用以下三种类型：以两个相互垂直的平面（或线）为基准；以一个平面和一条中心线为基准；以（　　）为基准。

A. 一条中心线　　B. 两条中心线　　C. 一条或两条中心线　　D. 三条中心线

15. 錾子一般由碳素工具钢锻成，经热处理后使其硬度达到（　　）。

A. HRC40～55　　B. HRC55～65　　C. HRC56～62　　D. HRC65～75

16. 一般情况下采用远起锯较好，因为远起锯锯齿是（　　）切入材料，锯齿不易卡住。

A. 较快　　B. 缓慢　　C. 全部　　D. 逐步

17. 车床电气控制线路不要求（　　）。

A. 必须有过载、短路、欠压、失压保护　　B. 主电动机停止采用按钮操作

C. 具有安全的局部照明装置　　D. 所有电动机必须进行电气调速

18. 人体的触电方式分为（　　）两种。

A. 电击和电伤　　B. 电吸和电摔　　C. 立穿和横穿　　D. 局部和全身

19、错误的触电救护措施是（　　）。

A. 迅速切断电源　　B. 人工呼吸　　C. 胸外挤压　　D. 打强心针

20. 符合安全用电措施的是（　　）。

A. 火线不必进开关　　B. 电气设备要有绝缘电阻

C. 使用手电钻不准戴绝缘手套　　D. 移动电器无须接地保护

21. 可能引起机械伤害的做法是（　　）。

A. 转动部件停稳前不得进行操作　　B. 不跨越运转的机轴

C. 旋转部件上不得放置物品　　D. 转动部件上可少放些工具

22. 环境保护法的基本任务不包括（　　）。

A. 保护和改善环境　　B. 合理利用自然资源

C. 维护生态平衡　　D. 加快城市开发进度

23. 企业对环境污染的防治不包括（　　）

A. 防治大气污染　　B. 防治水体污染　　C. 防治噪声污染　　D. 防治运输污染

24. 不属于岗位质量要求的内容是（　　）。

A. 对各个岗位质量工作的具体要求　　B. 市场需求走势

C. 工艺规程　　D. 各项质量记录

25. 主轴零件图的键槽采用局部剖和（　　）的方法表达，这样有利于标注尺寸。

A. 移出剖面　　B. 剖面图　　C. 旋转剖视图　　D. 全剖视图

26. Tr30×6 表示（　　）螺纹，旋向为（　　）螺纹，螺距为（　　）mm。

A. 矩形，右，12　　B. 三角，右，6　　C. 梯形，左，6　　D. 梯形，右，6

27. 偏心轴的结构特点是两轴线平行而（　　）。

A. 重合　　　　　B. 不重合　　　　C. 倾斜30°　　　　D. 不相交

28. 画零件图的方法步骤是：1. 选择比例和图幅；2. 布置图面，完成底稿；3. 检查底稿后，再描深图形；4. （　）。

A. 填写标题栏　　B. 布置版面　　　C. 标注尺寸　　　D. 存档保存

29. 相邻两牙在（　　）线上对应两点之间的轴线距离称为螺距。

A. 大径　　　　　B. 中径　　　　　C. 小径　　　　　D. 中心

30. 深孔加工时，由于刀杆细长，刚性差再加上冷却、排屑、观察、（　　）都比较困难，所以加工难度较大。

A. 加工　　　　　B. 装夹　　　　　C. 定位　　　　　D. 测量

31. 空间直角坐标系中的自由体，共有（　　）个自由度。

A. 7　　　　　　B. 5　　　　　　C. 6　　　　　　D. 8

32. 夹紧力的（　　）应与支撑点相对，并尽量作用在工件刚性较好的部位，以减小工件变形。

A. 大小　　　　　B. 切点　　　　　C. 作用点　　　　D. 方向

33. 机床坐标系是机床固有的坐标系，其坐标轴的方向、原点上设计和调试机床时已确定的，是（　　）的。

A. 移动　　　　　B. 可变　　　　　C. 可用　　　　　D. 不可变

34、终点判别是判断刀具是否到达目标点。未到终点则继续进行（　　）。

A. 插补　　　　　B. 车削　　　　　C. 判别　　　　　D. 走刀

35. 加工圆弧时，可把当前刀具的切削点到圆心的距离与被加工圆弧的（　　）相比较来反映加工偏差。

A. 坐标　　　　　B. 直径　　　　　C. 半径　　　　　D. 圆心

36. 准备功能指令，主要用于指定（　　）机床的运动方式，为数控系统的插补运算做好准备。

A. 数控　　　　　B. 程控　　　　　C. 精密　　　　　D. 自动

37. G40 代码是（　　）刀尖半径补偿功能，它是数控系统通电后刀具起始状态。

A. 取消　　　　　B. 检测　　　　　C. 输入　　　　　D. 计算

38. G65 代码是 FANUC OTE-A 数控车床系统中的调用（　　）功能。

A. 子程序　　　　B. 宏指令　　　　C. 参数　　　　　D. 刀具

39. G73 代码是 FANUC 数控（　　）床系统中的固定形状粗加工复合循环功能。

A. 钻　　　　　　B. 铣　　　　　　C. 车　　　　　　D. 磨

40、G90 代码是 FANUC 数控车床系统中的（　　）切削循环功能。

A. 内孔　　　　　B. 曲面　　　　　C. 螺纹　　　　　D. 外圆

试　卷　二

一、是非题（判断下列各题应属“是”或“非”，若认为“是”的在该题的题号上打“√”，若认为“非”的打“×”。）

（本大题分 10 小题，每小题 2 分，共 20 分）

1. 自由锻产生裂纹缺陷的原因主要是材质不好、加热不充分、锻造温度过低、铸造件冷却不等。（　　）
2. 空气锤和水压机的吨位是以落下部分质量表示的。（　　）
3. 若型砂或芯砂的可塑性好，则能减轻铸件冷却收缩时的内应力。（　　）
4. 金属的塑性越好，其可锻性越好。（　　）

5. 高速钢车刀的韧性虽然比硬质合金高，但它不能用于高速切削。(　　)
6. 切削平面、基面和正交平面三者之间的关系总是相互垂直的。(　　)
7. 千分尺在测量前必须校正零位。(　　)
8. 切削用量选用不当，会使工件表面粗糙度达不到要求。(　　)
9. 螺距是尺寸相邻两牙在轴线方向上对应两点间的距离。(　　)
10. 最常用的铣床是万能卧式铣床和立式铣床。(　　)

二、选择题（本大题分 40 小题，每小题 2 分，共 80 分）

1. 切削时切削刃会受到很大的压力和冲击力，因此刀具必须具备足够的（　　）。
A. 硬度　B. 强度和韧性　C. 工艺性　D. 耐磨性
2. （　　）是在钢中加入较多的钨、钼、铬、钒等合金元素，用于制造形状复杂的切削刀具。
A. 硬质合金　B. 高速钢　C. 合金工具钢　D. 碳素工具钢
3. 高速钢的特点是高硬度、高耐磨性、高热硬性、热处理（　　）等。
A. 变形大　B. 变形小　C. 变形严重　D. 不变形
4. 硬质合金的特点是耐热性（　　），切削效率高，但刀片强度、韧性不及工具钢，焊接刃磨工艺较差。
A. 好　B. 差　C. 一般　D. 不确定
5. 表示主运动及进给运动大小的参数是（　　）。
A. 切削速度　B. 切削用量　C. 进给量　D. 切削深度
6. 游标量具中，主要用于测量工件的高度尺寸和进行划线的工具叫（　　）。
A. 游标深度尺　B. 游标高度尺　C. 游标齿厚尺　D. 外径千分尺
7. 不能用游标卡尺去测量（　　），因为游标卡尺存在一定的示值误差。
A. 齿轮　B. 毛坯件　C. 成品件　D. 高精度件
8. 千分尺微分筒转动一周，测微螺杆移动（　　）mm。
A. 0.1　B. 0.01　C. 1　D. 0.5
9. （　　）由百分表和专用表架组成，用于测量孔的直径和孔的形状误差。
A. 外径百分表　B. 杠杆百分表　C. 内径百分表　D. 杠杆千分尺
10. 轴类零件孔加工应安排在调质（　　）进行。
A. 以前　B. 以后　C. 同时　D. 前或后
11. 箱体重要加工表面要划分（　　）两个阶段。
A. 粗、精加工　B. 基准非基准　C. 大与小　D. 内与外
12. 圆柱齿轮传动的精度要求有运动精度、工作平稳性（　　）等几方面精度要求。
A. 几何精度　B. 平行度　C. 垂直度　D. 接触精度
13. 车床主轴箱齿轮精车前热处理方法为（　　）。
A. 正火　B. 淬火　C. 高频淬火　D. 表面热处理
14. 润滑剂有润滑作用、冷却作用、（　　）、密封作用等等种类。
A. 防锈作用　B. 磨合作用　C. 静压作用　D. 稳定作用
15. 润滑剂有润滑油、润滑脂和（　　）等种类。
A. 液体润滑剂　B. 固体润滑剂　C. 冷却液　D. 润滑液
16. 錾削时的切削角度应使后角在（　　）之间，以防錾子扎入或滑出工件。
A. 10°～15°　B. 12°～18°　C. 15°～30°　D. 5°～8°
17. 深缝锯削时，当锯缝的深度超过锯弓的高度时应将锯条（　　）。
A. 从开始连续锯到结束　B. 转过 90°重新安装

C. 安装得松一些　　D. 安装得紧一些

18. 后角刃磨正确的标准麻花钻，其横刃斜角为（　　）。

A. 20°～30°　B. 30°～45°　C. 50°～55°　D. 55°～70°

19. 熔断器的种类分为（　　）。

A. 瓷插式和螺旋式两种　　B. 瓷保护式和螺旋式两种

C. 瓷插式和卡口式两种　　D. 瓷保护式和卡口式两种

20. 接触器分类为（　　）。

A. 交流接触器和直流接触器　　B. 控制接触器和保护接触器

C. 主接触器和辅助接触器　　D. 电压接触器和电流接触器

21. 电动机的分类不正确的是（　　）。

A. 交流电动机和直流电动机　　B. 异步电动机和同步电动机

C. 三相电动机和单相电动机　　D. 控制电动机和动力电动机

22. 不符合安全生产一般常识的是（　　）。

A. 按规定穿戴好防护用品　　B. 清除切屑要使用工具

C. 随时清除油污积水　　D. 通道上下少放物品

23. 环境保护法的基本任务不包括（　　）。

A. 促进农业开发　　B. 保障人民健康

C. 维护生态平衡　　D. 合理利用自然资源

24. 不属于岗位质量要求的内容是（　　）。

A. 对各个岗位质量工作的具体要求　　B. 市场需求走势

C. 工艺规程　　D. 各项质量记录

25. 主轴零件图的键槽采用局部剖和（　　）的方法表达，这样有利于标注尺寸。

A. 移出剖面　B. 剖面图　C. 旋转剖视图　D. 全剖视图

26. 图样上符号⊥是（　　），公差叫（　　）。

A. 位置，垂直度　B. 形状，直线度　C. 尺寸，偏差　D. 形状，圆柱度

27. 偏心轴的结构特点是两轴线平行而（　　）。

A. 重合　B. 不重合　C. 倾斜30°　D. 不相交

28. 平行度、同轴度同属于（　　）公差。

A. 尺寸　B. 形状　C. 位置　D. 垂直度

29. 两拐曲轴颈的（　　）清楚地反映出两曲轴颈之间互成180°夹角。

A. 俯视图　B. 主视图　C. 剖面图　D. 半剖视图

30. 齿轮的花键宽度 $8^{0.065}_{0.035}$，最小极限尺寸为（　　）。

A. 7.935　B. 7.965　C. 8.035　D. 8.065

31. C630 型车床主轴全剖或局部剖视图反映出零件的（　　）和结构特征。

A. 表面粗糙度　B. 相互位置　C. 尺寸　D. 几何形状

32. 识读装配图的方法之一是从标题栏和明细表中了解部件的（　　）和组成部分。

A. 比例　B. 名称　C. 材料　D. 尺寸

33. 若蜗杆加工工艺规程中的工艺路线长、工序多，则属于（　　）。

A. 工序基准　B. 工序集中　C. 工序统一　D. 工序分散

34. 采用两顶尖偏心中心孔的方法加工曲轴轴颈，关键是两端偏心中心孔的（　　）保证。

A. 尺寸　B. 精度　C. 位置　D. 距离

35. （　　）与外圆的轴线平行而不重合的工件称为偏心轴。

A. 中心线　B. 内径　C. 端面　D. 外圆

36. 相邻两牙在中径线上对应两点之间的（　　）称为螺距。

A. 斜线距离　　B. 角度　　C. 长度　　D. 轴线距离

37. 增大装夹时的接触面积，可采用特制的（　　）和开缝套筒，这样可使夹紧力 p 分布均匀，减小工件的变彩。

A. 夹具　　B. 三爪　　C. 四爪　　D. 软卡爪

38. 数控车床采用（　　）电动机经滚珠杠传到滑板和刀架，以控制刀具实现纵向（Z 向）和横向（X 向）进给运动。

A. 交流　　B. 伺服　　C. 异步　　D. 同步

39. 数控车床切削用量的选择，应根据机床性能、（　　）原理并结合实践经验来确定。

A. 数控　　B. 加工　　C. 刀具　　D. 切削

40. 编制数控车床加工工艺时，要求装夹方式要有利于编程时数学计算的（　　）性和精确性。

A. 可用　　B. 简便　　C. 工艺　　D. 辅助

试　卷　三

一、是非题（判断下列各题应属“是”或“非”，若认为“是”的在该题的题号上打“√”，若认为“非”的打“×”。）

（本大题分 10 小题，每小题 2 分，共 20 分）

1. C6140 型机床是最大工件回转直径为 40mm 的普通车床。（　　）

2. 轴类零件加工时，往往先加工两端面和中心孔，并以此为定位基准加工所有外圆表面，这样既满足了基准重合原则，又满足基准统一原则。（　　）

3. 粗基准只在第一道工序中使用，一般不能重复使用。（　　）

4. 机械加工工艺过程是由一系列的工位组成的。（　　）

5. 车削细长轴时，容易出现腰鼓形的圆柱度误差。（　　）

6. 展成法加工齿轮是利用齿轮刀具与被切齿轮保持一对齿轮啮合运动关系而切出齿形的方法。（　　）

7. 欠定位在加工过程中不允许存在。（　　）

8. 长定位心轴给孔定位，孔轴的接触长度与直径之比大于 1 时，可以消除工件的二个自由度。（　　）

9. 工件受力变形产生的加工误差是在工件加工以前就存在的。（　　）

10. 零件的表面层金属发生冷硬现象后，其强度和硬度都有所增加。（　　）

二、选择题（本大题分 40 小题，每小题 2 分，共 80 分）

1. 刀具的（　　）要符合要求，以保证良好的切削性能。

A. 几何特性　　B. 几何角度　　C. 几何参数　　D. 尺寸

2. 高速钢梯形螺纹精车刀的牙形角为（　　）。

A. 15 ° ±10′　　B. 30 ° ±10′　　C. 30 ° ±20′　　D. 29° ±10′

3. 当纵向机动进给接通时，开合螺母也就不能合上，（　　）接通丝杠传动。

A. 开机　　B. 可以　　C. 通电　　D. 不会

4. CA6140 车床开合螺母机构由半螺母、（　　）、槽盘、楔铁、手柄、轴、螺钉和螺母组成。

A. 圆锥销　　B. 圆柱销　　C. 开口销　　D. 丝杆

5. 进给运动则是将主轴箱的运动经交换（　　）箱，再经过进给箱变速后由丝杠和光杠驱动溜板箱、床鞍、滑板、刀架，以实现车刀的进给运动。

A. 齿轮　　B. 进给　　C. 走刀　　D. 挂轮

6. 主轴上的滑移齿轮 $z=50$ 向右移，使（　　）式离合器 M2 接合时，使主轴获得中、低转速。

A. 摩擦　　B. 齿轮　　C. 超越　　D. 叶片

7. 当卡盘本身的精度较高，装上主轴后圆跳动大的主要原因是主轴（　　）过大。

A. 转速　　B. 旋转　　C. 跳动　　D. 间隙

8. 主轴轴承间隙过小，使（　　）增加，摩擦热过多，造成主轴温度过高。

A. 应力　　B. 外力　　C. 摩擦力　　D. 切削力

9. 参考点与机床原点的相对位置由 Z 向、X 向的（　　）挡块来确定。

A. 测量　　B. 电动　　C. 液压　　D. 机械

10. 细长轴工件图样上的（　　）画法用移出剖视表示。

A. 外圆　　B. 螺纹　　C. 锥度　　D. 键槽

11. 加工细长轴一般采用（　　）的装夹方法。

A. 一夹一顶　　B. 两顶尖　　C. 鸡心夹　　D. 专用夹具

12. 车削细长轴时一般选用 45°车刀、75°左偏刀、90°左偏刀、切槽刀、（　　）刀和中心钻等。

A. 钻头　　B. 螺纹　　C. 锉　　D. 铣

13. 测量细长轴（　　）公差的外径时应使用游标卡尺。

A. 形状　　B. 长度　　C. 尺寸　　D. 自由

14. 为避免中心架支撑爪直接和（　　）表面接触，安装中心架之前，应先在工件中间车一段安装中心架支撑爪的沟槽，这样可减小中心架支撑爪的磨损。

A. 光滑　　B. 加工　　C. 内孔　　D. 毛坯

15. 在整个加工过程中，支撑爪与工件接触处应经常加润滑油，以减小（　　）。

A. 内应力　　B. 变形　　C. 磨损　　D. 粗糙度

16. 跟刀架固定在床鞍上，可以跟着车刀来抵消（　　）切削力。

A. 主　　B. 轴向　　C. 径向　　D. 横向

17. 调整跟刀架时，应综合运用手感、耳听、目测等方法控制支撑爪，使其轻轻接触到（　　）。

A. 顶尖　　B. 机床　　C. 刀架　　D. 工件

18. 伸长量与工件的总长度有关，对于长度较短的工件，热变形伸长量（　　）可忽略不计。

A. 一般　　B. 较大　　C. 较小　　D. 为零

19. 加工细长轴时，如果采用一般的顶尖，由于两顶尖之间的距离不变，当工件在加工过程中受热变形伸长时，必然会造成工件（　　）变形。

A. 挤压　　B. 受力　　C. 热　　D. 弯曲

20. 两顶尖装夹的优点是安装时不用找正，（　　）精度较高。

A. 定位　　B. 加工　　C. 位移　　D. 回转

21. 垫片的厚度近似公式计算中 Δe 表示试车后，（　　）偏心距与所要求的偏心距误差为：$\Delta e = e - e$。

A. 实测　　B. 理论　　C. 图纸上　　D. 计算

22. 双重卡盘装夹工件安装方便，不需调整，但它的刚性较差，不宜选择较大的（　　），适用于小批量生产。

A. 车床　　B. 转速　　C. 切深　　D. 切削用量

23. 为了减小曲轴的弯曲和扭转变形，可采用两端传动或中间传动方式进行加工，并尽量采用有前后刀架的机床使加工过程中产生的（　　）互相抵消。

A. 切削力　　B. 抗力　　C. 摩擦力　　D. 夹紧力

24. 车削曲轴前应先将其进行划线，并根据划线（　　）。

A. 切断　　B. 加工　　C. 找正　　D. 测量

25. 用花盘车非整圆孔工件时，先把花盘盘面精车一刀，把 V 形架轻轻固定在（　　）上，把工件圆弧面靠在 V 形架上用压板轻压。

A. 刀架　　B. 角铁　　C. 主轴　　D. 花盘

26. 车削梯形螺纹的刀具有 45°车刀、90°车刀、切槽刀、（　　）螺纹刀、中心钻等。

A. 矩形　　B. 梯形　　C. 三角形　　D. 菱形

27. 梯形螺纹的测量一般采用（　　）测量法测量螺纹的中径。

A. 辅助　　B. 法向　　C. 圆周　　D. 三针

28. 低速车削螺距小于 4mm 的梯形螺纹时，可用一把梯形螺纹刀并用少量（　　）进给车削成形。

A. 横向　　B. 直接　　C. 间接　　D. 左右

29. 梯形螺纹分米制梯形螺纹和（　　）梯形螺纹两种。

A. 英制　　B. 公制　　C. 30°　　D. 40°

30. 粗车螺距大于 4mm 的梯形螺纹时，可采用（　　）切削法或车直槽法。

A. 左右　　B. 直进　　C. 自动　　D. 分层

31. 精车矩形螺纹时，应采用（　　）法加工。

A. 直进　　B. 左右切削　　C. 切直槽　　D. 分度

32. 蜗杆的法向齿厚应单独画出（　　）剖视，并标注尺寸及粗糙度。

A. 旋转　　B. 半　　C. 局部移出　　D. 全

33. （　　）箱外的手柄，可以使光杠得到各种不同的转速。

A. 主轴箱　　B. 溜板箱　　C. 交换齿轮箱　　D. 进给箱

34. 主轴的旋转运动通过交换齿轮箱、进给箱、丝杠或光杠、溜板箱的传动，使刀架做（　　）进给运动。

A. 曲线　　B. 直线　　C. 圆弧

35. （　　）的作用是把主轴旋转运动传送给进给箱。

A. 主轴箱　　B. 溜板箱　　C. 交换齿轮箱

36. 车床的丝杠是用（　　）润滑的。

A. 浇油　　B. 溅油　　C. 油绳　　D. 油脂杯

37. 车床尾座中、小滑板摇动手柄转动轴承部位，一般采用（　　）润滑。

A. 浇油　　B. 弹子油杯　　C. 油绳　　D. 油脂杯

38. 粗加工时，切削液应选用以冷却为主的（　　）

A. 切削液　　B. 混合液　　C. 乳化液

39. C6140A 车床表示经第（　　）次重大改进。

A. 一　　B. 二　　C. 三

40. 加工铸铁等脆性材料时，应选用（　　）类硬质合金。

A. 钨钛钴　　B. 钨钴　　C. 钨钛

试　卷　四

一、是非题（判断下列各题应属“是”或“非”，若认为“是”的在该题的题号上打“√”，若认为“非”的打“×”。）

（本大题分 10 小题，每小题 2 分，共 20 分）

1. 直流电源焊接焊极有正接法和反接法，交流电源焊接也应注意焊件与焊条所接正、负极，否则会影响两极的温度。（　　）

2. 冷塑性变形要出现加工硬化，热塑性变形实际也出现过加工硬化，但因温度较高，很快发生了再结

晶，最终使加工硬化不明显了。(　　)

3. 热变形过程中因会发生再结晶，故不会产生硬化组织。(　　)

4. 钎焊熔剂与气焊熔剂的作用基本相同。(　　)

5. 自由锻只能生产中小型锻件。(　　)

6. 手工电弧焊时，开坡口时留钝边的目的是防止烧穿。(　　)

7. 纯铅在常温拉制时是冷变形，钨丝在1100℃拉制时是热变形 。(　　)

8. 锻造加热时过烧的锻件可用热处理来改正。(　　)

9. 气焊火焰的温度较电弧温度低，所以焊接低碳钢时，焊接接头的热影响区较小。(　　)

10. 埋弧自动焊焊剂与焊条薄皮的作用完全一样。(　　)

二、选择题（本大题分40小题，每小题2分，共80分）

1. 钳工常用的刀具材料有高速钢和(　　)两大类。

A. 硬质合金　B. 碳素工具钢　C. 陶瓷　D. 金刚石

2. 机床照明灯应选(　　)V的电压。

A. 6　B. 24　C. 110　D. 220

3. 磨削加工的主运动是(　　)。

A. 砂轮圆周运动　B. 工件旋转运动　C. 工作台移动　D. 砂轮架运动

4. 下列材料牌号中，属于灰口铸铁的是(　　)。

A. HT250　B. KTH350-10　C. QT800-2　D. RUT420

5. 熔断器具有(　　)保护作用。

A. 过流　B. 过热　C. 短路　D. 欠压

6. 牛头刨床适宜于加工(　　)零件。

A. 箱体类　B. 床身导轨　C. 小型平面、沟槽　D. 机座类

7. 车削外圆是由工件的(　　)和车刀的纵向移动完成的。

A. 纵向移动　B. 横向移动　C. 垂直移动　D. 旋转运动

8. 扩孔的加工质量比钻孔高，常作为孔的(　　)加工。

A. 精　B. 半精　C. 粗　D. 一般

9. 冷作硬化现象是在(　　)时产生的。

A. 热矫正　B. 冷矫正　C. 火焰矫正　D. 高频矫正

10. 用百分表测量时，测量杆应预先压缩0.3～1mm，以保证有一定的初始测力，以免(　　)测不出来。

A. 尺寸　B. 公差　C. 形状公差　D. 负偏差

11. 碳素工具钢T8表示含碳量是(　　)。

A. 0.08%　B. 0.8%　C. 8%　D. 80%

12. 千分尺的活动套筒转动一格，测微螺杆移动(　　)。

A. 1mm　B. 0.1mm　C. 0.01mm　D. 0.001mm

13. 开始工作前，必须按规定穿戴好防护用品是安全生产的(　　)。

A. 重要规定　B. 一般知识　C. 规章　D. 制度

14. 主切削刃和副切削刃的交点叫(　　)。

A. 过渡刃　B. 修光刃　C. 刀尖　D. 刀头

15. 用刮刀在工件表面上刮去一层很薄的金属，可以提高工件的加工(　　)。

A. 尺寸　B. 强度　C. 耐磨性　D. 精度

16. 游标高度尺一般用来(　　)。

A. 测直径　　B. 测齿高　　C. 测高和划线　D. 测高和测深度

17. 圆锉刀的尺寸规格是以锉身的（　　）大小规定的。

A. 长度　　B. 直径　　C. 半径　　D. 宽度

18. 切削用量的三要素包括（　　）。

A. 切削速度、切削深度和进给量　　B. 切削速度、切削厚度和进给量

C. 切削速度、切削宽度和进给量　　D. 切削厚度、切削宽度和进给量

19. 圆柱零件在长 V 形铁中定位，可限制（　　）个自由度。

A. 3　　B. 4　　C. 5　　D. 6

20. 为了消除机床箱体的铸造内应力，防止加工后变形，需要进行（　　）处理。

A. 淬火　　B. 正火　　C. 退火　　D. 时效

21. 设计薄壁工件夹具时夹紧力的方向应是（　　）夹紧。

A. 径向　　B. 轴向　　C. 径向和轴向同时　　D. 径向和轴向都不

22. 车削多线螺纹使用圆周法分线时，仅与螺纹（　　）有关。

A. 中径　　B. 螺距　　C. 导程　　D. 线数

23. 钻 $\phi3\sim\phi20$ 小直径深孔时，应选用（　　）比较适合。

A. 外排屑枪孔钻　　B. 高压内排屑深孔钻

C. 喷吸式内排屑深孔钻　　D. 麻花钻

24. 钻床钻孔时，机床（　　）不准捏停钻夹头。

A. 停稳　　B. 未停稳　　C. 变速时　　D. 变速前

25. 车床（　　）的纵向进给和横向进给运动是螺旋传动。

A. 光杠　　B. 旋转　　C. 立轴　　D. 丝杠

26. 操作钻床时，不能戴（　　）。

A. 帽子　　B. 眼镜　　C. 手套　　D. 口罩

27. 齿轮传动中，为增加（　　），改善啮合质量，在保留原齿轮副的情况下，采取加载跑合措施。

A. 接触面积　　B. 齿侧间隙　　C. 工作平稳性　D. 加工精度

28. 数控车床中的 G41/G42 是对（　　）进行补偿。

A. 刀具的几何长度　　B. 刀具的刀尖圆弧半径

C. 刀具的半径　　D. 刀具的角度

29. 在 FANUC 系统程序加工完成后，程序复位，光标能自动回到起始位置的指令是（　　）。

A. M00　　B. M01　　C. M30　　D. M02

30. 数控机床的进给机构采用的丝杠螺母副是（　　）。

A. 双螺母丝杠螺母副　　B. 梯形螺母丝杆副

C. 滚珠丝杆螺母副

31. 贴塑导轨的摩擦性质属于（　　）摩擦导轨。

A. 滚动　　B. 滑动　　C. 液体润滑

32. 生产中最常用的起冷却作用的切削液是（　　）。

A. 水溶液　　B. 切削油　　C. 乳化液　　D. 冷却机油

33. 数控机床导轨中无爬行现象的是（　　）导轨。

A. 滚动　　B. 滑动　　C. 静压

34. 焊接是采用（　　）方法，使焊件达到原子结合的一种加工方法。

A. 加热　　B. 加压

C. 加热或加压或两者并用　　D. 加热或加压，或两者并用，并且用（或不用）填充材料

35.（　　）用于普通结构零件作为预备热处理时，可改善低碳钢或低碳合金钢的切削加工性能。

A. 正火　　B. 完全退火　　C. 球化退火　　D. 去应力退火

36. 焊接时，熔池中的气泡在凝固时未能及时逸出而残留下来所形成的空穴称为（　　）。

A. 夹渣　　B. 未焊透　　C. 气孔　　D. 凹坑

37. 细锉刀一般适于（　　）。

A. 锉钢　　B. 锉钻　　C. 粗加工　　D. 锉铜

38. 淬火的目的是把奥氏体化的钢件淬成（　　）。

A. 铁素体　　B. 马氏体　　C. 莱氏体　　D. 渗碳体

39. 简单物体的剖视方法有（　　）。

A. 全剖视图和局部剖视图　　B. 全剖视图和半剖视图

C. 半剖视图和局部剖视图　　D. 全剖视图、半剖视图和局部剖视图

40. 焊接时，产生和维持（　　）的必要条件是阴极电子发射和气体电离。

A. 燃烧火焰　　B. 化学反应热　　C. 电弧燃烧　　D. 辉光放电

参考答案

试卷一

一、判断题

1. √　2. √　3. √　4. √　5. √　6. ×　7. ×　8. √　9. √　10. √

二、选择题

1. A　2. D　3. D　4. C　5. D　6. B　7. D　8. A　9. A　10. D
11. B　12. D　13. D　14. C　15. A　16. D　17. D　18. B　19. D　20. B
21. D　22. D　23. D　24. B　25. A　26. D　27. B　28. A　29. B　30. D
31. C　32. D　33. D　34. A　35. B　36. A　37. A　38. B　39. C　40. D

试卷二

一、判断题

1. √　2. √　3. √　4. √　5. ×　6. √　7. √　8. √　9. √　10. √

二、选择题

1. B　2. B　3. B　4. A　5. B　6. B　7. D　8. D　9. A　10. B
11. A　12. D　13. C　14. A　15. C　16. A　17. B　18. C　19. D　20. A
21. D　22. C　23. A　24. B　25. A　26. A　27. B　28. C　29. B　30. B
31. C　32. B　33. D　34. D　35. A　36. C　37. A　38. B　39. D　40. D

试卷三

一、判断题

1. √　2. √　3. ×　4. √　5. √　6. √　7. √　8. √　9. ×　10. √

二、选择题

1. B　2. B　3. D　4. D　5. D　6. A　7. D　8. C　9. A　10. D
11. B　12. D　13. D　14. C　15. C　16. D　17. C　18. D　19. A　20. C
21. B　22. A　23. C　24. B　25. B　26. D　27. D　28. B　29. A　30. D
31. C　32. D　33. B　34. C　35. C　36. B　37. C　38. A　39. C　40. C

试卷四

一、判断题

1. ×　2. √　3. √　4. ×　5. ×　6. ×　7. ×　8. ×　9. √　10. √

二、选择题

1. B　2. B　3. A　4. A　5. C　6. C　7. D　8. B　9. B　10. D
11. B　12. C　13. B　14. C　15. D　16. C　17. B　18. A　19. B　20. D
21. B　22. D　23. A　24. B　25. D　26. C　27. A　28. C　29. C　30. C
31. B　32. A　33. B　34. D　35. D　36. C　37. A　38. B　39. D　40. C

参考文献

[1] 中国机械工业教育协会组编．金工实习．机械工业出版社，2003.
[2] 金禧德主编．金工实习．高等教育出版社，1992.
[3] 韩克筠，王辰宝主编．钳位实用技术手册．江苏科学技术出版社，2000.
[4] 张恩生主编．车工实用技术手册．江苏科学技术出版社，2000.
[5] 马保吉主编．机械制造工程实践．西北工业大学出版社，2003.
[6] 卢秉恒．机械制造技术基础．机械工业出版社，2002.
[7] 严岱年．现代工业训练楷模．东南大学出版社，1997.
[8] 吴国洪．工具钳工．中国劳动出版社．1997.
[9] 于春生．数控机床编程及应用．高等教育出版社，2001.
[10] 蒋建强．数控加工技术与实训．电子工业出版社，2003.
[11] FANUC-Oi：mate 操作使用说明书．北京发那科有限公司．

反侵权盗版声明

《金工实训（第3版）》读者意见反馈表

尊敬的读者：

感谢您购买本书。为了能为您提供更优秀的教材，请您抽出宝贵的时间，将您的意见以下表的方式（可从 http://www. huaxin. edu. cn 下载本调查表）及时告知我们，以改进我们的服务。对采用您的意见进行修订的教材，我们将在该书的前言中进行说明并赠送您样书。

姓名：________________　电话：____________________

职业：________________　E-mail：____________________

邮编：________________　通信地址：____________________

1. 您对本书的总体看法是：
   □很满意　□比较满意　□尚可　□不太满意　□不满意
2. 您对本书的结构（章节）：□满意　□不满意　改进意见________________
3. 您对本书的例题：　□满意　□不满意　改进意见________________
4. 您对本书的习题：　□满意　□不满意　改进意见________________
5. 您对本书的实训：　□满意　□不满意　改进意见________________
6. 您对本书其他的改进意见：
7. 您感兴趣或希望增加的教材选题是：

请寄：100036　北京市万寿路173信箱职业教育分社　陈晓明　收

电话：010－88254575　　E-mail： chxm@ phei. com. cn